創意 創新 創業

智慧創業時代

在智慧創業時代，我們需要新的思維方式！

創意
好點子

創新
好商品

創業
好商業模式

本書學習指引

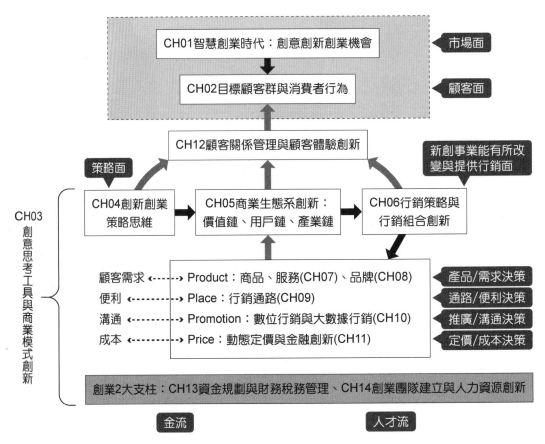

▲ 本書學習指引圖

序

筆者從業界進入大學教職，並從事 20 多年創業輔導工作，有時候我會問請我去輔導的政府單位，為什麼跨好幾個縣市請我過去輔導新創企業，政府單位的回答是有業界實務經驗，又跨管理與數位科技的輔導顧問不多，這也顯現，目前的創業管理書籍大多著重「創意創新」或「創業」的管理層面，很少整合從「智慧科技」的角度來看創意創新創業，然而問題是，現今新創事業面臨的是智慧商務時代，需要更全面的角度來思考新創事業。

為此，本書嘗試從智慧科技的角度，探討創意創新創業，但並不是針對「科技創業」的書籍。本書架構共 14 章，說明如下：

第一部分：探討新創事業的衣食父母，這是新創事業要服務的對象，也是新創事業是否能夠存活的決定者。

- ☑ 市場面：第 01 章 智慧創業時代創意創新創業機會
- ☑ 顧客面：第 02 章 目標顧客群與消費者行為

第二部分：探討新創事業自身能夠掌握與改變。

- ☑ 創新思考與工具運用：第 03 章 創意思考工具與商業模式創新
- ☑ 策略面：第 04 章 創新創業策略思維
- ☑ 瞭解商業環境：第 05 章 商業生態系創新：價值鏈、用戶鏈、產業鏈
- ☑ 行銷面：第 06 章 行銷策略與行銷組合創新
- ☑ 產品 / 需求決策：第 07 章 商品與服務創新；第 08 章 品牌經營與企業識別系統
- ☑ 通路 / 便利決策：第 09 章 行銷通路 — 找好地點，開展事業
- ☑ 推廣 / 溝通決策：第 10 章 數位行銷與大數據行銷

☑ 定價／成本決策：第 11 章 動態定價與金融創新

第三部分：由新創事業的策略與決策後，進而形成「顧客體驗」。

☑ 顧客體驗：第 12 章 顧客關係管理與顧客體驗創新

第四部分：創業的 2 大支援活動「支柱」。

☑ 金流：第 13 章 資金規劃與財務稅務管理

☑ 人才流：第 14 章 創業團隊建立與人力資源創新：選才、用才、育才、留才

筆者才疏學淺，雖力求完善，然而難免仍有疏漏之處，尚祈各位先進不吝指正。

劉文良

2024/11/11

目錄

第 01 章　智慧創業時代：創意創新創業機會

第 02 章 目標顧客群與消費者行為

第 03 章　創意思考工具與商業模式創新

第 04 章　創新創業策略思維

第 05 章　商業生態系創新：價值鏈、用戶鏈、產業鏈

第 06 章 行銷策略與行銷組合創新

第 07 章 商品與服務創新

第 08 章　品牌經營與企業識別系統

第 09 章 行銷通路－找好地點，開展事業

第 10 章 數位行銷與大數據行銷

第 11 章 動態定價與金融創新

第 12 章 顧客關係管理與顧客體驗創新

第 13 章 資金規劃與財務稅務管理

第 14 章 創業團隊建立與人力資源創新：選才、用才、育才、留才

智慧創業時代：
創意創新創業機會

導 讀

張忠謀長年職場累積的經驗與人脈才能打造台積電

比爾蓋茲（Bill Gates）19 歲創辦微軟（Microsoft）；賈伯斯（Steve Jobs）21 歲
創辦蘋果（Apple）；黃仁勳（Jensen Huang）30 歲創辦輝達（NVIDIA）；張忠
謀 55 歲創辦台積電（TSMC）。年齡是張忠謀最重要的資產，30 年的專業經驗、
知識與人脈。

世界上可能沒有人能比張忠謀更能體現 55 歲中年創業的優勢。張忠謀在美國工作
30 年後，帶著特定信念「打造一間世界上最偉大的半導體公司」返台。張忠謀創新
商業模式「晶圓代工」改變了晶圓產業的結構，使台積電成為全球晶圓產業不可或
缺的一環。

張忠謀認知到台積電在晶片設計或行銷上無法與美國矽谷競爭，但他發現台灣在半
導體的生產良率幾乎是美國的 2 倍。因此張忠謀相信專注製造晶片，將成為台積電
的潛在優勢。

1-1 微型創業與獨角獸

一、創業與創業精神

「創業」是指發現和捕捉市場機會,進而開發新產品、新服務,開拓新市場,將潛在價值轉化為現實價值的過程。「創業」是一種投入努力與時間以開創事業的過程,必須冒財務、心理及社會的風險,最後得到金錢報酬與個人的滿足感。創業就是將創意變成企業。

- ☑ **創業精神(Entrepreneurship)**:一種敢於冒險犯難的精神,就是敢做別人不敢做的事,不怕失敗,並且勇於承擔風險。

- ☑ **創業家(Entrepreneur)**:能將經濟資源從生產力低的地方,移轉到生產力高並且產值多的地方的人。

- ☑ **連續創業家(Serial Entrepreneur)**:是指持續創業而有超過一次成功創業經驗的創業家。

為什麼要創業?創業的風險很大,但創業成功的報酬很高。創業可以增添人生的價值。

二、微型企業與微型創業

一般剛創業的公司統稱為「新創公司」或簡稱「新創」;「微型創業」是指新創公司中員工人數少於 5 人的小公司。

MBA 智庫百科定義,微型企業(Microenterprise)是指雇用人數不超過 5 人的中小企業。微型企業只是中小型企業的其中一種類型。通常員工人數未達 100 人的企業稱為「中小企業」,而員工人數超過 100 人以上企業則稱為「大型企業」。

「微型創業」是指開設資本額不高,雇用人數少於 5 人的中小企業。通常以低資本、低人力來進行創業,將有限資源投入關鍵性專業商品或服務,即為微型創業。

三、獨角獸

「獨角獸」是指公司成立不到 10 年，市值 10 億美元以上，且未上市的新創公司。

四、獨角獸創業大數據

創業想要成為獨角獸，大數據顯示年齡、學歷、職涯背景並不是很重要。在《獨角獸創業勝經》一書中指出，很多人誤以為獨角獸創辦人都很年輕？事實上，有超過半數的獨角獸創辦人年紀都超過 34 歲。獨角獸創辦人大多擁有博士學位嗎？大數據也顯示，其實學歷並不是很高。獨角獸創辦人大都是該領域的專家嗎？也不是，超過 50% 的獨角獸創辦人在其創業前並沒有在該產業工作過。

創業者要從大數據中學習與反思，找出成功真正重要的關鍵因素。最有效的方式就是大數據分析全球 1,000 大新創獨角獸在產品、品牌、行銷、通路、定價、商流、金流、物流、資訊流、客服等各個面向到底如何做？又是為什麼。

五、台灣微型企業大數據

104 公司分析台灣 2 萬筆微型企業創業經歷，分析結果如表 1-1 所示：

表 1-1　104 公司台灣微型企業創業調查

創業規模	86% 屬於 5 人以下的微型創業
創業平均年齡	第一次創業平均年齡為 28 歲
創業次數	平均創業次數為 1.06 次，最多達 6 次
創業時間	平均維持創業時間為 3.9 年，最短 29 天，最長 42 年
年齡世代占比	30 歲以下的「青年創業」占 68.3%
	30 歲到 45 歲的「中壯年創業」占 29.4%
	45 歲以上的「中高齡創業」占 2.3%
創業者性別	男性創業者占 57%，女性創業者占 43%
創業類型	餐飲創業占 40%，居創業類型之首
	服飾鞋類批發/零售（店鋪、網拍）占 12%，居次
	網際網路業只占 2.5%
	電腦軟體服務業只占 1%

由上表數據分析來看，台灣微型企業創業類型以食、衣兩大類為居首，主因是創業資本和技術密集程度相對低於技術型創業或製造型創業！這也顯示台灣大多數創業的技術密集程度不高，競爭者眾多。

在中華徵信所分析 2017 年經濟部《中小企業白皮書》數據，2011～2016 年間，新創公司在 3 年、4 年、5 年內的存活率平均為 86.9%、77.1%、68.7%。微型創業以競爭者眾的餐飲業與臨時攤商最多。餐飲類（手搖飲、早餐、咖啡店、輕食、餐車等）平均只開了 3.3 年、餐廳餐館 3.49 年、服飾鞋類批發/零售（店舖、網拍）3.66 年，都低於平均值。反觀材料、工程、工業，以及技術型創業普遍都能維持 5 年以上。也就是說，技術難度愈高的新創公司存活下來的機率相對比較高。

六、創業準備

創業的成功與否，與年紀無關，而與創業家本身的素質、創業準備、創業客觀環境條件是否齊全有關。

1. **資源盤點**：認清自己 — 興趣、專長、理想，並找到自己的創業熱情，這是最重要的。如專長、適性評估、足夠的創業啟動資金、市場了解等。

2. **行業解析**：深度瞭解行業市場現況、產業趨勢、分析創業機會分析等事項。

3. **風險評估**：常犯的錯誤、風險認知、成本管控、客源開發、地點選擇。

七、創業過程

基本上，創業過程可分成四個階段（如圖 1-1），第一階段為先識別與評估市場機會，包括創新性與商機、商機的風險與回報等。第二階段為準備並撰寫「創業計畫書」（商業計畫書），包括組織結構計畫、營運計畫、生產計畫與行銷計畫，而此階段最好要親自參與撰寫，不要全權交與顧問公司。第三階段為確定並獲取創業資源，包括創業者現有的資源、資源缺口與目前可獲得的資源供應。第四階段為管理新創企業，其中包括企業成功的關鍵因素、管理方式、當前與潛在問題的分析。然而，這種劃分方式並不是絕對的，也不一定要上一階段全部完成才能進入下一個階段。

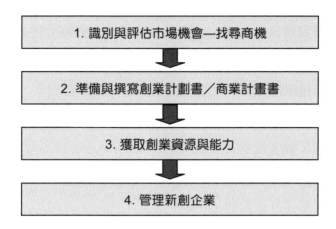

圖 1-1 創業過程的四個階段

1. **識別與評估市場機會**：所有新產品大都均含有創新性或改良性，因此創新與改良的機會到底有多少？市場的風險如何？競爭力又是如何？均必須仔細研究與評估，否則失敗的機會更大。

2. **準備與撰寫創業計畫書（Business Plan）**：此階段應特別注意不可全權委託外面的顧問公司，有時顧問公司對你的產品不了解，對你公司所在的市場也不清楚的狀況下，所做的營運計劃不見得可行。

3. **獲取創業資源與能力**：創事業原本十分辛苦，若不能確定取得各方面的資源時，要開創成功並不容易。如財務的支撐、人力的配合等等。

4. **管理新創企業**：一般新創企業沒有模式可供應用，但可參考其他相關產業的經營模式，以作為參考。

八、創業行動的階段

基本上，創業行動可分為五個階段，如圖 1-2：

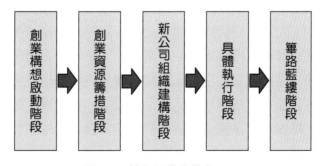

圖 1-2 創業行動的階段

1. **創業構想啓動階段**：創業家經由發掘市場機會與可行性評估後，決定展開創業行動。

2. **創業資源籌措階段**：創業家展開創業資源籌措活動。

3. **新公司組織建構階段**：正式成立新公司，並發展企業運作所需要的組織制度與管理流程（制度規章）。

4. **具體執行階段**：具體展開各項行動，完成新產品開發，進行市場行銷與銷售，並設法實現營運計畫目標。

5. **篳路藍縷階段**：創業過程必然充滿大量不確定風險，創業家與創業團隊必須承擔創業風險、經歷創業挫折、突破困難，最後才可能使新創事業穩固地立足於市場。通常在這個階段有八成的公司會消失。

1-2 智慧商務時代的創業商機

創業最重要的就是能養活你新創公司的「市場」，因此找出商機切入點，才能創造持久獲利動能。從「電子商務時代」進入「智慧商務時代」，人工智慧（AI）成為商場上趨之若鶩的主流科技，從零售、物流、金融、電信、醫療、保險，幾乎各行各業都已受到某種形式的人工智慧應用影響。

拆解大數據有助於發現創業的新商機。現今幾乎所有產業發展都建構在網際網路上，而運用大數據分析技術，更能快速即時產出多元形式具有商機價值的資料，因此任何新創團隊，都需要有「數據驅動」的策略思維。

阿里巴巴創辦人馬雲強調，阿里巴巴是「數據驅動事業」，強調在數據驅動之事業發展策略下，面對不同事業發展階段，所需運用之數據分析應用相當有所不同，如產品進入市場初期，大數據分析能快速優化平台服務，如提供多項智慧推薦服務、買賣家評鑑機制等從消費行為所提供之貼心應用，同時也為布局數據的取得，大量嘗試運用多元創新服務，全面性掌握平台上買家、賣家之互動以及各項數據，包括線上即時通訊工具「阿里旺旺」、智慧物流「菜鳥物流」、支付寶、餘額寶等，後續則透過大量商流、金流、物流、資訊流各項活動數據的掌握，得以發展更具整體經濟價值之服務與新事業發展，包括網購核心商品價格指數，以及金融科技服務平台「螞蟻金服」。

因此，阿里巴巴才得以跳脫電商平台削價競爭的激烈戰場，成為全球非典型金融服務龍頭。

一、新經濟現象的創業商機

（一）宅經濟

維基百科定義，「宅經濟」又稱閒人經濟，是指人們將假日時間分配在家庭生活、減少出門消費所帶來的商機與現象。「宅」源於日本「御宅族」一詞，原指沉迷而專精某樣事物的人，或指窩在家裡的人。在此影響下，宅經濟包括御宅經濟（Otaku Economy）。

受到新型冠狀病毒疫情擴大影響，「巢籠消費」正夯。日本將人們盡量避免出門，利用網路購物、宅配到府服務的消費傾向，由於像是窩在巢裡的鳥一樣，而稱為「巢籠消費」。新型冠狀病毒疫情增強了「巢籠消費」現象，人們減少外出、傾向在家消費。讓實體商店來客減少，而網路商店異軍突起。

（二）單身經濟

2023 年台灣單身生活戶突破 300 萬戶，單身族群興起掀起一股「單身經濟」，例如不少品牌相繼推出個人份量包裝或個人智慧家電搶攻單身商機。單身族群更捨得花錢寵愛自己，對於設計有質感，但單價較高的商品接受度高，消費力道強勁。商研院估計台灣一年「單身經濟」規模超過新台幣 5,000 億元。隨著生活型態改變，以餐飲業為例，一人走入餐廳不再擔心尷尬，愈來愈多餐廳會設置一人座位。無印良品推出的一人份咖哩速食包，而 7-11 超商也推出一人獨食商品，就是要滿足單身需求。

（三）共享經濟

共享經濟（Sharing Economy）又稱為分享經濟，像 Uber 或 Airbnb 等服務。共享經濟基本上就是將社會上的閒置資源，透過一個平台媒合，使彼此重新分配，資源過剩的供給者和資源不足的需求者能夠更有效率地交換。

圖 1-3　共享經濟概念

（四）熟齡經濟／老年經濟／銀髮經濟

　　維基百科定義，熟齡經濟學（Gerontonomics）又稱「老年經濟學」或「銀髮經濟學」，是研究高齡化社會（Ageing Society）經濟層面的問題，包括老年人的收入、消費、儲蓄等經濟活動，以及對公共財政、生產力、產業型態、經濟成長等總體層面的影響。

　　2026 年，台灣 65 歲以上高齡人口將超過 20%。進入超高齡社會，社會日常與產業發展也都將有全面性地改變。工研院估計，台灣銀髮經濟市場 2025 年經濟規模將達到新台幣 3.6 兆元，是未來不容小覷的一大商機。銀髮經濟具有巨大商機潛力，包括醫療產品、保健用品、營養食品、醫療器械、保健器具、休閒健身、健康管理、健康諮詢等多個與人類健康緊密相關的生產和服務領域。

　　聯合國世界衛生組織（WHO）界定 65 歲以上為老年。但商業上的實際操作，視 55 歲以上為老年，這樣商機更大。

（五）碳經濟-碳權/碳稅/碳交易

　　淨零碳排（Net Zero Emission）是世界趨勢，台灣 2024 年起將進入排碳有價時代。2023 年 1 月 10 日立法院三讀通過《氣候變遷因應法》。2023 年 12 月 29 日台灣環境部公布「碳費收費辦法草案」，規定碳費開徵對象、申報繳納時程、減量額度扣減碳費。希望透過碳權（Carbon Credit）、碳稅（Carbon Tax）、碳交易（Cap and Trade）等手段達成減少二氧化碳排放量的目標。環境部已於 2024 年 8 月 29 日正式公告「碳費收費辦法」。

「數位時代」相關定義如下：

☑ **碳費**：企業製造多少碳排放，繳交相對費用給環境部。根據氣候法規定，預計 2024 年開始，碳費收費對象的溫室氣體年排放量就會被納入計價，並於 2025 年開始繳納碳費。根據碳費收費辦法草案，首批碳費徵收對象為年排碳量超過 2.5 萬公噸業者，包含電力業、鋼鐵業、煉油業、水泥業、半導體業、薄膜電晶體液晶顯示器業、石化業等。

☑ **碳稅**：企業製造多少碳排放，繳交稅金給各國財政部。目前台灣還未開始徵收碳稅。

☑ **碳交易**：企業評估減碳成本與市場碳價後，向其他企業買賣碳權。2023 年 8 月「臺灣碳權交易所」正式揭牌，搭配台灣碳費徵收機制，媒合企業碳權交易，未來將負責國內外的碳權交易買賣及碳諮詢業務。

二、新科技帶動的創業商機

（一）超自動化

維基百科定義，超自動化（Hyperautomation）是有關機器人流程自動化（Robotic Process Automation，簡稱 RPA）、人工智慧（Artificial Intelligence，簡稱 AI）、機器學習（Machine Learning，簡稱 ML）、流程探勘（Process Mining）以及分析等先進技術，在業務過程自動化中的應用。超自動化的主要重點是瞭解自動化機制的範圍、彼此之間的關係，以及各機制之間如何連接，如何協調運作。

TIBCO 定義，「超自動化」是將自動化持續整合到組織業務流程中的過程，結合機器人流程自動化（RPA）、人工智慧（AI）、機器學習（ML）、流程探勘、分析等先進技術，以增強人類的工作成果。它不僅自動化了關鍵流程，而且還建立一個自動化生態系統，這個系統可以在無需人工干預的情況下找到更多可以自動化的流程。

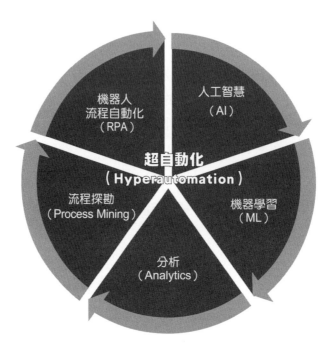

圖 1-4　超自動化（Hyperautomation）

　　「超自動化」能快速識別、審查和自動化業務與資訊流程，其整合包括機器人流程自動化、人工智慧、機器學習、低／無程式碼平台和流程管理工具等多種技術和平台，以業務驅動（Business-Driven）的方式，協助企業協作各項智慧技術，實現各類營運場景。

　　超自動化在金融業的應用，例如自動信用卡核准流程。銀行或金融機構每天都會收到申請者數以百計、數以千計的信用卡申請，雖然傳統的自動化有助於預先填寫表格和驗證，但超自動化將其提升到一個新的境界。超自動化會與不同的系統進行通訊，並擷取申請者資料，例如信用餘額和債務，還會自動針對申請者進行背景調查，之後，超自動化就可根據所擷取的使用者相關資料和預設規則或條件，來核准或拒絕該申請。因此，超自動化可加快解決信用卡大量申請問題。

　　超自動化在客服方面的應用，例如當客服人員接到客戶來電時，超自動化會從不同系統中提取有關客戶的各種詳細資訊，使客服人員更容易執行任務。使用超自動化可增強客服人力。

（二）遠距支援

在「遠距支援」方面，隨著 AR/VR 導入商業場域，在業務改善與工作方式改變等用途上，預期將對新商業帶來可觀的利益，這促使不少業者角逐後疫情時代的零接觸遠距支援商機。

遠距支援在教育業的應用，例如 Labster 虛擬實驗室。大多數學生一般沒有機會使用高昂的高科技實驗室，也難有足夠的時間在實驗室做實驗，透過與 AR/VR 結合打造更經濟、有效與安全的對策。Labster 主打的高中與高等教育解決方案，可為教育機構提供超過 140 個虛擬教材（支援 VR 與 3D 模式），類別涵蓋生物科學、物理化學、工程與藥理，其解決方案有四大特色，首先是「無風險實驗環境」，可以無任何安全疑慮的操作如「親核加成反應」等高風險實驗。第二是「情境式學習體驗」，可讓使用者模擬在命案現場採集 DNA，提升學習效果，第三是「一系列完整實作」，可以透過反覆虛擬實驗室實作，掌握實驗的各項流程與器材。第四是「可追蹤實驗成果」，例如查看過往實驗結果與測驗。

維基百科定義，擴增實境（Augmented Reality，簡稱 AR）是指透過攝影機影像的位置及角度精算並加上圖像分析技術，讓螢幕上的虛擬世界能夠與現實世界場景進行結合與互動的技術。擴增實境主要包括三個方面的內容：將虛擬物與現實結合、即時互動、三維標記。

維基百科定義，虛擬實境（Virtual Reality，簡稱 VR）是利用電腦類比產生一個三維空間的虛擬世界，提供使用者關於視覺等感官的類比體驗，透過姿勢追蹤和 3D 顯示器，使使用者能夠感受沉浸式體驗。

（三）生成式 AI

Google Could 的定義，生成式 AI 又稱為「生成式人工智慧」，是指使用人工智慧技術生成新的文字、圖片、音樂、音訊和影片等數位內容。Open AI ChatGPT 就是知名的生成式 AI。「生成式人工智慧」是由基礎模型（大型 AI 模型）驅動，可同時處理多項工作，並立即執行各種任務，包括提供摘要、問與答和分類等。另外，還能針對目標用途調整基礎模型，而且只需以極少量的範例資料，就能完成最基本的訓練工作。

「生成式人工智慧」可以處理大量數位內容，透過文字、圖片、影音和容易使用的格式，產生相關洞察資訊和答案。生成式 AI 技術的好處包括：增強即時通訊與搜尋體驗，藉此改善與客戶的互動方式；運用對話式介面和摘要功能，探索大量非結構化資料；協助處理重複性工作，例如回覆提案請求（Request for Proposal，簡稱 RFP）、以多種語言將行銷內容當地化，以及確認客戶合約是否符合相關法規等。

台灣 PC 雙雄指出，2024 年是 AI PC 與 AI 筆電元年。AI PC 或 AI 筆電是指具備可以執行「生成式 AI」功能的個人電腦或筆電，AI PC 與 AI 筆電的概念是不需透過雲端，就能在 PC 端或筆電端運行 AI 程式語言模型並得到結果。

（四）大型語言模型（LLM）

「數位時代」定義，大型語言模型（Large Language Model，簡稱 LLM）是一種深度學習模型，它能從大量的文章、影音、書籍中學習單詞和句子之間的關係，然後回答問題、翻譯、生成文本。LLM 除了應用於聊天機器人，也被廣泛運用日常生活中，如服務產業、醫療產業、軟體開發產業。

LLM 中的「大」（Large）是指模型在學習時可以自主更改參數，參數越大代表模型的知識越豐富，能做到的事情也越多。大型語言模型的運作原理是先獲取大量的文本數據，從中學習單詞和句子之間的關係，訓練完畢後可用來分析現有文字的情感與意義或生成新的文本。

LLM 的應用，2023 年 2 月 25 日 Meta 推出 LLaMA，是一款性能更好更小的大型語言模型，能協助研究人員工作。

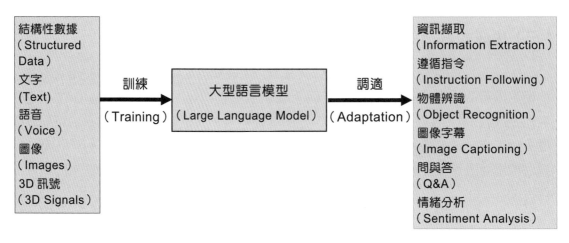

圖 1-5　大型語言模型（LLM）

（五）智慧科技趨勢商機

1. **趨勢 1 ― AI 平民化**：AI 進一步進化，朝平民化發展出 low-code/no-code（低程式碼／無程式碼）的技術，讓不具有 AI 技術背景的一般人都能使用 AI。

2. **趨勢 2 ― 大數據商業化**：隨著建構 AI 模型與 AI 演算法等 AI 基礎建設的逐漸完成，現在 AI 商業市場缺的是「數據」，因此當下商機重點就在「數據」的基礎建設與數據交換。這就是為什麼做大數據的 Databricks 會成為獨角獸企業。想獲取數據有兩種方式，一種是直接對消費者蒐集第一手數據，第二種是用交換的方式獲取第二手數據。

3. **趨勢 3 ― 區塊鏈進階應用**：例如跨鏈智能合約、元宇宙、GameFi（遊戲化金融），或是 NFT（非同質代幣）、DeFi（去中心化金融），都是未來幾年商機發展方向。

4. **趨勢 4 ― 電商 AI 化**：電商要朝線上線下融合（OMO）發展，免不了要使用 AI 科技，例如無人機送餐、刷臉結帳、AI 線上信用卡審查減少詐欺、AI 追蹤顧客線上線下消費體驗、電商 AI 大數據商業分析等。

5. **趨勢 5 ― 缺 AI 科技人才**：隨著智慧商機發展，目前各國或各公司最大問題是找不到足夠的 AI 科技人才。AI 科技人才是國際人才，服務國際市場，企業必須面臨搶人才的國際競爭。疫後工作數位化、遠距支援趨勢，AI 科技人才多了海外選擇。加上各國為了搶數位科技人才，全球已有超過 40 個國家推出「數位遊牧簽證」（Digital Nomad Visa），讓數位科技人才可以移居該國。在這種情形下，在地企業的薪資待遇如果沒有國際競爭力，就會面臨缺人才的明顯壓力。

（六）低軌衛星商機

衛星依照高度不同分為四種：

1. **高橢圓軌道（Highly Elliptical Orbit，簡稱 HEO）衛星**：高橢圓軌道衛星用於技術開發與觀測，高度在 3.6 萬公里以上。

2. **地球同步軌道（Geostationary Orbit，簡稱 GEO）衛星**：地球同步軌道衛星主要用於衛星電視轉播與廣播，特色是繞行地球一圈的時間正好是 24 小時且訊號涵蓋範圍廣泛，僅需最多 4 顆就可包覆整顆地球。

3. **中地球軌道（Medium-Earth Orbit，簡稱 MEO）衛星**：中地球軌道衛星用來提供 GPS 導航與定位，距離地表 2,000 至 1.5 萬公里，以及距離地表 500 至 2,000 公里。

4. **低地球軌道（Low-Earth Orbit，簡稱 LEO）衛星，低軌衛星**：低地球軌道衛星主要六大應用通訊、遙測、導航、氣象、科學探索和國防，而低軌衛星高達 70%用於通訊，9%用於遙測，大多利用影像做環境監控、氣象監測、洋流分析等。低軌衛星服務的全球四大巨頭：SpaceX 的 Starlink（星鏈）、亞馬遜（Amazon）的 Project Kuiper、英國 OneWeb、加拿大 Telesat。

1-3 創業要先想好，要做什麼？

從微型創業的開店創業流程：創業點子發想、找出市場需求、確認市場定位/產品定位/品牌定位、開發商圈、財務預估、店面規劃、營運計畫、人力管理，到社群行銷與數位工具運用，環環相扣。到一般創業流程：找出創業領域、研究市場需求、思考價值主張、鎖定目標顧客。創業前都要先想好到底要做什麼？

一、創業準備

因此，創業者必須事先思考下列問題：

1. 想清楚你要在哪個行業創業，找出市場未被滿足的需求 — 商機

2. 你的強項是什麼？

3. WHO：你想要服務的主要對象是誰？

4. WHAT：你想為顧客帶來什麼價值？

5. HOW：你想要怎麼樣服務顧客？（如何傳遞價值給顧客？）

6. 這生意需要申請政府許可證嗎？

二、創業者的洞見：辨識創業機會找到市場白地

創業機會識別（Entrepreneurial Opportunity Recognition）是創業初期創業者識別創業機會的過程。

創業者在發掘創業構想時，有幾個可以思考的方向，例如人口、社會、經濟、產業結構的改變；消費者的痛點；現有產品的缺點；現有價值鏈的缺點；現有供應鏈與需求鏈的缺點；應用新科技開創全新的產品或服務；依附高科技產業提供專業化服務等，如圖 1-6。

```
┌──────┐   ┌──────────────────────────────────────┐
│ 創    │   │ ・消費者的痛點（問題點）               │
│ 業    │   │                                       │
│ 構    │   │ ・現有產品的缺點／現有服務的缺點        │
│ 想    │  ┤                                       │
│ 的    │   │ ・現有價值鏈的缺點／現有產業鏈的缺點    │
│ 可    │   │                                       │
│ 能    │   │ ・現有供應鏈與需求鏈的缺點／現有商業生態系的缺點 │
│ 方    │   │                                       │
│ 向    │   │ ・應用新科技開創全新的產品或服務        │
│      │   │                                       │
│      │   │ ・依附高科技產業提供專業化服務          │
│      │   │                                       │
│      │   │ ・人口、社會、經濟、產業結構的改變      │
└──────┘   └──────────────────────────────────────┘
```

圖 1-6　發掘創業構想的可能方向

三、創業問題 1：誰是你的客戶？

誰是你的客戶？這是創業者的第一個問題。是花錢買產品的人？使用產品的人？還是認可產品的人？事實上，真正付錢買產品或服務的人，才是真正的客戶。注意，使用產品與認可產品的人都不一定是我們的客戶，所以千萬不要直接把認可產品的人當成我們的客戶。

四、創業問題 2：要為這些客戶創造什麼價值？

確定誰是你的客戶之後，接著分析真正的客戶（真正付錢買產品的人）其付錢背後的真正理由是什麼（為什麼買我們的產品或服務）？只有客戶願意從口袋掏錢購買你所提供的產品或服務，顧客價值才會存在。

創造顧客價值就是創造「顧客願意付錢的價值」。要創造顧客價值就是要幫他們解決「痛點」（Pains）問題。最經典的案例是「女人想買的不是『化妝品』」本身，而是想要『變美』」。

別只盯著競爭者在做什麼，企業經營要有自己的想法。因為創業要從目標客戶的角度思考，而不是只盯著競爭者在做什麼，這樣會有市場盲點。

五、創業問題 3：要怎麼不失真地傳遞這些價值給你的客戶？

行銷通路就是在傳遞這些價值給你的顧客。而要怎麼不失真地傳遞這些價值給你的客戶，就涉及品牌的通路佈局。

六、創業前中後

（一）創業前準備期 —— 標竿學習

1. 儘可能排除不穩定或不確定因素，做好前期規劃與準備。

2. 選定創業領域：市場需求、價值主張、目標顧客、確立創業方向？

3. 創業資源大盤點

    ➜ 想創業當老闆嗎？請自問這四道問題。你是真心想轉換跑道嗎？計算創業實際總成本，若血本無歸你也能承受嗎？如果現有資金還不足，你現在可以先做什麼？試做跟量產是兩回事，你有量產能力嗎？

    ➜ 外部資源點點名，創業巡航起手式：創業資源基本觀念，有外部資源先用外部資源，不要先用自己的資源，短期才能撐得比較久。

    ➜ 以興趣當支點，利用槓桿撐起的創業夢想變生意。興趣是一個人最好的良師。一個人只要對一件事物產生了興趣，就會調整自身的潛能，願意花時間和精力去學習、去體驗，不管遇上什麼困難、挑戰，也會樂在其中。

4. 創業育成

    ➜ 創業孵化器（Incubator）：有時被稱為「育成中心」，指在幫助新創公司解決各種創業問題，希望藉由完善新創公司的各項環節，提高新創公司生存的機會。孵化器通常是非營利組織，可能是政府或大專院校成立的育成中心，通常協助新創公司成立初期的問題，主要提供辦公空間、創業課程、協助爭取創業資源等。

    ➜ 創業加速器（Accelerator）：是為了幫助新創公司「加速」成長，通常以短期計畫的形式進行。新創公司向創業加速器提出申請後會得到資助、參加密集的工作坊，希望在短時間內進行規劃、提報、改進，最後獲得天使投資人、創業投資的投資。

    ➜ 政府創業輔導計畫案：常見如 SBIR、SIIR、SITI、創業天使、文創補助等。

➡ 創業貸款：常見如青年創業貸款、微型創業鳳凰貸款、失業中高齡者及高齡者創業貸款等。

➡ 善用業師力量打通媒合創業資源。

5. 設立停損點：創業有風險，如何控制風險，關鍵在於設定停損點。先設定「一定要盡力完成」的目標與「時間點」，如果達到這個「時間點」這個「目標」還是一無所獲，就該考慮其他做法（停損）。

（二）創業中籌辦期

1. 創業前測：創業競賽與群眾募資

➡ 參與創業競賽，校準正確的創先業方向。

➡ 善用群眾募資平台，燒別人的錢，減少燒自己的錢。

2. 新世代融合新數位科技與 ESG 實踐

➡ 數位科技創業大潮湧動：探索新世代的創業新風貌，應思考如何將數位新科技應用於新創事業中。

➡ 創業者的社會情懷：社會企業與 ESG 永續價值。新世代創業應重視環境保護（Environmental）、社會責任（Social）與公司治理（Governance）。

（三）創業後經營期

1. 建立創業里程碑

➡ 獲利模式（商業模式）要能賺到錢才是王道。

➡ 具象化顧客輪廓，四步驟找到目標客群：

　　步驟 1：研究目標客群與既有顧客；

　　步驟 2：深入了解目標客群的需求與痛點；

　　步驟 3：細分目標客群繪製顧客輪廓；

　　步驟 4：建立目標客群「人物誌」（Persona）。

➡ 找出實際營運的切入點，組織成長要靠人才。

➡ 跟上 OMO 時代，線上線下融合正在加速。

1-4 精實創業

美國知名創業者 Eric Ries 提出精實創業（Lean Startup）的概念，主張新創公司可藉由「以市場實驗驗證商業假設」、「快速更新迭代產品」，以縮短產品開發週期。精實創業鼓勵新創公司快速更新產品與服務，以提供給早期使用者試用，如此便能減少不 fit（適配）市場的風險，避免早期計畫所需要的大量資金、昂貴的產品上架與失敗成本。「小步快跑」就是精實創業的精髓，在過程中不斷地測試、修正，直到真正解決客戶的痛點（問題點）。

傳統創業思維是在創業前先花費一段時間詳細了解分析市場，並藉由自身的專業知識發展創業點子與商業模式，進一步完成商業計畫與創業啟動；又或者有點子或產品之後，加以分析市場環境，再完成前述創業過程。但 Eric Ries 並不這樣認為，他主張「精實創業」，應先藉由建立假設來創作產品與服務，進一步了解假設是否能滿足與解決客戶的痛點與市場的需求，最後藉由不斷循環精進上述過程，來使產品與服務更加完善，並成功在市場上找到定位與價值。基本上，精實創業更符合現代智慧創業團隊需要。

精益創業是近年流行於矽谷的一種創業方法論，它的核心思想是，先將「最簡可行原型產品」（Minimum Viable Product，簡稱 MVP）投入市場，然後透過不斷的學習和有價值的客戶（用戶）反饋，對產品進行快速迭代優化，以快速驗證市場達到「產品與市場適配」（Product / Market Fit，簡稱 PMT）。

當找到 PMT 之後，再根據客戶（用戶）反饋，持續對產品進行快速迭代優化，若發現最簡可行原型產品（MVP）的 PMT 比較慘淡，此時可能就要考慮是否需要 pivot（關鍵轉折）。

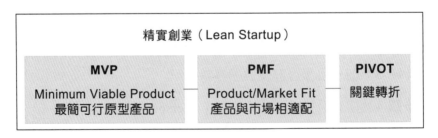

圖 1-7 精實創業方法論

一、什麼是精實創業

《維基百科》定義，精實創業（Lean Startup）是一種發展商業模式與開發產品的方法，由 Eric Ries 在 2011 年首次提出，它最初只是 Eric Ries 2008 年在高科技公司任職時的一個想法，現已廣泛應用於任何希望推廣產品到市場上的產業、團隊，或公司。

「精實創業」這個新方法已逐漸取代傳統創業的方法。現在，新創團隊以市場測試假設、搜集早期客戶意見、對目標客戶展示「最簡可行原型產品」進行創業，與以往依商業計畫書執行、商業模式營運、推出全功能產品的方式大不相同。

二、精實創業的步驟

創業都是在極端不確定情況下，開發新產品或新服務。在創業的初期，誰是客戶，客戶對於該產品或該服務的認知價值都是未知的。總的來說，精實創業就是用三個動詞，驅動三個名詞的循環迭代過程：IPD → BML，即：想法[Idea] → 建構（Build）→ 產品[Product] → 測試/測量（Measure）→ 數據[Data] → 驗證式快速學習（Learn）。因此，精實創業有三大步驟：

1. **步驟 1—「構建」**：先找出真正需要被解決的問題（消費者的痛點），然後開始作出「最簡可行原型產品」（MVP）。產品或服務不用等到「完美」才推出，只要產品與服務堪用就先推出讓消費者使用，從中發現問題，再回頭修正問題完善產品與服務。

2. **步驟 2 — 「測試/測量」**：關鍵轉折（Pivot）快速更新、快速迭代，修正產品。Pivot 是探索顧客與驗證市場的過程。Pivot 是將「最可行原型產品」快速推上市場，經過客戶消費與使用檢驗，若客戶不買單，就快速調整產品，直到找到最終客戶認可的產品與服務。新創要如何提高創業成功率，重要的是要縮短「關鍵轉折」的時間。「關鍵轉折」代表新創公司採用新的假設，或轉向另一種成長方式，以改善成長停滯或衰退的現狀。

3. **步驟 3 — 「學習」**：驗證式快速學習。每次迭代結束，都會建立「驗證式學習」（Validated Learning），然後推動下一輪迭代。精實創業有點類似「敏捷開發」，都強調快速迭代、小步前進、測試（測量）驅動。每次精實產品循環的一個過程都是從「未經證實的假設」（Unproven Assumption）到「假設經過證實的學習」，進而調整您的新產品或新服務。驗證式學習循環（Validated Learning Loop）又被稱為「構建-測試/測量-學習循環」（Build-

Measure-Learn Loop），是 Eric Ries 所定義的術語，在「精實創業」中被用來描述驅動學習的顧客回饋循環（Customer Feedback Loop）。

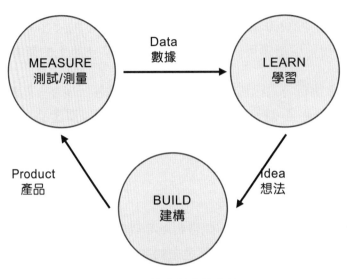

圖 1-8 精實創業的步驟

精實迭代（Build → Measure → Learn）：新創團隊從一個「想法」（Idea）開始，在多次迭代過程中持續地「構建」（Build）、測試和優化產品或服務（Product），為產品與服務注入真正的價值（目標顧客真正內心想要的價值）。由於創業活動具有高度不確定性，最初的「想法」（Idea）和現實之間必然存在差距。精實創業的關鍵就是：快速迭代，小步快跑前進和測試驅動，以最大化利用寶貴的時間和資源。

精實迭代（Build → Measure → Learn）的目標：

1. 加快迭代的速度，讓每次迭代時間盡可能縮短。

2. 每次迭代結束，得到驗證式學習（Validated Learning），快速進行下一輪迭代的調整。

三、精實迭代循環的基本發展模式

精實迭代循環（Build → Measure → Learn Loop）幫助新創團隊驗證特定的商業模式假設，而發展精實創業則串連多個驗證式學習循環，完成特定目標，例如，達成產品／市場適配。圖 1-9 顯示精實迭代循環的基本發展模式。前二個階段「瞭解問題」與「定義解決方案」，著重「問題-解決方案適配」或者找出值得解決的問題。接著，使用兩階段的方法，先「定性驗證」（微觀尺度），再「定量驗證」（巨觀尺度），

評估新創團隊所構建的產品或服務，是否為目標顧客群所需要，然後逐步反覆迭代到「產品-市場適配」的層次。

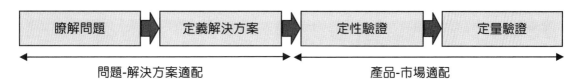

圖 1-9　精實創業的基本發展循環模式

四、精實創業有三個主要原則

史蒂芬‧布蘭克（Steve Blank）在哈佛商業評論中提出，精實創業有三個主要原則：

1. 基本上，創業家並不會花太多的時間撰寫商業計畫書，他們能接受自己一開始只擁有一連串未經驗證的商業假設；也就是說，是好的猜測。因此，創業者不需要寫一份錯綜複雜的商業計畫書，而是將他們商業假設的重點，整理在一個商業模式圖（Business Model Canvas）的架構中。基本上，這是一個圖表，顯示出新創公司如何為自己與顧客創造價值。

2. 以「顧客開發」（Customer Development）方式，直接在市場上測試他們新創公司的商業假設。創業家直接在真實的市場上，詢問潛在的使用者、購買者和合作伙伴，有關這套商業模式中的所有要素，包括產品特色、價格、銷售通路以及行銷廣告決策。在此強調的是敏捷與速度：新創公司快速展示最簡可行原型產品，並立即得到顧客的回饋意見。接著，他們運用顧客的回饋意見，進行修正商業假設，然後重覆整個循環，測試重新設計的產品與服務，進行小幅調整（反覆設計），或是進行「Pivot」，也就是大幅修正那些不受青睞的想法。

3. 採行「敏捷開發」（Agile Development）。敏捷開發與顧客開發相輔相成。傳統的產品開發流程可能長達一年，並假設公司已了解顧客的痛點和產品需求；敏捷開發則以反覆測試和逐漸改善的方式，減少不必要的時間與資源浪費，這正是新創公司用來設計最簡可行原型產品的流程。

表 1-2　精實創業法與傳統創業法

	傳統創業法	精實創業法
商業模式	由實踐驅動	由商業假設驅動
產品開發	線性開發：規劃、概念發展、系統整體設計、細部設計、測試與修正、試產。	顧客開發：直接上市場，由顧客驗證商業假設。 敏捷開發：反覆測試，逐漸改善。

1-5　創業家的重要本領：pivot

一、Pivot 是探索顧客與驗證市場的過程

　　布藍克教授在《The Startup Owner's Manual》一書中指出，多數新創公司必須經過一段四步驟的顧客發展模式（Customer Development Model），也就是顧客發掘（Customer Discovery）、顧客驗證（Customer Validation）、顧客創造（Customer Creation）、公司建立（Company-building），才能變成一家真正的公司，如圖 1-10。

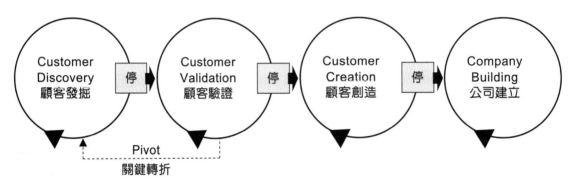

圖 1-10　Pivot 是探索顧客與驗證市場的過程
資料來源：CPC 新創事業規劃研討會 Dr. Caren Weinberg

　　從字面上來看，Pivot 有「關鍵轉折」的意思，但在創業上，就如同圖 1-10，是新創團隊在進行顧客探索、顧客驗證的過程，也就是說新創團隊將產品推上市場時，必須經過目標客戶的檢驗，若目標客戶不買單，就必須調整產品或者嘗試進入新的市場，直到找到最終的目標客戶，若新創團隊可以減少摸索顧客與市場的時間，那麼新創事業成功的機率就會增加，畢竟新創事業的資金、資源有限，而每次的 Pivot 都得花費許多創業者的時間與資源。

二、善用系統化驗證假設，減少每次「Pivot」所需時間

許多新創團隊大多是技術出身，很多時候在推出產品進入市場時，就好像盲人摸象一樣，不太瞭解市場，而且總是透過試誤（Try and Error）的方式來進行 Pivot，這樣往往會走很多冤枉路。基本上，新創團隊可以善用商業假設，並透過系統化的驗證，來測試與驗證產品的市場接受度，可以減少每次「Pivot」所需的時間，以加速 PMF 時間。

三、從商業模式角度，進行系統化驗證

新創團隊在 Pivot 之前，首先要有個觀念，任何產品在推出市場之前，其實都做了很多的基本假設，比如說：

1. 假設這產品可以解決「ABC」類型客戶的「DEF」的問題。

2. 假設這產品在技術可行性是沒問題的，可以做的出來。

3. 假設我們的定價可以符合「ABC」類型客戶的需求。

4. 假設「ABC」類型客戶常接觸的媒體是…等。

若新創團隊可以在 Pivot 之前，釐清所有重大商業假設，並按照重要順序來加以驗證，必定能提高創業成功率。

要如何能夠釐清所有商業假設呢？瑞士商業模式專家 Alexander 所提供的商業模式架構，是一個比較好的做法，其是從商業模式的角度來思考新產品所隱含的商業假設，這樣做可以幫助創業家從更廣的角度來思考！

關鍵合作夥伴 KP	關鍵活動 KA	價值主張 VP	顧客關係 CR	目標顧客群 CS
	關鍵資源 KR		通路 CH	
成本結構 CS			收益模式 RS	

圖 1-11 商業模式圖（Business Model Canvas）九大要素

四、透過商業模式圖，找出新產品重大基本商業假設

創業者可透過商業模式圖（Business Model Canvas，簡稱 BMC）找出重大假設，而後再進行 Pivot，以下是預想的重大商業假設。

關鍵合作夥伴 KP 假設 1： 假設 2：	關鍵活動 KA 假設 1： 假設 2：	價值主張 VP 假設 1： 假設 2：	顧客關係 CR 假設 1： 假設 2：	目標顧客群 CS 假設 1： 假設 2：
	關鍵資源 KR 假設 1： 假設 2： 假設 3：		通路 CH 假設 1： 假設 2：	
成本結構 CS 假設 1： 假設 2：			收益模式 RS 假設 1： 假設 2：	

圖 1-12 透過商業模式圖，找出新產品重大基本假設

　　總結來說，新創團隊要提高創業成功率，重要的是要減少 pivot 的時間。基本上，新創團隊可以從商業模式角度思考新產品所隱含的基本商業假設，並按重要性順序逐一測試，便可以減少 pivot 的時間，增加創業成功率。

1-6 創業自我評估

一、我適合創業嗎？

1. **強烈的慾望**：實際上，「慾望」是一種生活目標，一種人生理想。創業者的慾望與普通人慾望的不同之處在於，他們的慾望往往超出現實，往往需要打破他們現在的立足點，打破眼前的困境，才能夠實現。因此，創業者的慾望往往伴隨着行動力和犧牲精神，而這是普通人做不到的。

2. **超乎想像的忍耐力**：創業路上所有的付出常常超過一般人的想像，付出怎樣的努力，付出怎樣的代價，忍受多少一般人無法忍受的憋悶、痛苦、甚至是屈辱，這種心情只有創業過的人才清楚。

3. **超強的抗壓性**：創業最後的挑戰就是創業者的「抗壓性強不強」。任何創業中會遇到的業務、財務、人事、危機處理等，都是在考驗創業者的抗壓性。抗壓性不好的人，任何小事都會摧毀他；可能小到排班的員工臨時沒來、客戶語氣不佳，都會崩潰、瓦解你的創業信心。抗壓性是創業的基本功，它能帶領創業者撐過所有難關。抗壓性有 80％是人格特質，20％是訓練出來的。

4. **善於把握趨勢又通情達理**：創業者一定要跟對形勢，要研究政策，這是「大勢」。「中勢」是指市場機會，現在市場時興什麼，流行什麼，目標客群現在喜歡什麼，不喜歡什麼。「小勢」是指創業者的個人能力、性格、特長。創業者在選擇創業項目時，建議要找那些適合自己能力，契合自己興趣，又可發揮自己特長的項目，這才有利於創業者持久全身心投入。創業者一定要明白趨勢掌握趨勢，還要明政事、商事、世事、人事，才能避免任何環節上出問題。

5. **開闊的眼界**：對創業者來說，只有真正廣博的見識，開闊的眼界，才能有效地拉近自己與成功的距離，使創業活動少走彎路。

6. **市場敏感度**：對於創業前的準備，如果創業者對市場敏感度不足，學再多財報、行銷等基本商業管理技能都沒有用。王品集團戴勝益董事長建議，多花時間，先將台灣所有商業雜誌的每期都仔細研讀，並且天天看《經濟日報》《工商時報》兩大財經報紙。因為這是台灣許多精英記者濃縮出來的知識結晶。看了至少一年的產業相關報導，你自然就會知道哪裡有商機，何時自己應該行動！接著，親自到有興趣的每一家實體店面看看，和老闆聊聊。這種行動力是在閱讀豐富知識後自然就湧現出來的。創業之後，要結交各行各業成功的朋友，他們會培養你源源不絕的市場敏感度。

7. **智謀**：商場如戰場，一個有勇無謀的人，很難在商場中生存下來。創業者的智謀，將在很大程度上決定其創業成敗，尤其在現今產品日益同質化，市場有限，競爭激烈的時代。

8. **勇於冒險的膽量**：創業本身就是一項冒險活動，要有膽量，敢於下注，想贏也敢輸，創業是最需要強大心理承受能力的一項活動。創業需要膽量，需要冒險，所有成功創業者在創業的道路上，一定都有過「勇於冒險」的經歷。但創業畢竟不是賭博，創業家的冒險，不同於冒進，冒險是你經過努力，有可能得到，而且那東西值得你得到。

9. **自我反省的能力**：反省是一種自我學習的能力，創業是一種不斷摸索自我學習的過程，創業者在此過程中難免會犯錯誤。自我反省是認識錯誤、改正錯誤的前提。對創業者來說，自我反省的過程，就是自我學習的過程。

二、產品或服務市場創業評估

創業的事業體依商品特性、價格、顧客屬性與評估分析結果定位，並依經營特色進行市場區隔，亦規劃初期、短期之行銷策略，例如：初期應鎖定主要消費族群，爾後擴展至其他族群建立口碑，或是自創品牌及經營品牌。

創業的事業體名稱、規模大小、營業項目或主要產品名稱等，需先訂出規模與營業內容，並進行總體環境分析與個體環境分析，瞭解目標顧客群、潛在顧客群、顧客痛點、競爭者、供應商、通路商、產品／服務定價、毛利率、競爭方式，以及市場投入方式等。以餐飲店為例：

1. **產品設定**：主力飲品應設定茶或咖啡？餐點的訴求？產品口味特色？食材、健康、擺盤及氣氛。

2. **經營服務方式**：內用或外帶？是否可外送？

3. **生財設備規劃**：主要生財設備、設備項目與數量、動線規劃與設備擺放等。

4. **桌數與座位數規劃**：店內坪數與空間規劃的內用桌位數？店外桌位數？

5. **產品原物料成本與毛利率計算。**

6. **競爭店分析**：競爭同業各品牌經營特色與客群分析。

三、STP 創業評估：市場區隔、市場選擇與市場定位

依經營特色進行「市場區隔」（S）、「市場選擇」（T），並依商品特性、價格、顧客屬性與評估結果進行「市場定位」（P），亦規劃初期、短期之行銷策略，如：初期應鎖定主要消費族群，爾後擴展至其他族群建立口碑，或是自創品牌及經營品牌。

市場區隔（S）		市場選擇（T）		市場定位（P）
1. 確認市場區隔的變數 2. 分析各個區隔市場		3. 衡量各區隔市場的吸引力 4. 選定目標市場		5. 目標市場定位 6. 針對各目標市場擬定行銷策略

圖 1-13 STP 創業評估：市場區隔（S）、市場選擇（T）與市場定位（P）

四、創業資金評估

創業資金包括個人與股東出資金額比例以及銀行貸款等，資金之規劃會影響整個事業的股份與紅利分配。因此，在創辦前須估算事業規模的開辦費用（硬體與軟體）、未來一年應準備多少營運週轉資金等，包括開辦費用、營業週轉金、準備金與零用金，並進一步估算損益平衡點時間，以利未來週轉金之運用控管。

五、設定創業經營目標

經營目標影響未來事業體的經營方向、成功率、產品設定與開發，以及行銷策略，故在創業前應訂定明確的目標，可分為營收目標與客群目標，如下：

1. **營收目標**：為因應環境的變遷，營收目標年限應以 3 年為準，不應超過 3 年。創業者在訂定營收目標前可參考同業同規模之月營業額，再定出自己的月營業目標及相關作法，如：當未來營收高於營業目標如何更上一層，但若低於營業目標則如何修正。

2. **客群目標**：創業初期應將市場消費者轉為自己的目標客群，爾後再進一步擴展、開發與規劃各類消費族群，但因族群屬性不同，其消費模式不同，故產品開發及行銷策略應同步進行。

六、財務預估

財務預估包含收入與支出，創業初期應至少編列第一年預估的營業收入與支出明細表，估算每月的支出與可能的收入與利潤，瞭解達到收支平衡之時間點，以作為不同時間點準備金之準備依據。故應分為創業初期、短期之營運修正費用及階段性業務擴展預算，以利符合營運目標達成。

七、行銷策略

行銷策略應以客戶需求及消費習性為導向，依此規劃行銷策略與促銷方案；行銷組合 4P 策略包括產品、定價、通路、推廣。以協助創業者市場定位。在行銷手法方面，包含 DM 發放、電話拜訪、現場拜訪、商展、造勢活動及網路行銷等，應多多蒐集行銷手法相關資料進而擬定行銷方案。

八、創業風險評估

創業風險評估是指在創業過程中可能遭受的挫折，例如：景氣波動、面臨競爭對手攻擊、營業地點條件不佳、股東不合、新創團隊不穩定或執行業務的危險性等，其風險嚴重會導致創業失敗，故應列出可能的風險、規劃風險因應策略以及公司解散方法。

總結來說，建議創業者應投入自己擅長的專業領域，在創業過程中須依靠堅強的意志力與努力，才能克服各種挫折與困難，建立自己理想的事業。

九、馬雲給創業者的忠告

1. 你的公司在哪裡不重要，你的心在哪裡，你的眼光在哪裡才重要。肯德基不在紐約，而在全世界都有。

2. 企業不要只想要變大，要走的遠、活的久，手上一定要有一樣產品或服務是天塌下來，你也能賺錢的。

3. 最優秀的商業模式往往是最簡單的東西，尤其在初創的時候，尋求簡單、單一最重要。

4. 學者型創業者是從宏觀推向微觀，然而大趨勢好，未必是你好（趨勢看對，但你做不對），當然大趨勢不好，還是有人賺錢。也有很多創業者是從微觀推向宏觀，從發現一位客戶的某個需求，接著發現一群客戶的某種需求，然後創業解決這個需求的痛點。

5. 創業要找最合適的人，而不是找最好的人。

6. 有關係就沒關係，沒關係就有關係，然而這個世界上最不可靠的就是「關係」，做生意不能只靠關係。

7. 找到你能活下來的利基市場：面對強大的競爭對手，不是要去挑戰他，而是去彌補他，做他做不到的，或他不想要做的。

8. 優秀的領導者善於看到自己的短處，別人的長處，而不是別人的短處。

9. 對手可以模仿我的商業模式，但無法經歷我的苦難，那他就無法像我一樣成長。就是我（馬雲）失敗的次數比競爭者多，所以我才能成長。

10. 商業最大的盲點是：看不見對手、看不起對手、看不懂對手、跟不上對手。

目標顧客群與
消費者行為

只要是顧客有可能用到的，小北百貨都賣

外表不起眼的小北百貨，是台灣第一家在生活百貨與家用五金中做到近 200 間實體店面規模的連鎖通路，是台灣五金百貨之王。小北百貨的經營法則很簡單，就是要「賺別人不要賺的，賣別人不想賣的」。

所謂「賺別人不要賺的」，就是堅持 24 小時營運，賺別人不想賺的「開業的皮肉錢」。主打救急是小北百貨維持顧客心占率的祕訣。當民眾半夜水龍頭漏水、突然門把斷掉、缺轉接頭充電，都可讓消費者第一時間想到小北百貨。當然，要維持全台 24 小時營運，確實小北百貨並不是每家店都能賺錢，大夜班基本至少要配置三名人力輪班。確實是別的同業不想賺的苦差事，這算是用錢砸出來的競爭優勢，也是同業難攻克的市場。

小北百貨採包山包海策略即「賣別人不想賣的」。小北百貨進貨時不會只考量毛利率、周轉率，只要顧客可能用的到的生活用品，以及不用電鑽、切割器等工具就能 DIY 的家用五金，全部都賣。這也是為何小北目前大大小小配合的供應商就超過千家，且保留雙軌進貨制。通常周轉率高且常進的貨品，會先送去小北百貨的統倉，久久才賣出的商品，則請供應商直接配貨到特定小北百貨門市，以維持各種進貨、採購彈性，就是為了維持小北貨什麼都買得到的顧客記憶點。

不同於其他競爭賣場通用的 20/80 法則（80%的獲利集中在 20% 的產品），或以帶路雞商品吸引客人的策略，小北百貨捨棄黃金八二法則，不管是各式旋鈕墊片、虹吸軟管，還是道路三角錐、燒金紙筒、菜籃車等商品皆一應俱全、無所不賣。在小北百貨賣場中的品類結構，無論是衛浴用具、衣著飾品、五金修繕等，銷售比重沒有那一品類特別高。小北百貨的標準門店坪數大約在 250 坪上下，特定大型店約 400 坪以上，但即便是標準店型平均也有約 3 萬個商品品項（SKU），這幾乎是全聯的兩倍。

2-1 認識你的消費者

一、消費者洞見

消費者洞見（Consumer Insight）是企業深入了解顧客想要什麼、需要什麼、為什麼做了某些事情，當企業了解真實的消費者洞見，它不僅可以有效提升品牌與顧客之間的溝通效能，也有助於企業產出更符合消費者所需的產品與服務。消費者洞見最有效的層面是了解「為什麼」。例如：為什麼消費者購買我們的產品？為什麼消費者不購買我們的產品？為什麼消費者需要解決這個問題？為什麼消費者會不斷的重複相同的消費模式或使用模式？簡單來說，「消費者洞見」就是要瞭解消費者內心世界在想什麼。

基本上，消費者會花錢購買一項商品或服務，需要被滿足的從來都不是商品或服務本身，而是商品或服務所能為消費者解決某項問題（痛點）或完成某項「任務」（Job）。所謂「任務」是指消費者在當時某特定情況下要解決的基本問題。

創意要有辦法真的解決從消費者洞見中所發現的消費者面臨問題（痛點），這種創意在商業上才有效用。簡單來說，這個創意必須是消費者想要的，而不是創業者想要的，可以真的解決消費者的痛點或問題點。

二、不同世代的不同需求

現代企業都面臨著服務五個不同世代的難題：嬰兒潮世代、X 世代、Y 世代、Z 世代、α 世代。每個世代都是由不同的社會文化環境與生活經驗形塑而成，不同世代有不同的商品或服務需求，偏好也有所不同。

- ☑ **嬰兒潮世代**：是指 1946 年至 1964 年出生者，第二次世界大戰結束後觸發嬰兒潮，為目前的經濟龍頭、高齡化代表，品牌忠誠度高。

- ☑ **X 世代**：是指 1965 年至 1980 年出生者，較為獨立也較具創意，充分適應傳統與數位職場。

- ☑ **Y 世代**：是指 1980 年代至 1990 年代出生者，重視體驗而非所有權，是訂閱經濟的推手。

- ☑ **Z 世代**：是指 1990 年代末期至 2010 年代前期出生者，是數位原生世代。

- ☑ **α 世代**：是指數位原生世代之子女，更偏好吸睛品牌。

　　雖然企業都了解不同世代的獨特需求，但大多數企業仍然無法同時服務好所有世代。主要是因為企業往往受限於僵化或有限的商品與服務組合，無法針對每個世代客製化，迫使其只能同時服務兩到三個世代。越年輕世代越是容易改變其需求，造成產品生命週期的縮短，企業更是疲於招架。

三、數位足跡

　　數位足跡（Digital Footprint）是指使用者透過網際網路從事瀏覽、購物、發表言論，對於某報導或某社交軟體中的貼文表達喜歡與否的一切紀錄。這些資訊，可能包括在購物時所輸入的性別、出生年月日、聯絡 Email、聯絡電話、地址、所住的城市、信用卡號等，有時也會蒐集使用者瀏覽網頁的偏好。

四、單一顧客 360 度視圖

　　單一顧客視圖（Single Customer View，簡稱 SCV）又稱為「單一顧客畫像」，是針對單一顧客所蒐集的所有相關數據（數位足跡數據），所形成的單一顧客 360 度視圖。簡單來說，「360 度顧客視圖」是針對單一顧客蒐集其各個顧客接觸點數據，以形成完整的單一顧客檔案。品牌透過 360 度顧客視圖識別顧客身分，了解其姓名等相關基本訊息與顧客輪廓，也能查詢其消費紀錄、檢視分眾標籤等。其中「顧客輪廓」是 360 度顧客視圖中很重要的概念，又稱為「消費者輪廓」，是指「顧客樣貌」，包含性別、年齡、職業、居住區域、需求、偏好等。運用「360 度顧客視圖」認識顧客，可創造更好的顧客體驗旅程。

有了單一顧客 360 度視圖為基礎，品牌才可能做到一對一精準行銷，如圖 2-1。

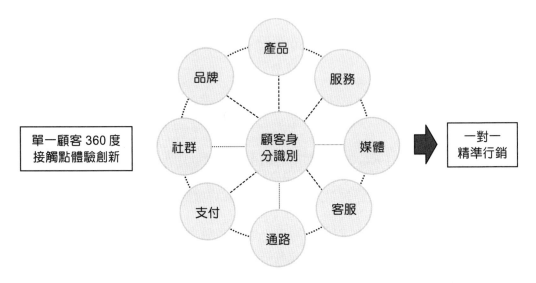

圖 2-1 顧客體驗創新 ─ 單一顧客 360 度視角

五、同理心地圖

同理心地圖（Empathy Map）是一個幫助創業者「換位思考」，以深度了解消費者或顧客，並從中得到見解的視覺化工具。同理心地圖的功能有點像是「人物誌」（Persona），可針對特定客群來描述。基本上，「同理心地圖」包含六大區塊，分別描述目標族群的各種感受：1.想法和感覺（Think & Feel）、2.聽到了什麼（Hear）、3.看到了什麼（See）、4.說了什麼又做了什麼（Say & Do）、5.痛點（Pain）、6.獲得（Gain）。

使用「同理心地圖」的優點：

1. 幫助品牌了解目標顧客對商品與服務的想法與感受。

2. 在討論的過程中，有助於凝聚經營團隊的想法與共識。

3. 可作為優化現行策略的參考依據，以強化效能與效率。

4. 能夠反覆驗證並優化，更完整地描繪出品牌粉絲輪廓。

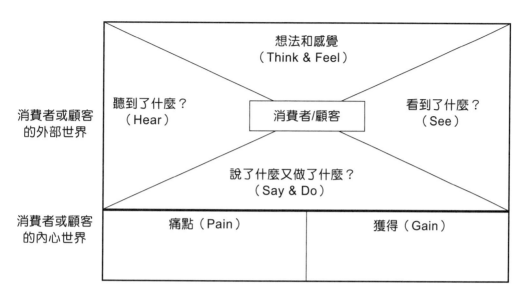

圖 2-2 同理心地圖

2-2 顧客價值

一、什麼是顧客價值

「顧客價值」是指品牌在顧客心中的價值，是品牌的產品或服務為顧客所帶來的效用。

Kotler (1999)認為，顧客價值是顧客從產品或服務中得到的總顧客價值（Total Customer Value）－包括產品價值、服務價值、個人價值及形象價值；以及顧客為取得產品與服務所要花費的總顧客成本（Total Customer Cost）－包括金錢成本、時間成本、精力成本及心理成本。把「總顧客價值」與「總顧客成本」兩者相減就是「顧客真正獲得的價值」，如圖 2-3。

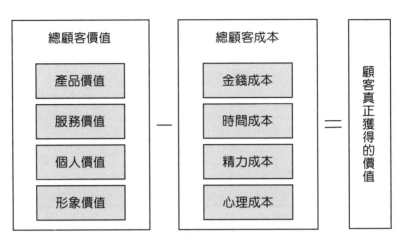

圖 2-3　顧客真正獲得的價值

二、顧客價值構面：效用

吳思華(1996)認為「價值」是能夠讓顧客減少成本或增加效用的事物，而顧客是價值的認知者，因此顧客認知的價值構面可分為五種形式。

1. **實體效用**：商品能滿足消費者基本需求層次的屬性，即用以解決生理需求或生活問題的基本功能。

2. **心理效用**：消費者除了基本需求外，希望能得到社會群體的認同、接納及尊敬。所以具有社會地位表徵與炫耀屬性的商品，能為消費者帶來較大的效用。

3. **時間效用**：商品必須要在消費者最需要的時機出現，才能為消費者帶來最高的效用。

4. **地點效用**：商品在適當的地點出現，能給消費者帶來更大的效用。

5. **選購效用**：消費者在良好的環境下搜尋、比較與抉擇，可為消費者帶來較大的效用。

三、顧客價值分析：RFM 分析

1961 年 George Cullinan 提出 RFM 模型，是用來「衡量顧客價值」的重要工具，其利用顧客資料庫中有的三項數據指標來描述顧客價值狀況，分別是 R 為最近購買日（Recency）、F 為購買頻率（Frequency）及 M 為購買金額（Monetary）。

Recency 最近購買日	Frequency 購買頻率	Monetary 購買金額
用來判斷顧客的活躍度。越近期消費的顧客,越有可能再次消費。	用來判斷顧客的忠誠度。越常購買的顧客,再度購買的可能性越大。	用來判斷顧客對產品的認可程度。購買金額越高的顧客,含金量越高。

圖 2-4 RFM 分析

四、品牌的顧客價值主張 = 價值地圖 Fit 顧客輪廓

顧客價值主張(Customer Value Proposition)是指品牌提供給其目標顧客群什麼產品或服務,使顧客從品牌的提供物(商品與服務)以及供應關係中得到豐富經驗與超值利益。品牌的「價值主張」是「價值地圖」適配(Fit)「顧客輪廓」。這裡的顧客輪廓(Customer Profile)是指「洞見顧客的需求」,更進一步分解為顧客的任務、痛點、獲益;價值地圖(Value Map)是釐清商品與服務的價值;而「價值主張缺口」是檢視顧客需求與釐清商品價值,找到市場機會點。

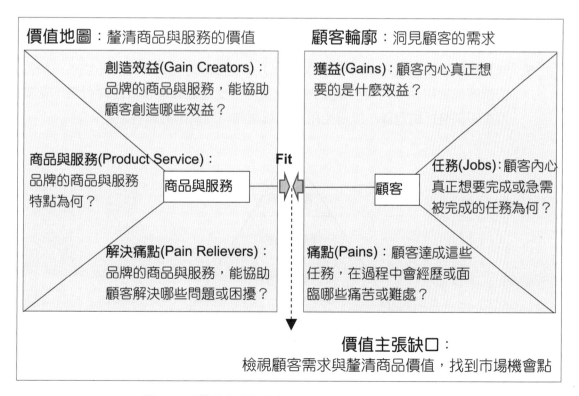

圖 2-5 品牌的顧客價值主張 = 價值地圖 Fit 顧客輪廓

五、顧客金字塔

顧客金字塔是一個可用來協助改善顧客獲利性與行為的視覺化分析工具，依照顧客金字塔的顧客分類，將顧客與企業接觸的程度分成五個層次，如圖 2-6：

1. **活躍顧客（Active Customers）**：指最近某個時間內向企業購買產品或服務的顧客。

2. **靜態顧客（Inactive Customers）**：指過去某個時間內，曾經向企業購買產品或服務，但是最近某個時間內未曾購買企業產品或服務。

3. **潛在顧客（Prospects）**：指與企業具有某種程度的關係，但最近與過去都未曾向企業購買任何產品或服務，這類顧客已經回應企業相關的訊息（如：郵件回應、產品詢價），亦即這類顧客對企業的產品或服務具有需求或期望，因此短期內企業期望將這類顧客提升成為活躍顧客。

4. **疑似顧客（Suspects）**：這類顧客可能需要企業的產品或服務，但企業並未與這類顧客建立任何關係，亦即這類顧客尚未回應企業任何訊息。短期內企業期望將這類顧客提升成為潛在顧客，但是長期目標則是期望將這類顧客轉換成為活躍顧客。

5. **無利潤顧客（The Rest of the World）**：這類顧客並未有任何的需求或期望去購買或使用企業的產品或服務。企業無法從這類顧客獲取任何利潤，企業須重新調整行銷預算，以避免用在這類毫無利潤貢獻的顧客上。

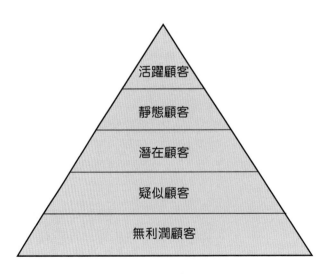

圖 2-6　顧客金字塔

六、顧客終身價值

顧客終身價值（Customer Lifetime Value，簡稱 CLV）是被企業用來衡量品牌長期從顧客身上所獲得的總收益，是顧客關係管理（CRM）的重要指標。計算顧客終身價值常用三個公式：

公式 1：　顧客終身價值(CLV) = 平均顧客價值(ACV) × 平均顧客壽命(ACL)

假如，平均顧客價值為「500 元/年」，平均顧客壽命為「10 年」，那麼平均顧客終身價值即為 5,000 元。但有些品牌的產品生命週期或壽命較短，那麼可能更適合以「月」為單位來計算顧客終身價值（CLV）。例如：平均顧客價值為「250 元/月」，平均顧客壽命為「6 個月」，那麼顧客終身價值即為 1,500 元。

公式 2：　平均顧客價值(ACV) = 平均客單價(APV) × 平均購買頻率(APFR)

平均顧客價值(Average Customer Value，簡稱 ACV)又可拆成「平均客單價(Average Purchase Value，簡稱 APV)」和「平均購買頻率(Average Purchase Frequency Rate，簡稱 APFR)」兩個部分。假如：平均客單價為 250 元，平均購買頻率為一年 6 次(顧客平均每次消費 250 元，平均每年消費 6 次)，因此平均顧客價值(ACV) 即為每次$250 元×每年 6 次=每年$1,500 元。

公式 3：　平均顧客消費壽命(ACL) = 顧客消費壽命總和 / 顧客總數

因為每位顧客的消費壽命不盡相同，計算「平均顧客消費壽命」(Average Customer Lifespan，簡稱 ACL)時，可透過「顧客消費壽命總和」除以「顧客總數」，算出平均顧客消費壽命。假如，某品牌有三位顧客 A、B、C，A 在此品牌持續消費 5 年，B 持續消費 10 年，C 持續消費 15 年，那麼平均顧客消費壽命(ACL)即為：(5 年+10 年+15 年)/3 = 10 年。

2-3 消費者行為理論

一、馬斯洛的需要層級理論

需要層級理論（Need-Hierarchy Theory）是最廣為人知的消費者行為理論之一，是由心理學家馬斯洛（Maslow）於 1940 年代所提出；他認為，人有五種基本需要：生理需要、安全需要、社會需要、自尊需要及自我實現需要（如圖 2-7）。當一種較低層次的需要獲得滿足時，他便會渴望更高一層之需要。一旦需要獲得滿足，它就不再是一種需要，因此也就不成為激勵之根源。

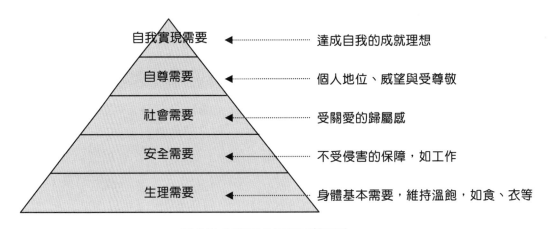

圖 2-7　馬斯洛的需要層級理論

二、消費者行為之 5W+2H+1E

1. **為什麼買（Why）**：探討消費者為什麼買，進而充分掌握消費者的購買動機，然後將之轉換成適當的產品利益，以激發消費者採取購買的動機。

2. **誰買（Who）**：誰買包括兩個角度，誰是我們主要消費者及誰參與了購買決策。

3. **何時買（When）**：此一問題包括在什麼時候購買、何時消費、多久買一次，以及一次買多少等。

4. **在何處買（Where）**：消費者購買或消費地點，也會影響消費者對於產品的看法，因為他會認定某項產品只在某些地方購買或消費。

5. **買什麼品牌（What）**：在選擇過程中涉及到消費者用以判定品牌優劣的評估標準，一般稱之為購買考慮因素。

6. **如何買（How）**：當消費者決定要購買產品時，通常都希望以最簡單，最便利的方法來取得產品。

7. **經費多少（How Much）**：消費者心中的預算，可能是消費者此次購買的金額上限。

8. **評量（Evaluation）**：消費者的消費後評量，滿意或不滿意。

三、消費者的購買決策過程

消費者以解決問題的態度，來面對各項購買決策，因此稱為「購買決策過程」（Buy Decision Process）。基本上，可將消費者的決策過程區分成五個階段，如圖 2-8：

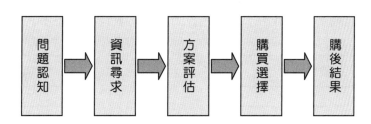

圖 2-8 消費者的購買決策過程

1. **問題認知（Problem Recognition）**：問題的認知為決策過程的第一個階段，主要可分內在的生理動機與外在的刺激，舉凡動機、經驗和各種訊息與知覺上的需求，都會影響消費者對問題的認知。消費者認為理想和現實之間有差距時，則問題便產生；問題產生之後整個系統便該始運作，目標也化成具體的行動；至於問題的認知主要受到外界與內部的刺激所產生。

2. **資訊尋求（Search）**：消費者會從自己內部記憶及經驗和外部訊息中，尋找決策時所需相關資訊答案。當消費者認知問題的存在，便會去蒐集相關的情報，這個蒐集資訊的行動，可以分成內部蒐集及外部蒐集，所謂「內部蒐集」是消費者由現有的資料或是過去的購買經驗中去尋找；「外部搜尋」則是指從大眾媒體、行銷人員、朋友及參考群體等外部環境搜尋資訊。至於是內部搜尋與外部搜尋的決定，必須在消費者知覺的利益和知覺的成本之中作一比較再決定。

3. **方案評估（Alternative Evaluation）**：針對搜集到的資訊，根據評估準則對不同選擇方案進行評估比較。當消費者蒐集有關的情報之後，就可以評估各種可能性方案，而方案評估可以包括下列四個部份：評估準則（Evaluative Criteria）、信念（Belief）、態度（Attitude）、意願（Intention）。

4. **購買選擇（Choice）**：當消費者經過方案評估之後，便會選擇其中之一個方案，並採取購買行動。一般而言，購買意圖頗高的產品或品牌，選擇的機率也愈大，但亦可能受到不可預期的因素影響。然而此間可能會有一些無法預測的清況產生。

5. **購後結果（Outcomes）**：消費者在選擇購買產品後，會發生滿意（Satisfaction）或失調（Dissonance）兩種結果。滿意則會增強信念，增加未來再購的意願，不滿意則會產生購後失調，會向外繼續尋求資訊，以作為日後的決策參考。

在此購買決策過程中，消費者亦同時受到內、外在許多因素的影響，例如；外在的文化規範、價值觀、參考群體、家庭，以及內在的動機、個性和生活型態的影響。

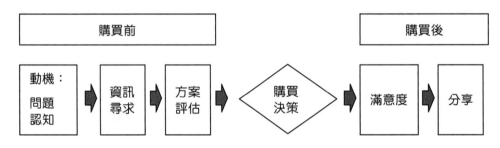

圖 2-9 消費者購買前後的消費行為

四、消費者行為的架構

消費者行為的架構主要可分為三個階段：輸入階段、處理階段和輸出階段，如圖 2-10。

1. **輸入階段**：主要是指消費者所接受的刺激，主要包括兩項資訊：行銷資訊與非行銷資訊。「行銷資訊」主要來自於行銷人員所進行的消費者溝通；而「非行銷資訊」則是來自背後無商業企業的資訊，這包括社群、媒體、同儕、家庭、參考群體等資訊。

2. **處理階段**：包括消費者制定決策的內在心理運作過程。心理運作的過程包括問題認知、資訊尋求、方案評估和購買選擇。

3. **輸出階段**：包括採取實際的購買行為，以及包括消費者對該產品或服務的實際「消費」、消費後的「反應」與消費後的產品「處置」等等購後行為。

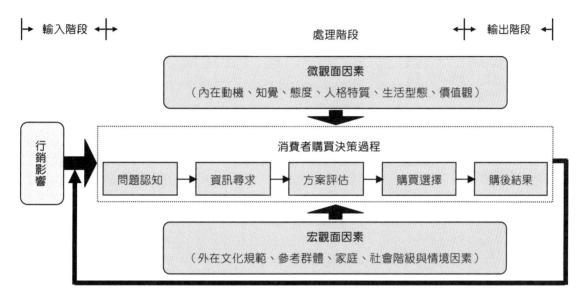

圖 2-10 消費者行為的架構

在此決策過程中，消費者亦同時受到內、外在許多因素的影響。影響消費者行為的內在個人因素，稱為微觀面因素，包括內在動機、知覺、態度、人格特質、生活型態、價值觀、等；而影響消費者行為的外在群體因素，稱為宏觀面因素，包括外在文化規範、參考群體、家庭、社會階級與情境因素等。換句話說，消費者購買者行為主要受四項環境因素所影響（見表 2-1 及圖 2-11），這些因素皆可提供行銷人員有效地接近與服務購買者，而達到以客為尊之目標。

表 2-1 影響消費者行為的主要因素

因素類別	因素內容
文化因素	文化：價值觀、觀念、想法
	次文化：國家、宗教、種族、地理
社會因素	參考群體：初級群體、次級群體、崇拜群體、分離團體
	家庭：由父親、母親、子女組成
	家庭生命週期：單身、新婚、滿巢、空巢、銀髮
	社會階級：由職業、所得、財富、教育、價值觀形成的角色與地位

表 2-1 影響消費者行為的主要因素（續）

因素類別	因素內容
個人因素	年齡與生命週期階段 職業 經濟狀況：可花費所得、儲蓄、資產、借貸能力 生活型態：由態度、意見活動組成 人格與自我觀念
心理因素	認知：選擇性注意、選擇性扭曲、選擇性記憶 學習：制約、類化、判別 信念/態度 動機

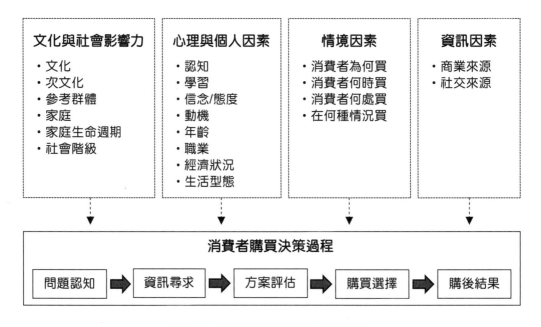

圖 2-11 影響消費者購買決策的因素

2-4 智慧商務時代消費者行為的改變

一、消費者購買決策過程中的關鍵時刻

消費者的購買行為，通常是由於某些「刺激」（Stimulate）所引起的，有時可能是因為自身的迫切需要，但多數時候是因為品牌行銷的外部刺激。在消費者購買決策過程中，有一些關鍵時刻（Moment Of Truth），直接影響和決定消費者的購買行為，它們是品牌和行銷的「決勝點」。這樣的關鍵時刻有 4 個，稱為行銷的 4 大關鍵時刻，分別是零關鍵時刻、第一關鍵時刻、第二關鍵時刻和最終關鍵時刻。

圖 2-12 消費者購買決策過程的 4 大關鍵時刻

1. **零關鍵時刻（Zero Moment of Truth，簡稱 ZMOT）**：消費者會透過網頁或比較網站的評論報導等獲得各種資訊，因此引發對商品或服務的認知、興趣、關心。零關鍵時刻是 2011 年谷歌（Google）所提出。當時谷歌對 5,000 名受訪者進行調查，研究消費者在購買決策時的情景和數據，調查發現許多顧客在尚未造訪品牌商品或服務之前，就已經開始嘗試體驗，用智慧型手機、平板或個人電腦等終端搜索商品訊息，做出消費決策。在網路的世界裡，消費者其實大多會先上 Google「搜尋引擎」逛逛之後，才作出消費決定。

2. **第一關鍵時刻（First Moment Of Truth，簡稱 FMOT）**：FMOT 與 SMOT 是由寶僑（P&G）公司所提出。第一關鍵時刻是指消費者感知到品牌或商品並形成第一印象的時刻。消費者在商品貨架前，面對一大堆的洗髮精品牌，大腦裡決定購買哪一個品牌或商品的關鍵 3~7 秒，寶僑把它定義為「第一關鍵時刻」，認為推送給目標顧客的最佳時刻是在他們首次在貨架上看到品牌商品的那一刻，FMOT 不只是商品外觀包裝的美觀，更重要的是該商品包裝所引發顧客心中的觀感（Senses）、價值觀（Value）和情感（Emotions），要想辦法在行銷媒體刺激上，專注培養目標顧客這三種感覺，決戰在品牌商品「陳列架前」（商品網頁依然）。

3. **第二關鍵時刻（Second Moment Of Truth，簡稱 SMOT）**：是顧客購買後消費體驗的環節。事實上，這不僅僅是一個時刻，而是一個過程，是顧客體驗商品過程中的感官、情感等所有時刻的集合，也包括品牌在整個消費過程中支持顧客的方式。SMOT 是顧客體驗的關鍵環節，一個品牌是否成功履行它的品牌承諾，還是讓人感到失望，在這個時刻就表露無遺。品牌必須知道兌現品牌承諾，以及超出顧客期望，是很重要的。

4. **最終關鍵時刻（Ultimate Moment Of Truth，簡稱 UMOT）**：如果在第一關鍵時刻、第二關鍵時刻，顧客得到了美好和愉悅的體驗，那麼顧客也許會成為品牌的粉絲，關注品牌的官網、FB 粉絲專頁、微博、微信公眾號等，還可能會與親朋好友或同事在線上或線下分享消費成果，甚至寫下評語，分享給親朋好友或同事們。

二、AIDMA 消費者行為模式

1920 年代學者霍爾（Ronald Hall）所提出的「AIDMA」消費者行為模式（如圖2-13），用來呈現消費者被動接受行銷刺激後，所採取的一系列行為反應，包括注意（Attention）、興趣（Interest）、慾求（Desire）、記憶（Memory）、行動（Action），而為方便記憶，取其個別英文字首第一個字母成為模式名稱。所謂 AIDMA 法則，是指消費者從看到廣告，到發生購物行為之間，動態式地引導其心理過程，並將其順序模式化的一種法則，主要包含五個階段：

1. **注意（A）**：指消費者受到外在刺激的影響，開始對產品或服務產生「注意」，也就是藉由傳播、廣告、促銷等手段讓消費者暴露在行銷訊息中，使消費者在感官上受到行銷訊息的刺激而注意到產品或服務。

2. **興趣（I）**：消費者對商品或服務感到「興趣」，而進一步閱讀行銷訊息。

3. **慾求（D）**：當消費者受到行銷訊息刺激，引起注意與興趣後將產生「慾求」，開始進行資訊的搜尋。資訊的搜尋可區分為內部搜尋和外部搜尋兩種，「內部搜尋」是指消費者進行購買決策過程時會搜尋已存在記憶中的資訊，若資訊不足時消費者便會開始向外部搜尋相關資訊；而「外部資訊」的來源管道通常來自親朋好友、組織性社團、網路社群、行銷傳播媒體等。

4. **記憶（M）**：當資訊引起消費者注意，消費者將進一步分析並儲存在記憶中，而消費者是主觀判斷是否對訊息產生記憶保留。

5. 行動（A）：最後做出購買決策，決定是否購買商品或服務。

圖 2-13 AIDMA 消費者行為模式

三、AISAS 消費者行為模式

2004 年日本電通廣告公司（Dentsu）根據美國 AIDMA 模式發展出 AISAS 模式，由於網路 Web 2.0 的出現，消費者的購買旅程從產生興趣後開始有了改變，從被動的接收廣告資訊轉變為主動搜尋品牌/商品/服務後，促成購買行動在到使用後的心得分享。日本電通廣告公司的 AISAS 模式認為，Web 2.0 網路時代的消費行為模式應該是：注意（Attention）、興趣（Interest）、搜尋（Search）、行動（Action）、分享（Share）。

基本上，AIDMA 與 AISAS 兩個模式間最大的差異，在於 AISAS 模式在購買行動前後，分別加上「搜尋」與「分享」兩個消費者的自發行為。而「搜尋」與「分享」兩個 S 的出現，主要拜網際網路與 Web 2.0 所賜，特別是寬頻網路普及的數年間，消費者主動「搜尋」與「分享」便隨即出現。

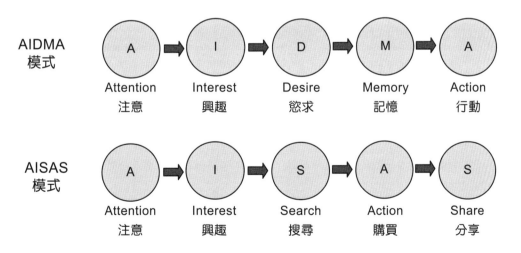

圖 2-14 AIDMA 與 AISAS 模式之比較

四、AIDEES 消費者行為模式

2006 年日本片平秀貴提出 AIDEES 消費者行為模式，所謂 AIDEES 是在「消費者自主媒體」（Consumer Generated Media，簡稱 CGM）環境下，口碑影響消費者行為的六個階段，而其中消費者自主媒體（CGM）的環境，泛指消費者互相傳遞資訊的媒體，諸如 BBS、BLOG、SNS、Facebook、YouTube、Line 等。

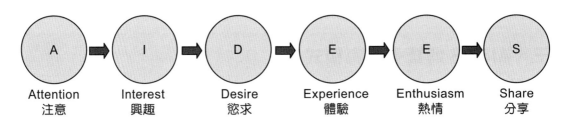

圖 2-15 AIDEES 消費者行為模式

在過去，大眾媒體對於引起「注意」（Attention）、喚起「興趣」（Interest）、產生「慾求」（Desire）有較大的影響力；但是進入 Web 2.0 網路時代，網路媒體與「消費者自主媒體」在體驗（Experience）（購買並使用的實際感覺）、熱情（Enthusiasm）（對品牌的熱衷）、分享（Share）（在實體生活中與虛擬網路上分享體驗）這三個過程中具有口耳相傳與口碑行銷（Buzz Marketing）的影響力，與大眾媒體相較，有過之而無不及。

表 2-2 AIDMA 模式與 AIDEES 模式的比較

模式	AIDMA 模式	AIDEES 模式
年代	1920 年提出	2006 年提出
出發點	以企業為中心	以消費者為中心
訊息	由企業發佈	由消費者口耳相傳
主要媒體	大眾媒體	消費者自主媒體（CGM）
模式	注意→興趣→慾求→記憶→行動	注意→興趣→慾求→體驗→熱情→分享

AIDEES 模式並非全然否定大眾傳媒的價值，而是將前端的「AID」與後端的「EES」做了媒體影響上的區隔。片平秀貴認為，在 AIDEES 模式中，品牌的體驗能夠順利的分享與他人共有，就會像一個循環般，又進入下一個注意、興趣、慾求的循環，愈來愈廣。AIDEES 模式也影響了企業內部的流程，也就是說，要時時刻刻謹記以邏輯且冷靜的心情反省「如何不讓消費者出現疲態」、「我們應該要怎麼做，才能幫助消費者解決現在擔心的事情」，AIDEES 模式認為，企業應摒除傳統單向傳播的

心態（B2C）來面對客戶，而應體認因為自媒體時代到來，在行銷場域的逆向溝通（C2B）與消費者橫向溝通（C2C）的新時代已經來臨。

2-5 顧客經營

一、提高顧客的顧客終身價值

新創公司若想生存，必須思考如何提高顧客的顧客終身價值（LifeTime Value，簡稱 LTV），如何以更低的成本獲得新顧客。若想永續生存就必須培養長期穩定的顧客。

品牌若想要提高顧客的顧客終身價值，可從三個層面著手：（1）提高客單價、（2）提高顧客購買頻率、（3）提高顧客消費壽命。

二、降低招攬每位顧客所需的成本

獲客成本（Customer Acquisition Cost，簡稱 CAC）代表新創公司為了獲取新顧客所需投入的成本。常見降低獲客成本的方法如下：

1. 精準行銷，切中潛在目標顧客群。

2. 戰略合作或跨業合作，降低宣傳成本。

3. 不斷嘗試更低成本的新媒體、新平台、新工具、新渠道。

4. 優化老顧客服務，藉由老顧客口碑效應帶來新顧客。根據《哈佛商業評論》的研究，60%的新顧客，來自於老顧客的推薦，而企業只要多留住 5%的顧客持續消費，獲利可成長 100%。

三、會員經營培養長期穩定的顧客

1. **創造持續性的營收**：品牌獲取新顧客的成本是維繫舊顧客的五倍左右，經營會員最直接的成效就是降低獲客成本，企業若想長期經營，就必須不斷地招攬新顧客，在獲客成本不斷提高的狀況下，品牌勢必遭受重擊。只有維繫好舊客戶，才能創造長期穩定的營收，對公司長期經營也會有所幫助。例如「星

巴克」的會員制度，其最高等級的金卡會員每年貢獻金額佔整體營收 4 成以上，而這群忠誠會員只佔其總顧客數量不到 10%，可見忠誠會員的影響力。

2. **收集大數據，做出更好的決策**：經典案例「王永慶賣米的故事」，因為王永慶手上掌握每位顧客消費米的狀況，自然地能夠藉由這些大數據，不僅規劃出相對應適合顧客的行銷策略，也有助於協助企業思考進貨量、存貨量、庫存量等等，因此，品牌要是能夠深度經營會員，結合現代數位工具的使用，便能藉由收集到的會員資料、會員消費歷程數據等，了解舊顧客的真實需求，結合未來的產品開發、通路佈局等等，透過這些大數據，可有效的提升顧客消費體驗，透過會員的需求與建議，優化產品、強化品牌競爭力，創造更好的營收。

3. **打造鐵粉（舊顧客），吸引更多新顧客**：經營會員能為品牌帶來長期營收外，透過鐵粉口碑（親朋好友的推薦）接觸到更多潛在目標顧客，這才是經營會員的最大成效，不僅能夠穩定長期營收，還能持續降低接觸新顧客的獲客成本，創造企業獲利的正向循環。

四、峰值體驗

進入注意力碎片化時代，消費者的注意力不到 8 秒。企業必須在這短短 8 秒之內的關鍵時刻（Moment of Truth，簡稱 MOT）觸動顧客的消費體驗。基本上，任何不是做在「關鍵時刻」上的精準行銷都是浪費。《峰值體驗》基於兩個假設：企業資源有限因此必須將資源集中在最有價值的活動上；顧客的眼球與時間有限，因此只會關注他（或她）有興趣的事。企業在與顧客互動時，必須在「關鍵時刻」滿足顧客的需求（把錢花在顧客想要的事情上），才能達到「一見就進（進店）、一進就買（轉化）、一買再買（回購/複購）、一傳千里（口碑/推薦）」的效果。

表 2-3 關鍵時刻四階段構成消費者四大需求

	進店率	轉化率	回購率	推薦率
體驗階段	察覺與思考	選購與決策	使用與體驗	關係與裂變
消費者洞察重點	怎麼點擊進店	怎麼比較下單	怎麼使用與體驗	怎麼成為粉絲推薦
關鍵時刻	誘發消費者心動的瞬間	催化消費者下單的瞬間	消費者感到值得的瞬間	消費者願意分享與推薦的瞬間
消費者行為	一見就進（進店）	一進就買（轉化）	一買再買（回購/複購）	一傳千里（口碑/推薦）

五、裂變行銷

「裂變」源自原子彈的爆炸原理,當外力打到原子,爆炸後便開始裂變,刺激其他原子不斷分裂產生能量。在商業上,裂變行銷就是透過舊顧客的社交圈影響力,把產品及服務的口碑快速擴散,產生影響力。

裂變行銷有三個主要特性:

1. **口碑裂變**:顧客在使用或體驗產品後,當 CP 值超出預期或認同產品理念時,自然就會產生口碑裂變,讓顧客主動自動自發進行推薦。

2. **社交裂變**:因為內容有趣、有創意,不僅滿足顧客日常的社交參與感,還滿足其炫耀心理,而自發性的進行傳播。

3. **利益裂變**:企業透過給予顧客各種分享的實質利益誘因設計,驅使其被動或主動的分享,以獲得一些實質利益,例如紅包、折扣、獎品、獎金等。

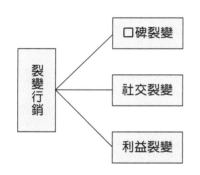

創造用戶使用本產品或服務後,「超出其預期」的體驗,產生口碑。

創造用戶使用本產品或服務後,能滿足其社交需求。

透過給予用戶「實質利益」誘導用戶進行分享。

圖 2-16 裂變行銷的三大特性

筆記欄

創意思考工具與
商業模式創新

商業模式創新典範 Apple 的 App Store

Apple 的智慧型手機、iPod、iPad、電腦與筆電為硬體事業帶來營收,而 App Store 軟體服務事業又讓硬體展現更多功能、用戶用起來更多元更有趣,進而提升硬體的銷量,造就正向獲利循環。

iOS App Store 的誕生,在當時是全然十分創新的商業模式,大多數人都沒有預期到。2008 年 7 月 iOS App Store 從 500 個 app 開張營業,至 2021 年底其 App Store 上架的 app 數量已經超過 200 萬個;光是發放給開發商的分潤,就多達 2,600 億美元。Apple 一直告訴外界,App Store 服務事業的成長速度比的其他硬體業務還快。

Apple 的 App Store 打破當時電信業者壟斷的手機軟體市場,讓全世界的消費者都可以透過同一個市集購買、下載 Apps,也讓任何軟體開發者都可以做全世界的生意。Apple 目標並不只是一家手機硬體產品公司,其目標其實是建立一條手機軟體 Apps 的通路與生態圈,而且還可以隨時線上更新 Apps 軟體程式,這是過去微軟視窗時代無法做到的。

3-1 創意思考工具

一、腦力激盪法

維基百科定義,腦力激盪法(Brainstorming)是一種為激發創造力、強化思考力而設計出來的一種方法。此法是美國 BBDO 廣告公司創始人亞歷克斯・奧斯本於 1938 年首創的。可以由一個人或一群人進行。參與者圍在一起,隨意將腦中和研討主題有關的見解提出來,然後再將大家的見解重新分類整理。

二、心智圖法

維基百科定義,心智圖法(Mind Mapping)是一種用圖像整理訊息的圖解。它是用一個中央「關鍵詞」以輻射線形連接所有的代表字詞、想法或其它關聯項目。運用「心智圖法」有四大原則:關鍵詞(Key Word)、放射性結構(Radiant Thinking)、顏色(Color)與圖像(Picture/Image)。

1. **關鍵詞**:詞性最好是名詞或動詞,輔以必要的修飾詞,例如形容詞、副詞,甚至連接詞、介系詞等。心智圖要豐富或精簡到什麼程度,其基本原則是,刪除這些語詞會不會影響對內容的理解?若不會影響就可以省略,若可能會對內容產生誤解就必須保留,甚至得再增加一些補充說明的語詞。每一線條上的關鍵詞,以一個語詞為原則,特別是在創意發想場合。

2. **放射性結構**:從思考的「主題」做為向四周延展的核心。以延伸深度的垂直思考與擴張廣度的水平思考,展開心智圖的樹狀結構與網狀脈絡。在創意發想場合偏向「自由聯想」;而在問題分析或事實描述等場合則偏向使用「邏輯聯想」。

3. **顏色**:不同的線條顏色在視覺上區分不同主題、類別,更是透過色彩表達自己對某一主題、類別的感受性,來激發創意或對內容的記憶。盡可能使用三種以上顏色,或藉由與線條、文字不同的顏色,達到吸引目光的目的,增進記憶的效果。

4. **圖像**:在特別重要的「關鍵詞」旁邊或上面加上能代表或聯想到重點意涵的圖像,以凸顯重點所在,不僅有助於激發創意,更能強化對內容的記憶效果。

三、六頂思考帽法

六頂思考帽法（Six Thinking Hats）是 Edward de Bono 所提出，是一種常被應用的創新思維工具，藉由戴上六頂不同顏色的帽子，來扮演六種不同思考方式的角色，並練習在不同層面和角度上思考，能有助於打破自我中心，讓思考更清晰，讓討論更有成效。維基百科指出，六頂帽子的思考方法：

1. **白色思考帽**：中立而客觀。白色思考帽代表客觀的事實與數據。需要得到什麼資訊？例如何時、何地、何人、為何、如何。

2. **紅色思考帽**：暗示著憤怒與情感。紅色思考帽代表情緒上的感覺、直覺和預感。現在感覺怎麼樣？但不必刻意去證明或解釋你的感受。

3. **黑色思考帽**：悲觀、負面。黑色思考帽是考慮到事物的負面因素，它是對事物負面因素的注意、判斷和評估。這是真的嗎？它會起作用嗎？缺點是什麼？它有什麼問題？為什麼不能做？

4. **黃色思考帽**：耀眼、正面。黃色思考帽代表樂觀、希望與正面思想。為什麼這個值得做？為什麼可以做這件事？它為什麼會起作用？

5. **綠色思考帽**：草地的顏色。綠色思考帽代表創新與創造性之新的想法。有不同的新想法嗎？新的想法、建議和假設是什麼？可能的解決辦法和行動的過程是什麼？還有哪些可能性？

6. **藍色思考帽**：天空的顏色。藍色思考帽代表思維過程的控制與組織。它可以控制其他思考帽的使用。

四、曼陀羅思考法／九宮格思考法

曼陀羅思考法（Mandala Chart）又稱為「九宮格思考法」，是一種視覺式思考法，其靈感的產生不是閱讀，而是凝視。其作法是利用九宮格圖將主題寫在中央，再把由主題所引發的各種聯想寫在其餘的八格內，進行創意發想。其依據「放射性思考」和「螺旋狀思考」兩種思考技術。「放射性思考法」以九宮格的中央方格為核心主題，向外聯想出相關概念。「螺旋狀思考法」以中央方格為起點，依順時針方向將思考到的項目逐一填入。

燈籠	車燈	手電筒
火	燈	檯燈
夜燈	路燈	桌燈

圖 3-1　九宮格思考法範例

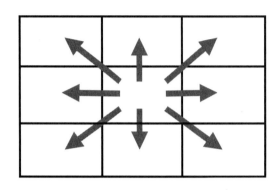
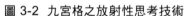

圖 3-2　九宮格之放射性思考技術

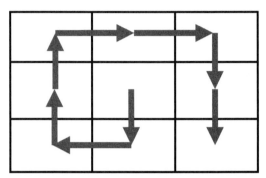

圖 3-3　九宮格之螺旋狀思考技術

五、奔馳法

奔馳法（SCAMPER）是由美國心理學家 Robert F. Eberle 所創作，此創意思考法修改 Alex Osborn 所提倡的腦力激盪法。主要應用於改善製程與產品改良。主要透過 7 個切入點：替代（Substitute）、合併（Combine）、調適（Adapt）、修改（Modify）、其他用途（Put to other uses）、消除（Eliminate）與重組（Rearrange）有助於檢核是否具有調整現狀的新構想。奔馳法主要有 7 個步驟：

1. **替代**：什麼物體可以被替換、取代？例如，思考替換材料、程序、方法、形狀或品質等，產品會變成什麼樣子？

2. **合併**：可以和什麼事物合併為一體？例如，思考結合兩個以上的事物，如看看產品能不能有其他的組合方式？觀念、目的、構想、方法以及組合後能否創造出相輔相乘的效果？

3. **調適**：原物是否有需要調整的地方？例如，在原商品試著增加新功能或新屬性。

4. **修改**：可否改變原來物體的特性或特質？例如，試著修改顏色、造型、樣式等。

5. **其他用途**：可以有什麼非傳統的用途？例如，試看看能不能轉作為其他方面的用途。

6. **消除**：能否將原物濃縮或省去某些部分，使其更完備、更精緻？例如，試著去除某些多餘部分或步驟，讓產品更精簡化。

7. **重組**：重新排列、反轉角度，看到什麼可能被錯過的事物？例如，試著將功能或元素重新配置，或是以逆向思考操作，或許能有截然不同的嶄新設計。

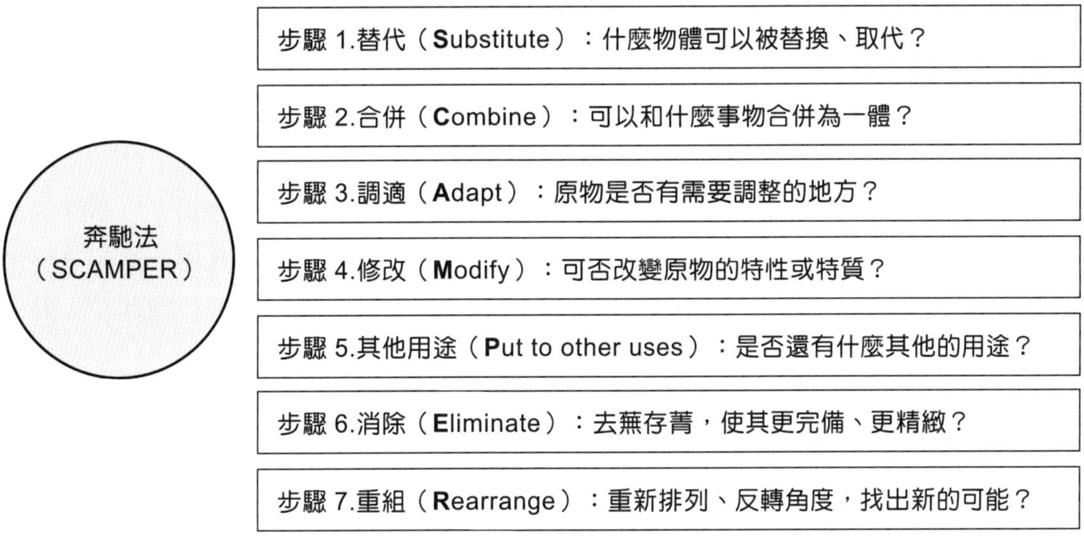

奔馳法（SCAMPER）

步驟 1.替代（**S**ubstitute）：什麼物體可以被替換、取代？

步驟 2.合併（**C**ombine）：可以和什麼事物合併為一體？

步驟 3.調適（**A**dapt）：原物是否有需要調整的地方？

步驟 4.修改（**M**odify）：可否改變原物的特性或特質？

步驟 5.其他用途（**P**ut to other uses）：是否還有什麼其他的用途？

步驟 6.消除（**E**liminate）：去蕪存菁，使其更完備、更精緻？

步驟 7.重組（**R**earrange）：重新排列、反轉角度，找出新的可能？

圖 3-4　奔馳法（SCAMPER）

六、TRIZ

TRIZ 來自俄文，是「創造性的問題解決理論」。TRIZ 理論認為，你面對的任何問題，在某處可能已有解方。大多數的突破性專利或產品，都不是從零開始。問題解決的核心，在於消除「矛盾」。創新不需要靈光乍現，其他領域已存在的解方，或許可以拿來應用看看。因此，TRIZ 主要思考如何在別人已經打下的基礎，縮短創新所需的時程？

TRIZ 認為，所有問題的根源皆因存在「衝突」，一旦能找到解決衝突的方式，創新也就隨之而生。TRIZ 認為，衝突大致可分為兩種情境：

1. **技術矛盾（Technical Contradictions）衝突**：一項產品無法達到理想狀態，通常是因為在同一個設計中，要優化的部份，被另一個部分惡化。例如，想

讓車子更堅固，車子重量就會增加；想讓商品更客製化，製造就會更複雜成本更高。

2. **物理矛盾（Physical Contradictions）衝突**：不同於技術矛盾，物理矛盾是「自身性的矛盾」，意思是對於同一件事有相反的需求。例如，在研發新 app 軟體時，既想要內建強大功能，又想要所佔用的記憶體空間小。

3-2 創業構想與商業模式

一、創意、創新、創業

「創意」是獨特、新穎、有用的點子。其價值來源是原創性。「創新」是將好的創意（點子）變成商品，能被市場和客戶所接受，為客戶帶來價值。其價值來源是將創意商品化。「創業」是創造新的事業或生意，同時能長期獲利，使其持續存在。其價值來源是將「商品化的創意」公司化變成一門生意。

創意 （點子）	創新 （商品）	創業 （生意/商業模式）
· 獨特、新穎、有用的點子 · 價值來源：原創性	· 將好的創意（點子）變成商品，能被市場和客戶所接受，為客戶帶來價值。 · 價值來源：商品化	· 創造新的事業（商業模式），同時能長期獲利，使其持續存在。 · 價值來源：公司化

圖 3-5 創意、創新、創業

「創新」並非偶然，而是一系列嚴謹行動的結果。這整個創新的過程包括研究消費者痛點、確定商機、找出可以投入的關鍵領域、設計可行的商品、試產、進入市場測試、看看消費者是否可以接受、藉由消費者的回饋行商品修正、再次投入市場測試、再次修正商品，不斷重覆，接著進而量產。

此外，「創新」並不僅僅是「產品或服務創新」，也包括「流程創新」、「組織結構創新」、「策略與商業模式創新」等。在「產品或服務創新」部份，可能包括產品功能創新、產品設計創新、產品樣式創新、產品材料或材質創意、產品使用者介面創新、產品製造活動創新等。在「流程創新」方面，包括製造流程創新、供應鏈流程創新、物流創新、配送與倉儲創新、顧客支付流程創新、客服流程創新等。「組織結

構創新」方面,包括組織結構扁平化、組織資訊整合創新、跨組織資訊整合創新、組織激勵方式創新等。「策略與商業模式創新」方面,包括建立新的營運模式、改變產業競爭法則、重新定位公司經營策略、調整公司市場利基、調整公司資源配置、調整公司外部關係、調整公司營收模式等。

二、創業構想發展流程

一般而言,創業構想發展流程如圖 3-6,先進行(1)市場掃描,(2)定義業務內容與範圍,(3)明確的市場定位與產品定位;接著創業構想發展後,(4)決定經營模式與規模,(5)思考如何做,(6)進行可行性分析與風險評估,(7)撰寫經營計畫書(Business Plan),(8)資金募集與股權規劃。

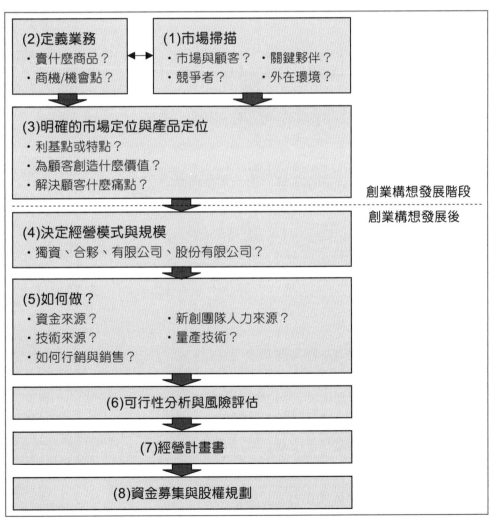

圖 3-6 創業構想發展流程

三、可行性評估

（一）初步評估

首先檢視創業構想是否達到一些基本要求：

1. 是否為我的專長、且是否具有競爭優勢（是否專精）？

2. 市場是否可行？

3. 產品或服務是否已經就緒（技術與量產可行性）？

4. 競爭是否可行？

5. 獲利是否可行？

6. 風險是否可承擔？

7. 資源是否足夠？（資金、人脈、團隊、商機…）

8. 是否願意長期（未來五到十年）投入？

（二）再次評估

下面是一些常見可行性評估項目，提供創業者參考：

1. 消費者

　　(1) 對消費者是否具有吸引力？（明顯地符合消費者需求及利益？是否解決消費者痛點？）

　　(2) 此市場的規模與成長潛力是否具吸引力？（市場是否夠大，而且能長期養活你？）

　　(3) 此產品概念是否具競爭優勢？

　　(4) 此行銷構想是否明確可行？

2. 科技/技術

　　(1) 關鍵技術是否成熟？是否完全掌握？

　　(2) 產品的原物料來源與採購是否可行？

　　(3) 產品的量產是否可行？

(4) 法律（智慧財產權或其他相關法規）上是否有問題？

(5) 是否有衛生/安全/環保/電力/水力/關鍵人力資源/社區問題？

3. **通路**

(1) 是否能運用既有通路？是否有新的通路？是否有適合的通路？

(2) 產品是否能配合通路，並對通路商具有吸引力？

4. **財務**

(1) 創業資金是否足夠？

(2) 營運資金是否足夠？

(3) 創業募資是否可行？

(4) 獲利是否可行？獲利時間點是否可行？

四、商業模式與商業模式圖

企業進行商業行為來創造財富的作法，通常被稱為「獲利模式」。此模式決定一家企業創造顧客價值的邏輯思維，又被稱為商業模式（Business Model），這是能讓一個組織或企業獲得財務支撐得以持續運作的邏輯，是描述組織如何創造、傳遞及獲取價值的手段與方法。

在商業模式的方法學中，商業模式圖（Business Model Canvas）是一個思考規劃商業模式的好方法。商業模式圖將商業模式內容大致畫分為九大關鍵要素，並透過視覺化方式來幫助理解商業模式，也幫助組織思考自身的定位。在描繪商業模式時，可以使用商業模式的九個構成要素（如圖 3-7），讓商業模式圖更容易理解。

1. **關鍵資源（Key Resources）**：新創團隊擁有什麼。一般說來，關鍵資源包括：興趣；才能和技能；人格特質；所擁有的有形資產和無形資產。

   (1) **興趣**：是最能讓你感到振奮的事，是你最珍貴的創業資源，因為這是生涯滿足感的主要驅動力。

   (2) **才能和技能**：才能（Ability）是天生的、與生俱來的能力，是那些你做起來輕鬆自然、毫不費力的事。技能（Skill）是指必須經由學習或培養而成的能力。

   (3) **人格特質**：先想想，你的人格特質是什麼？例如高 EQ、勤奮、冷靜、自信、體貼、活潑外向、精力充沛、注意細節等等。

(4) 所擁有的有形資產和無形資產：列出「擁有什麼」，這包括無形資產和有形資產。有形資產（對工作有實質或潛在的效益）可以列出，例如車輛、工具、專業服裝、資金或其他能投資於職涯的實質資產。無形資產可以列出，例如深厚的產業經驗、專業聲譽、特定領域的意見領袖，或任何你親身參與的出版品或智慧財產。

2. **關鍵活動（Key Activities）**：做哪些事。關鍵活動是由「關鍵資源」所驅動的，換句話說，你所做的事情，自然跟「你是誰」有關。想想你在工作中經常執行的主要任務。請記住，關鍵活動就是那些新創團隊要為顧客執行的商業活動，但它們無法用來描述你的價值主張。不須將做過的每件事都列出來，只要列出真正重要的活動即可，也就是能凸顯你不同於其他競爭對手的那些工作。

3. **目標顧客群**：你要服務的是哪些人。哪些人在生活上需要仰賴你解決方案的協助，或因為你的工作而受惠？你要考慮的是那些與新創團隊往來的客戶，也就是那些使用你的服務或購買你的產品的客戶。

4. **價值主張（Value Provided）**：如何幫助你的目標顧客，為他們創造了什麼價值。定義價值的方法，就是問自己以下這些問題：顧客「雇用」我去執行什麼工作？如果我完成這項工作，顧客會得到什麼好處？理解關鍵活動為顧客提供了哪些價值，是商業模式最重要的部分。實務上，在思考商業模式時最容易搞錯的就是把「關鍵活動」當成「價值主張」。「關鍵活動」思考的是「服務的內容」；「價值主張」思考的是「顧客因此獲得什麼好處」。

5. **通路（Channels）**：客戶是怎麼知道你／你透過何種方式服務：想要定義通路，最直接的方式就是問問你自己：你要「如何遞交」客戶所購買的服務或產品。在通路這個項目中，要思考的是行銷流程（Marketing Process）的五個階段。要描述這五個階段，最恰當的方式是詢問以下問題：

(1) 潛在目標顧客如何發現你能如何幫他們？

(2) 潛在目標顧客如何決定是否要購買你的服務？

(3) 潛在目標顧客將會用何種方式購買？

(4) 你將如何遞交顧客所購買的服務或商品？

(5) 你將如何追蹤以確保顧客滿意？

6. **顧客關係（Customer Relationships）**：如何與顧客互動。思考新創團隊會如何跟顧客互動？是提供個人化、面對面的服務，還是仰賴電子郵件或其他書面溝通方式？你與顧客的關係是一次性的，或是持續性的？在策略方面，著重的是擴張客群基礎（開發新顧客），還是滿足現有客戶（維繫舊顧客）？

7. **關鍵合作夥伴（Key Partners）**：誰能幫你。關鍵合作夥伴就是那些支持你的專家達人，他們會提供前進的動力、建議和成長機會，也可能提供幫你完成特定任務的其他資源。合作夥伴可能是工作上的同事或導師、專業人脈的成員、家人朋友，或是專業顧問。

8. **收入與利益（Revenue and Benefits）**：你會獲得什麼？寫下新創團隊的收入來源，例如薪資、承攬收入或專業費用、股票選擇權、權利金，以及任何其他的現金收入，然後再加上福利項目，例如健保、退休金或是學費補助。日後當你想要調整商業模式圖時，可以考慮將「軟性」收益也列進去。

9. **成本結構（Cost Structure）**：你要付出什麼？成本是指新創團隊所付出的時間、精力及金錢。

Key Partners 關鍵合作夥伴	Key Activities 關鍵活動	Value Provided 價值主張	Customer Relationships 顧客關係	Customers 目標顧客群
	Key Resources 關鍵資源		Channels 通路	
Cost Structure 成本結構		Revenue and Benefits 收入與利益		

圖 3-7　商業模式圖（Business Model Canvas）

表 3-1　商業模式圖九大構成要素及涵蓋層面

九大構成要素	說明	涵蓋層面
1. 目標顧客群	一個企業所要服務的一個或數個目標顧客群。	大眾市場、利基市場、區隔化市場、多元化市場、多邊市場。
2. 價值主張	以各種價值主張解決客戶問題點或痛點、滿足客戶需要。	顧客找上您公司而非其他公司的原因：新穎、效能、客製化、設計、品牌、價格、成本降低、風險降低、可及性、便利性、彈性。
3. 通路	將價值主張透過行銷、溝通、銷售及配送通路傳遞客戶。	人員推銷、網路銷售、自有商店、合作商店、批發商。
4. 顧客關係	與每位目標顧客建立並維繫顧客關係。	個人協助、自助式服務、自動化服務、社群、共同創造。
5. 收入與利益	成功地將價值主張提供給客戶後，取得收入與利益。	1. 資產銷售、使用費、會員費、租賃費、授權費、仲介費、廣告收益。 2. 各種不同的訂價機制。
6. 關鍵資源	想要提供及傳遞前述的元素，所需要的資產就是關鍵資源。	實體資源、智慧資源、人力資源、財務資源。
7. 關鍵活動	運用關鍵資源，執行關鍵活動。	生產、解決問題、平台/網路。
8. 關鍵合作夥伴	有些關鍵活動需要外部資源，有些關鍵資源需要由外部取得。	建立夥伴動機：規模經濟、降低風險與不確定性、取得特定資源與活動。
9. 成本結構	各個商業模式的元素，會形塑出成本結構。	1. 成本驅動：固定成本/變動成本/規模經濟/範疇經濟。 2. 價值驅動：高度個人化服務。

而這九大關鍵要素可再進一步歸納為四大類：

1. 需求導向

    (1) 目標客群：誰是重要顧客？

    (2) 顧客關係：如何與顧客建立關係？

    (3) 通路：如何有效接觸目標顧客？（例如，廣告宣傳等）

2. **供給導向**

   (1) 關鍵合作夥伴：誰是適合的供應商或夥伴？

   (2) 關鍵活動：能提升營運的事項有哪些？

   (3) 關鍵資源：企業有什麼資源可以提供？

3. **價值導向**

   (1) 價值主張：我們根據顧客的痛點，能為他們解決了什麼問題點？

4. **財務導向**

   (1) 成本結構：營運過程中會花費的所有成本。

   (2) 收益流：將服務提供給顧客後所得到的收入。

3-3 公司設立登記與企業所有權

一、公司設立登記所需文件

在台灣基本上公司設立登記所需文件如下：

1. 公司設立登記申請書。

2. 公司章程影本。

3. 設立登記表。

4. 股東同意書影本。

5. 房屋使用同意書影本及所有權證明文件影本。

6. 會計師資本額查核報告書。

7. 股東及負責人身分證影本。

8. 公司設立規費。

二、公司設立登記流程

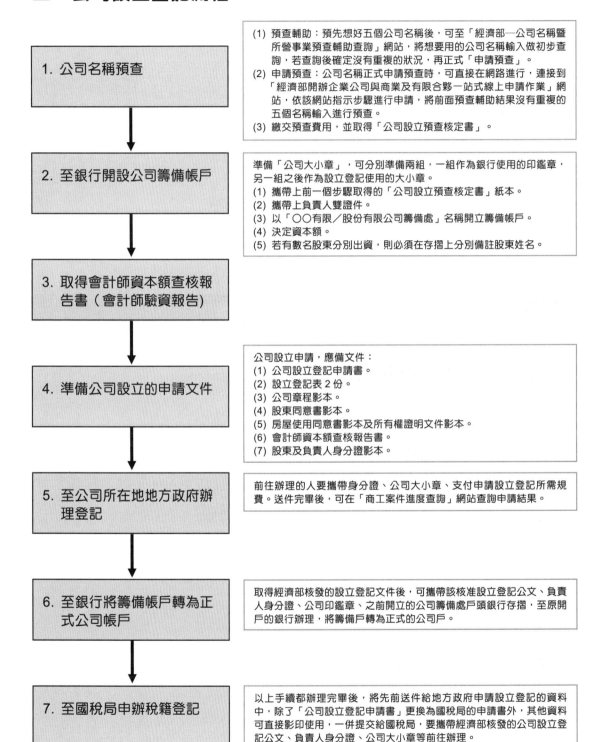

1. 公司名稱預查

(1) 預查輔助：預先想好五個公司名稱後，可至「經濟部—公司名稱暨所營事業預查輔助查詢」網站，將想要用的公司名稱輸入做初步查詢，若查詢後確定沒有重複的狀況，再正式「申請預查」。
(2) 申請預查：公司名稱正式申請預查時，可直接在網路進行，連接到「經濟部開辦企業公司與商業及有限合夥一站式線上申請作業」網站，依該網站指示步驟進行申請，將前面預查輔助結果沒有重複的五個名稱輸入進行預查。
(3) 繳交預查費用，並取得「公司設立預查核定書」。

2. 至銀行開設公司籌備帳戶

準備「公司大小章」，可分別準備兩組，一組作為銀行使用的印鑑章，另一組之後作為設立登記使用的大小章。
(1) 攜帶上前一個步驟取得的「公司設立預查核定書」紙本。
(2) 攜帶上負責人雙證件。
(3) 以「○○有限／股份有限公司籌備處」名稱開立籌備帳戶。
(4) 決定資本額。
(5) 若有數名股東分別出資，則必須在存摺上分別備註股東姓名。

3. 取得會計師資本額查核報告書（會計師驗資報告)

4. 準備公司設立的申請文件

公司設立申請，應備文件：
(1) 公司設立登記申請書。
(2) 設立登記表 2 份。
(3) 公司章程影本。
(4) 股東同意書影本。
(5) 房屋使用同意書影本及所有權證明文件影本。
(6) 會計師資本額查核報告書。
(7) 股東及負責人身分證影本。

5. 至公司所在地地方政府辦理登記

前往辦理的人要攜帶身分證、公司大小章、支付申請設立登記所需規費。送件完畢後，可在「商工案件進度查詢」網站查詢申請結果。

6. 至銀行將籌備帳戶轉為正式公司帳戶

取得經濟部核發的設立登記文件後，可攜帶該核准設立登記公文、負責人身分證、公司印鑑章、之前開立的公司籌備處戶頭銀行存摺，至原開戶的銀行辦理，將籌備戶轉為正式的公司戶。

7. 至國稅局申辦稅籍登記

以上手續都辦理完畢後，將先前送件給地方政府申請設立登記的資料中，除了「公司設立登記申請書」更換為國稅局的申請書外，其他資料可直接影印使用，一併提交給國稅局，要攜帶經濟部核發的公司設立登記公文、負責人身分證、公司大小章等前往辦理。

圖 3-8 公司設立登記流程

三、企業所有權型態：依出資方式

依出資方式的不同，主要可分為三種：

1. **獨資（Proprietorship）**：所謂「獨資」是指由一人（稱為業主，Owner）出資經營，獨享損益與承擔風險的企業。由於獨資企業簡單，業主財力、能力亦有限，因此一般規模不大。獨資是企業創業一開始的最簡單型態。出資者承擔所有企業經營的風險，同時也享受所有的經營成果。

2. **合夥（Partnership）**：所謂「合夥」是指二人或二人以上（稱為合夥人，Partner）相互訂立契約，共同出資經營，分享損益與承擔風險的營利組織。合夥可以在某一程度上規避一些風險，它們將合夥人所具有的不同才能與資源加在一起，以收截長補短之效。每位合夥人並依照其所投入的資金、技術、時間或經驗，而擁有了一定比例的股份，利潤則按所協定的比例來分配。

3. **公司（Corporation）**：所謂「公司」是指以營利為目的，依公司法的規定，組織登記而成立的社團法人。投資者（稱為股東，Stockholders or Stock-shares）以其所擁有的股份比例，分享公司利益並承擔風險。在法律上公司型態，是為獨立的法律個體（Legal Entity），獨自擁有權利與義務。

（一）獨資的優點／缺點

獨資的優點：

1. 很容易開始，也很容易可以結束一家企業。

2. 企業主可以擁有自己的事業，並享受當老闆的樂趣，具有極大的工作時間自由，也較能貫徹其決策。

3. 可以完全享受自己的努力成果和利潤，因此具有最大的工作動機。

4. 賦稅負擔較低，也沒有雙重課稅的問題。

獨資的缺點：

1. 具有無限清償責任。

2. 所能擁有的管理才能與財務資源，均受限於出資者本身的能耐。

3. 規模較小，資源相對較為有限，因此在吸引優秀人才上相對困難。

4. 企業的出資者必須超時工作，因此並不一定能夠真正享受工作時間的自由。

5. 成長速度通常較慢。

6. 延續相對上較其他所有權形式更為困難。

（二）合夥的優點／缺點

合夥的優點：

1. 合夥可以藉由新技術或新資本的加入來獲得企業未來成長的能量。

2. 如果合夥人選擇恰當的話，對於企業的日常事物處理以及管理，可以進行有效的專業分工。

3. 相對於公司的型態，合夥的法律門檻比較低，也比較容易成立。

4. 就企業的延續性來看，合夥型態會比獨資型態具有較長的壽命。

合夥的缺點：

1. 每位合夥人都必須對合夥的債務負有無限清償責任。

2. 相較於公司型態，合夥的存續具有較大風險，因為任何一位合夥人的離開或死亡，都會造成原有合夥關係的終止。

3. 所有權的轉讓比較困難。

4. 當合夥人間出現意見不一或爭執時，容易引發潛在的風險與衝突。

5. 較不容易退出。

（三）公司的優點／缺點

公司的優點：

1. 僅負有限清償責任。

2. 公司的存續性較為穩固。

3. 股權可以自由出售或轉給繼承人，轉讓比較容易。

4. 資本取得比較容易，有利於資金籌措。

5. 公司比較容易獲得借貸。

6. 公司比較容易吸引到具有才能的員工，也比較容易獲得專業的管理技能。

7. 比較容易做到「經營權」和「所有權」分離。

公司的缺點：

1. 若無「兩稅合一」，會有重複課稅的問題。

2. 公司比起獨資與合夥要受到更多法律的規範。

3. 公司的法律門檻較高，所需要的文件和申請程序比較繁複，因此開創成本也較高。

4. 由於經營權和所有權分離，因此可能會有代理問題。

四、企業所有權型態：依公司法的規定

依「公司法」規定，公司可分為四種：

1. **無限公司**：指由二人以上股東所組織，對公司債務負連帶無限清償責任之公司。

2. **有限公司**：指由一人以上股東所組織，就其出資額為限，對公司負其責任之公司。

3. **兩合公司**：指由一人以上無限責任股東，與一人以上有限責任股東所組織，其無限責任股東對公司債務負連帶無限清償責任；有限責任股東就其出資額為限，對公司負其責任之公司。

4. **股份有限公司**：指由二人以上股東所組織，全部資本分為股份；股東就其所認股份，對公司負其責任之公司

五、公司的業態

公司依執行活動的不同，主要分為服務業、買賣業與製造業等三種：

1. **服務業**：所謂服務業是以提供服務（或稱勞務）以賺取收入的行業，如：律師事務所、會計事務所、洗衣店等。

2. **買賣業**：所謂買賣業是以先購入商品，再將商品出售給顧客，以賺取差價的行業。如：雜貨店、超市、汽車銷售商等。

3. **製造業**：所謂製造業是先購入原物料，自行加工，變成成品後，再銷售給其他企業或消費者，以賺取利潤的行業，如：化學廠、煉油廠、汽車製造商等。

3-4 企業的成長與延伸：連鎖經營與加盟

一、什麼是「連鎖經營」

連鎖經營（Chain operation）是一種因應時代趨勢及消費習性變遷而發展出來的熱門通路結構型態。《MBA 智庫‧百科》，連鎖經營是一種商業組織形式和經營制度，是指經營同類商品或服務的若干企業，以一定的形式組成一個聯合體，在整體規劃下進行專業化分工，並在分工基礎上實施集中化管理，把獨立的經營活動組合成整體的規模經營，從而實現規模效益。

連鎖經營是指由多數商店構成的、統一經營管理的零售商業組織形式。整體來說，它是在一個核心企業的領導下，以共同的經濟利益為目標，將經營同類商品的眾多商店，以連鎖經營的方式組織起來，採取統一店名、統一標誌、統一裝飾、統一管理、統一進貨、分散經營等方式，實現商業的規模經濟效益。

一般而言，連鎖經營應該具備以下四個要件：

1. 經營理念一致。

2. 企業識別系統（Corporate Identity System，簡稱 CIS）一致。

3. 商品服務一致。

4. 管理制度一致。

一般而言，連鎖經營或加盟較單一獨自經營擁有較多優勢：

1. 較高的成功率。

2. 較短的學習曲線。

3. 分享總部品牌的優勢。

4. 較大規模採購的優勢。

5. 共同的促銷活動，平均成本較低，擴散效果較佳。

6. 可複製成功的經驗。

7. 輔導與人才培訓較有一套制度。

8. 售後服務支援。

二、連鎖經營的類型

連鎖經營模式以資產為樞紐、以合同為樞紐可劃分為三種基本形式：直營連鎖、特許連鎖、自由連鎖。

1. **直營連鎖**：又稱為「正規連鎖」，是一種以資本為主要的聯結樞紐（資本屬於同一所有者），在組織上設立總部，統一事業規劃方針，實行從連鎖企業的人事、財務、投資、採購、促銷、商流、金流、物流、資訊流等方面高度集中統一的管理與經營；店鋪只負責銷售業務，嚴格經營同類商品與服務，進行共同的經營活動、統一管理模式、統一經營策略、統一經營字型大小、統一經營形象、統一陳列方式、統一服務標準、統一經銷價格的公司組織模式。

2. **特許連鎖**：又稱為「加盟連鎖」，是指主導企業把自己開發的產品、服務和營業系統（包括企業形象的使用、經營技術和場所等），以營業合同的形式，授權加盟店在規定區域內的經銷權或營業權，加盟店則向主導企業交納一定的使用費，並承擔規定義務的一種連鎖經營方式。

3. **自由連鎖**：又稱為「自願連鎖」，是指分散在各地的眾多零售商，既維持各自的獨立性，又聯結著永久性連鎖關係，使商品進貨和其他事業共同化，以達到共用規模利益的目的。

三、什麼是「加盟」

加盟（Franchising）是指在加盟業主和加盟店之間，安排一種關於特許權的合約關係。加盟的方式可以允許相當強大的中央控制，並且可在不需大量資本投資的狀態

下，來協助知識的移轉。加盟也可視為是一種加盟業主和加盟店之間的創業合夥關係。藉由加盟，也可以有助於技術的發展。加盟可以降低加盟業主的財務風險。加盟方式的風險較多角化為低。

加盟經營關係有兩個重要主角，一是加盟業主（俗稱加盟總部），另一是加盟店（俗稱加盟店主或加盟者）。所謂「加盟業主」，是指在加盟經營關係中提供商標或經營技術等授權，協助或指導加盟店經營，並收取加盟店支付對價之事業。所謂「加盟店」，是指在加盟經營關係中，使用加盟業主提供之商標或經營技術等，並接受加盟業主協助或指導，對加盟業主支付一定對價之他事業。

四、加盟的形式

1. **特許加盟**：又稱為「授權加盟」，加盟業主具有一套完整的經營策略及 SOP 制度，所持有的產品及服務也都經過市場競爭的洗禮，加盟者只要在與授權者簽訂契約的同時繳交加盟金及保證金，並每月繳交權利金，即可獲得整套的 Know-how；例如：麥當勞等。

2. **委託加盟**：委託加盟最大特色，在於加盟業主將特定門市委任或委託給加盟店經營，並授權加盟店非獨家使用加盟業主之商標、服務標章及商店設備、裝潢、商品、行銷、教育訓練等之經營機密，以達成有效經營加盟業主所委任之特定門市的業務。簡單來說，委託加盟的關係就是加盟店取得加盟業主指定門市的受任經營權，是基於「加盟業主」為「委任人」，「加盟店」為「受任人」的法律關係。常見於便利商店的加盟，近年來不少連鎖咖啡或餐飲亦仿效之。加盟店在委託加盟關係中獲取利益，主要是依委託加盟契約之約定，乃加盟店每月交付營收予加盟業主，再由加盟業主依照月營業毛利額計算支付委託經營金。

3. **自願加盟**：加盟業主沒有參與出資，對加盟店沒有所有權，單純提供商標或經營技術等授權，協助或指導加盟店經營，並收取加盟金、權利金、輔導費等對價。加盟店依照自願加盟契約，使用加盟業主提供之商標或經營技術等，並接受加盟業主協助或指導，對加盟業主支付上述對價。常見於休閒飲料、冰品乳品的加盟。

4. **合作加盟**：合作加盟的總部是由各合作加盟業者出資所共同設立的，總部的工作主要在於負責統籌採購事宜，以及廣告促銷活動，並藉統一採購獲得大量採購的折扣優待，以回饋各合作加盟業者。

五、連鎖經營／加盟的優缺點

整體而言，連鎖經營可分「直營連鎖」與「加盟連鎖」。而「加盟連鎖」又可再細分為委託加盟、特許加盟、自願加盟。此外，加盟連鎖也可分為單店加盟與區域加盟兩大類。

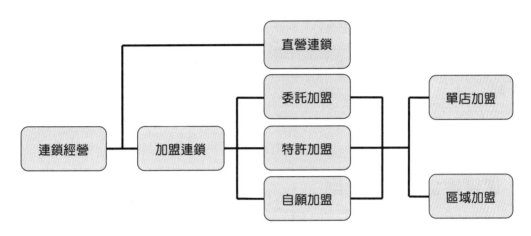

圖 3-9　連鎖經營：「直營連鎖」與「加盟連鎖」

詹翔霖教授認為，連鎖經營／加盟的優缺點比較如表 3-2：

表 3-2　連鎖經營／加盟的優缺點比較

項目	直營連鎖	特許加盟	自願加盟	合作加盟
優點	1. 所有權與管理權集中，容易發揮經濟規模效益。 2. 大量採購，可享數量折扣及低廉的運費。 3. 擴大經營規模，有能力聘請優秀專業管理人才，提高經營效率。 4. 集合批發及零售功能。 5. 可利用同一廣告，共同分攤廣告費。	1. 兼具直營連鎖與自願加盟的優點。 2. 擴充時毋須自備資金。 3. 迎合店主當老闆的心理。 4. 利用強大品牌知名度及全套 SOP 制度在經營上成功機率較大。	1. 投資較少。 2. 風險分散。 3. 統一採購，擴大採購數量以降低成本。 4. 主權分屬各店，其有因地制宜的彈性。	可在商店經營的各個層面，如進貨、廣告或促銷，採取聯合作業，以提高經營的效率。

表 3-2 連鎖經營／加盟的優缺點比較（續）

項目	直營連鎖	特許加盟	自願加盟	合作加盟
缺點	1. 投資金額龐大。 2. 風險大。 3. 外在環境遽然改變時應變能力較差。 4. 店主興業較差。	1. 採契約制裁，本部或加盟店如在契約中找法律漏洞，亦容易影響本部或各店利益。 2. 加盟店不斷擴張，可能造成寡占或獨占的形象。	1. 連鎖本部對加盟店沒有絕對約束力，易淪為各自變通發展，而失去整體利益。 2. 難以塑造齊一鮮明的契約形象。 3. 店主品質參差不齊，亦影響整體連鎖的商業形象。	缺乏強而有利的總部提供經營技術指導，故易導致意見分歧，制度與策略較難推動，是最難經營的一種型態。

六、連鎖經營的三大原則

連鎖經營的三大原則，即簡單化（Simplification）、標準化（Standardization）、專業化（Specialization），簡稱「3S」。

1. **簡單化**：是指為維持規定的 SOP 作業，創造任何人都能輕鬆且快速熟悉作業的條件。以零售店為例，平日顧客來店時間較分散，而節假日比較集中。因此，店鋪在用人方面，就涉及如何合理配置、減少成本的問題。一般做法是在非重要的時段雇用臨時工。於是，店內就產生計時工作管理系統。但是臨時不可能長期運作，這樣就需要將店內的作業內容簡單化，使初次來店工作的人員只要稍加訓練，就能迅速地熟悉作業內容，達到工作要求。複雜的作業臨時人力在短時間內難以掌握，增加練習的時間就加大成本投入，解決這一難題的最有效的辦法，就是將作業內容簡單化。而強調簡單化決不意味著減少作業，因為節省基本作業就難以形成系統。所以，簡單化可徹底排除「浪費部分、過剩部分、不適部分」，以達到提高作業效率的目的。

2. **標準化**：是指為持續生產、銷售預期品質的商品而設定的既合理又較理想的狀態、條件以及能反復運作的經營系統。一般來講，連鎖經營在實行 SOP 標準化作業時，要確保其作業工藝、作業方法、作業條件等能夠持續地執行，作業人員能根據這個標準作業流程開展持續性的作業。在連鎖展店過程中，標準化非常重要，如在店鋪的規模、結構、服務標識、職能等所有系統都標準化的情況下，不同店的工作人員調到其他店工作，基本上可以馬上上手，沒有任何障礙，從而利於工作的迅速展開。採取連鎖經營的企業，需要設定

較理想的、較高標準的 SOP 規範。為達到這些要求，企業必須展開培訓，一旦連鎖店（或加盟店）達到標準化要求的水準，才有辦法給消費者留下無論到該連鎖企業的哪一家連鎖店，都能得到同樣品質的商品和服務之好印象。

3. **專業化**：是指連鎖企業為了在某方面追求卓越，將工作特定化，並進一步增強競爭能力和開發創造出獨具特色的技巧及制度。在市場競爭激烈的條件下，企業必須要有自己獨特的特徵，而且要使這些特徵濃縮體現在某一專業領域，並努力防止其被其他企業模仿，這就需要專業化。

總結來說，簡單化、標準化、專業化是連鎖經營企業在擴大組織規模、發展連鎖展店、開展日常經營活動中，從企業決策層、管理層，到第一線業務操作人員都必須堅持和遵守的原則。

七、連鎖加盟相關法規

1. 公平交易法

2. 公平交易委員會對加盟業主資訊揭露之規範

3. 消費者保護法

4. 消費者爭議調解辦法

5. 商標法

6. 商品標示法

7. 商業會計法

8. 公司決算書表申請暨查核辦法

3-5　創業計畫書／商業計畫書

一、什麼是商業計畫書

「創業計畫書」其實就如同是「商業計畫書」（Business Plan），是企業為了達到招商募資和其它發展目標，在經過前期對市場調查、分析、搜集與整理有關資料的基

礎上，根據一定的格式和內容的具體要求，而編輯整理的一個向投資者全面展示企業現況與未來發展潛力的書面材料。

商業計畫書的實質意義，是讓創業者在藉由撰寫的過程中，重新思考並陳述事業體應有的全面性機能，並且審視各個環節是否有不足及尚待改進之處。營運計畫書（創業計畫書）對創業者來說不僅是一份自我體檢表，更是一份向別人推薦自己新創企業的履歷表。

所有類型的商業計畫書大都會提到以下「3C」：

1. **觀念（Concept）**：定義公司的業務，描述公司所提供的產品或服務，以及和其他類似產品或服務之間的差異。

2. **顧客（Customers）**：市場區隔與定位，找出目標顧客，以及這些目標顧客願意選擇向你公司購買的理由。

3. **資本（Capital）**：詳述創業和營運事業需要多少資金，預期的成本與獲利各是多少？

商業計畫書的內容是說明企業主的目標、企業主認為企業能達成這些目標的理由，以及解釋企業要如何達成這些目標。一份完善的商業計畫書能讓「企業主」和「投資者」獲益良多。換句話說，一份完善的商業計畫書能迫使「企業主」找出讓業務成功的做法。一份完善的商業計畫書會向「投資者」說明：企業主已經仔細思考過哪些必要因素能讓業務成功並且獲利。

二、商業計畫書的主要功能

1. 協助企業釐清策略方向及經營模式。

2. 提供企業未來成長的藍圖。

3. 協助企業資金募集的需求。

計畫趕不上變化，那麼為何要撰寫「創業計畫書／商業計畫書」？原因在於：

1. 全面檢視創業的問題，降低創業失敗的風險，增加創業成功的機率與創業自信。

2. 「創業計畫書／商業計畫書」是籌措創業資金的敲門磚，有助於與利害關係人溝通，增取外部資源。

　　不過，並不是撰寫好的「創業計畫書或商業計畫書」，就能創業成功。撰寫創業計畫書只是創業過程中的一項重要工作，但並不是創業成功的最重要關鍵因素。

三、商業計畫書的架構

　　商業計畫書的架構，通常包括摘要、公司簡介、願景、經營目標、產品／服務簡介、產業分析、競爭優勢、目標市場、行銷策略、營運計劃、經營團隊、投資規劃及所需資源、風險評估、整體時程規劃、以及附錄等，如表 3-3。不過，創業計畫書或商業計畫書會因為需求對象的不同，而有不同的內容重點與撰寫方式，本書只是提供一種典型架構，提供參考。

表 3-3　商業計畫書的架構

商業計畫書的目錄
摘要
一、公司簡介
二、願景
三、經營使命
四、產品／服務簡介
五、產業分析
六、競爭優勢
七、目標市場
八、行銷策略
九、營運計劃
十、經營團隊
十一、投資規劃及所需資源
十二、財務預估
十三、風險評估
十四、整體時程規劃
十五、附錄

（一）摘要

摘要是商業計畫書中最重要的部份。其重點在於將營運計劃的內容簡單地彙總說明。其內容大致應包括：

1. 對企業簡單的描述。

2. 對企業所提供產品／服務作簡單的描述。

3. 企業所具有的獨特競爭優勢。

4. 主要經營團隊成員。

此外，也必須加以說明為何需要投資及資金需求，公司要如何獲利，及投資者何時可以分紅等。

（二）公司簡介

公司簡介主要在對公司做完整的描述，大致要提到背景、經營何種事業、經營的歷史、如何達到目前這個經營狀態及未來的經營方向、經營的歷史、如何達到目前這個經營狀態及未來的經營方向。

（三）願景

願景（Vision）係對企業的長期期望，即希望企業能在市場上達到何種地位。它沒有強制一定要達成，但願景卻可以當作指導方向。

（四）經營使命

經營使命（Mission）要明確寫出在未來的短中長期，企業要達成或實現的事情。營運使命有別於願景，它也許很具有挑戰性及高風險，但必須是可行的。

（五）產品與服務簡介

要清楚地解釋企業的產品與服務，要說明為何這些產品與服務未來的發展潛力無窮及可為企業帶來獲利。

如果是一項產品，依產品特性的不同，要說明產品大小、形狀、顏色、售價、設計、品質、企業製造能力、專利與原料、功能等，以及市場未來性及獲利性如何。

如果是一項服務，則應說明服務的內容，服務在那裡提供，此服務的特別之處、此服務的市場潛力及獲利力如何等。

（六）產業分析

產業分析主要在描述企業所處的產業狀況、市場規模、現有競爭者、潛在進入者、替代品之威脅、供應商議價能力、消費者議價能力及未來產業發展趨勢等，從這些分析中，找出一個適合公司發展的方向，讓公司在這產業中立足於一個適當的地位。

產業分析可利用波特的「產業五力分析」模式（現有競爭者、潛在進入者、替代品的威脅、供應商的議價能力、對顧客的議價能力），來分析其所面臨的產業競爭。

（七）競爭優勢

以客觀的角度，將企業所提供之產品或服務與現有競爭者加以比較，分析各項產品或服務在價值鏈及顧客附加價值上的差異。藉此企業將可得知本身產品或服務所能提供的價值所在，並了解其侷限產，及在有限資源下如何充分發揮其特點，展現出與其他業者的差異性與獨特性。

（八）目標市場：行銷 STP

目標市場（Target Market）主要內容包括行銷 STP：市場區隔（S）、市場選擇（T）、市場定位（P）。掌握了產業概況與競爭環境的市場情況，也定義好公司的產品與服務，但是市場是如此的龐大，不可能每個人都是你的顧客，因此，必須從消費者行為、地理範圍、人口統計、市場大小及趨勢、心理區隔來界定主要顧客群，這就是目標市場所要表達的資訊。

一般企業在選定目標市場（T）時，有三種選擇方案：

1. **全部市場**：以全部的市場作為目標市場，不做市場區隔。
2. **區隔市場**：依不同的特徵變數，把市場分割成各個不同性質的市場，在不同的區隔市場中，制定不同的行銷策略與行銷組合來滿足各區隔市場的特殊需求。
3. **利基市場**：選擇一利基目標市場全力以赴，不管其他的市場。

（九）行銷策略

在商業計畫書中，行銷策略應包括以下內容：（1）行銷策略 STP；（2）行銷組合產品決策；（3）行銷組合通路決策；（4）行銷組合價格決策；（5）行銷組合推廣決策；（6）行銷組織與行銷團隊管理；（7）行銷預算：執行與控制。

（十）營運計劃

營運計劃主要在於描述企業內部的運作計劃及需要什麼設備，以產生所需產品或服務，下面四個方向是營運計劃所要討論的：（1）計劃、（2）設備、（3）人力、（4）流程。

（十一）經營管理團隊

經營管理團隊的重點在於，列出公司管理團隊各部門高級主管的資歷。經營管理團隊的特質很難訴諸文字，但應儘可能詳述成員負責的工作內容、職責、過去的學經歷及工作績效，以利外人了解；其中組織圖與團隊職掌是不錯的表達方式。而經營管理團隊通常包括：主要管理階層 3-6 人、董事長、顧問群。

（十二）投資規劃及所需資源

投資規劃所需資源可分成下列幾項表示：

1. 招募資金規劃，計劃公司資金招募的來源。

2. 建置期間資金運用計劃。

3. 初期營運時間資金運用計劃。

4. 預估每年資金運用定期計劃。

（十三）財務規劃

財務規劃主要包含現金流量表、損益表、資產負債表、資金結構等資訊。財務規劃的內容如下：銷售預測、五年期損益預測--損益表、現金預算--現金流量表、資產負債表、資金結構。

1. **財務報表分析**：特別注意資產負債表及損益表中的獲利力的分析，了解公司經營的自有資本報酬率，財務槓桿因素及指數，以及企業利潤和利潤率。在

安定力中短期償債能力的流動比率和速動比率，以及長期償債能力中的權益比率和固定比率。

2. **財務報表分析技巧**：特別注意目前智財權和無形資產在資本結構中如何的鑑價與估算，以及其他有無隱藏不利的財務死角均會造成股東權益的損害。

（十四）風險評估：列出主要風險及風險管理的策略

任何行業都有風險，只有事先的風險評估更加落實，才能降低風險，增加成功的機會。在商業計畫書中進行經營風險評估，是為了讓公司對於所經營市場的風險有所瞭解，並擬定相關緊急處理計劃，來降低這個風險所產生的損失，公司應針對營運計劃中可能隱藏的潛在危機加以說明提出因應方法。可能之營運風險如下：

☑ 競爭者的反制動作　　　　　☑ 政府的法規

☑ 管理上的議題　　　　　　　☑ 產品／服務的變動

☑ 法律上的議題　　　　　　　☑ 技術優勢可能喪失的問題

☑ 全球經濟的影響與產業週期性的問題

（十五）整體時程規劃

主要表達企業未來在那些時間點要達成那些事，讓經營團隊在執行商業計畫書時能有一明確地時間表，也讓投資者對企業未來的執行進度有所瞭解。

（十六）附錄

附錄主要提供未能在商業計畫書中完整表達的產業資訊或各式調查報告等。

四、為什麼要寫創業計畫書

1. 對創業本身來說：創業計畫書是創業的藍圖，也是事業展開的依據。

2. 對創業團隊來說：是一份創業前自我檢視的工具。

3. 對投資者與合夥人來說：是一份客觀評估與溝通的工具。

4. 對政府相關機關或銀行來說：是一份審核補助或貸款的依據。

3-6 創意保護

　　智慧財產權（Intellectual Property Rights）提供企業一個合法排他的權利，以阻止或限制他人在未經授權的狀況下使用到屬於企業的無形資產。智慧財產權是指專利、著作權、商標與營業祕密，常見於企業的各項業務上，舉凡產品設計、技術合約、市場資訊、顧客資訊等，要成為一家傑出的新創企業，其於特定業務上必有其獨特，而且與競爭者有所差異的智慧財產權，因此許多潛在投資人在投資企業前亦會考量是否重視智慧財產權並進行良好管理。

　　智慧財產權四大保護：

1. 專利：保護可供產業上利用之發明或新型，包含物、方法與透過視覺訴求之設計。

2. 著作權：保護各種內容創作如文案、軟體（電腦程式）、音樂、美術、戲劇、舞蹈等。

3. 商標：保護用於企業服務、產品等任何具有識別性之標識。

4. 營業祕密：保護企業之各種方法、技術、製程、配方、程式、設計或其他可用於生產、銷售或經營而產生經濟價值之受保密資訊。

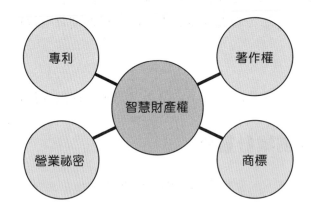

圖 3-10　智慧財產權四大保護

　　政府與創新創業有關的法案法規有專利、著作權、商標、營業祕密等，而新創事業若想永續經營，則必須深入自身產業生態，建立產業生態系，才能厚植事業永續競爭力。「創意保護」是依法簽署文件，一旦出現糾紛，透過合法手段追回資產或降低損失。

一、專利

專利（Patent）一詞，源自拉丁文動詞 Patere，意思是「開放」。當個人或企業有一發明或創作，為了保護其正當權益，而向主管機關提出專利申請，經過審查認為符合專利法的規定，因而給予申請人在一定期間享有專有排除他人未經其同意而製造、販賣、使用或為上述目的而進口該物品之權，或專有排除他人未經其同意而使用該方法及使用、販賣或為上述目的而進口該方法直接製成物品之權，這種排他權利就是專利權。

專利法第 1 條規定：「為鼓勵、保護、利用發明與創作，以促進產業發展，特制定本法。」由此可知，專利法的規範目的在於促進技術進步，藉由給予發明人一定期限的保護期，換取發明人將其技術公開，以促使他人可以再利用該技術或改良。因此，「發明與創作」並不一定就是「專利」，必須再經過可專利性要件的審查才得以授予專利。

專利的本質在鼓勵申請人公開技術，相對地由政府給予申請人法律上的排他權，該專利技術要在說明書內清楚記載，以及揭露於必要圖式經刊登專利公報後，任何人可就其技術繼續研究，改良或創新，使社會公眾亦能獲益。

專利必須具備「實用性」（產業上可利用性）、「新穎性」、「進步性」（非顯而易見性）等專利要件後，才能取得專利權，才合乎專利法保護之客體。

依據發明或創作標的的性質不同，台灣專利主要分為三大類：發明專利、新型專利及新式樣專利。相關保護期限說明如下：

1. **發明專利**：專利法規定，「發明」是指利用自然法則之技術思想之創作。發明專利自申請案核准公告之日起，授予專利權；並自申請日起算 20 年屆滿。

2. **新型專利**：專利法規定，「新型」是指利用自然法則之技術思想，對物品之形狀、構造或裝置之創作。新型專利自申請案核准公告之日起，授予專利權；並自申請日起算 10 年屆滿。

3. **新式樣專利**：專利法規定，「新式樣」是指對物品之形狀、花紋、色彩或其結合，透過視覺訴求之創作。新式樣專利自申請案核准公告之日起，授予專利權；並自申請日起算 12 年屆滿。同時就新式樣專利而言，另有聯合新式樣專利，其專利權期限與原專利權期限同時屆滿。

二、著作權

著作權法第 1 條規定，制定著作權法的目的是：保障著作人著作權益，調和社會公共利益，促進國家文化發展。

著作權所保護的對象是「著作」，而著作是指文學、科學、藝術或其他學術範圍之創作。著作權法規定，作者完成作品時，自然享有著作權，受著作權法的保護，不需要登記，也不需作類似「版權所有、翻印必究」或©的標示。

基本上，著作若要取得著作權保護，必須要有原創性（Originality）。因此，著作權法上所稱之「著作」，必須是具有原創性之人類精神上創作，且達到足以表現出作品獨特性。

著作權主要包括「著作人格權」與「著作財產權」。

1. **著作人格權**：是專屬於創作人（作者）本身的權利，沒有辦法讓與或繼承。但並不表示著作人格權在創作人（作者）死後就不受保護。依據著作權法規定：著作人死亡或消滅者，關於其著作人格權之保護，視同生存或存續，任何人不得侵害。著作人格權主要是保護著作人的名譽、聲望或其他無形的人格利益，包括（1）公開發表權、（2）姓名表示權，及（3）同一性保持權，或稱禁止不當變更權。

2. **著作財產權**：是使創作人（作者）可以享有著作的經濟價值，包括重製權、改作權、編輯權、出租權、散布權、公開播送權、公開傳輸權、公開口述權、公開上映權、公開演出權、公開展示權。

三、商標權

從商業的角度來看，「商標」是創業不可缺失的一環，但如果要使「商標」在法律的位階上享有一席之地，顯然必須完成商標註冊，方是名正言順。

商標是指企業任何具有識別性之標識，識別性即代表著企業與眾不同之處，不僅能表彰自我形象，消費者更可以藉由商標認識企業，進而購買其想要的商品或服務，不會與其他同類型企業的標識產生混淆或誤認。

商標注意事項：

1. 不得以商品本身的說明文字或圖形作為商標：商品說明是業者可自由使用的，若由一人獨占使用，顯然違反公平競爭原則，所以新創企業在思考商標時，要避免使用單純的商品說明作為商標。例如以「潔淨」使用於洗衣粉等文字，「殺蟑」使用於殺蟲劑，均為該商品的說明。

2. 不得以他人著名商標作為商標：著名商標的保護不以在我國已註冊為前提，所以不要認為其商標未在我國註冊，就可仿襲使用或矇混註冊，違反者，著名商標權人得請求停止使用或請求評定其商標應予撤銷，甚至要求賠償其損失。

3. 不得以易誤導或欺騙消費者的文字圖形作為商標：例如以公賣局紅標米酒的「紅標」二字使用於藥酒商品，會使人誤認其商品為米酒或含有米酒成分；申請人為雲林虎尾地區的酪農，卻以「初鹿」使用於鮮奶商品，則有使人誤認其商品係產自台東初鹿之虞，均為政府商標法所禁止。

4. 以具有高度識別性之名稱或圖樣申請：識別性是商標註冊與受保護的基本要件，商標依其識別性強弱區分為「獨創性商標」、「隨意性商標」及「暗示性商標」。獨創性標識的核准案例，例如「GOOGLE」使用在搜尋引擎服務；任意性標識的核准案例，例如「蘋果 APPLE」、「黑莓 BlackBerry」使用在電腦、資料處理器商品。暗示性標識的核准案例，例如「快譯通」使用在電子辭典商品、「一匙靈」使用在洗衣粉商品。

四、營業祕密

就字面解釋，營業祕密（Trade Secret）是指與商業行為有關的機密，又稱為工商機密、技術祕竅、專門技術（Know-how）或企業機密等。營業祕密所有人以獨特的、不為他人所知的方法，使其產品或服務在市場上具有一定的特色或優勢，而換取相當的經濟上之利益。有點像是，傳統上所稱的祖傳祕方、僅此一家，別無它處的概念。

經濟部智慧財產局認為，營業祕密是指具有祕密性、具經濟價值且經過合理管理的資訊。政府基於維護商場競爭秩序，以及包含對於他人商業機密尊重的需要，參酌國外立法例，於 1996 年 1 月 17 日公布施行營業祕密法。基本上，營業祕密法之制定是為保障營業祕密，維護產業倫理與競爭秩序，調和社會公共利益。是以，就規範目的而言，營業祕密法是屬以維護競爭秩序為目的的智慧財產權。

筆記欄

創新創業策略思維

破壞式創新做掉龍頭企業的典範 Netflix

1997 年創新大師克雷頓‧克里斯汀生（Clayton Christensen）在《創新的兩難》一書中提出「破壞式創新」（Disruptive Innovation）的概念。

一般公司因專注現階段消費者的需求，會不斷增加功能、優化功能，推出規格更好的「延續性創新」（Sustaining Innovation）。「破壞式創新」是指，產品或服務的功能剛好、價格便宜，吸引那些產業龍頭企業沒看在眼裡的目標客群，慢慢蠶食市場，等到產業龍頭企業意識到威脅，卻為時已晚，採「破壞式創新」的後進者最後超越產業龍頭。

破壞式創新的核心概念時常被誤解，並不是所有產業競爭的突破，都應歸為破壞式創新。Uber 破壞了全球計程車市場，但並不是一個破壞式創新的典型範例。破壞式創新的發展機會，來自於非主流市場、低階市場或新市場；一開始訴諸低階或未被滿足的消費者，然後逐漸移往主流市場。但 Uber 的發展方向恰好相反，Uber 一開始就提供的計程車服務本來就是主流市場需求，鎖定對象也不是新市場，而是即有市場，Uber 一開始的目標客群本來就有叫車習慣，Uber 是從主流市場逐漸擴張至被忽略的市場。

破壞式創新通常會經歷二個階段：第一階段是服務傳統上未被滿足的顧客需求、建立持續性的競爭優勢；第二階段是先在「低端市場」（非主流市場）中立足、建立出全新的消費市場、提高品質後再回頭覆蓋「主流市場」。

Netflix 創業之初是由「郵件訂閱服務」起家，這項服務並不吸引當時市場龍頭企業百視達（Blockbuster）的主要顧客，Netflix 吸引的是那些不在乎最新上映影片的目標客群，創建出一個全新的小區隔市場。Netflix 切入當時被產業龍頭百視達忽視的小區隔市場，且提供相對品質與價格較低（但針對特定目標客群）的服務，先在「低端市場」（非最新上映影片市場）中立足，這符合破壞式創新的定義。最後，Netflix 再透過提高服務品質，逐漸加入百視達主要客群所在乎的需求服務，順利進入高端市場（最新上映影片市場）。最後有一天，百視達發現其主力客群流向 Netflix 時，已無力回天。

　　圖 4-1 呈現一個模型，幫助創業者瞭解企業策略的形成過程。在最上方，模型開始於外部環境之機會與威脅的分析。而在下一個階段裡，組織的內部環境（企業的資源、使命與目標）由雙箭頭連到外部環境。這個箭頭表示使命與目標是就外部環境的機會與威脅，以及企業內部的優勢與劣勢（其資源與能力）而設定的。企業會受到外部環境的力量所影響，但企業也會影響其外在環境。

　　企業的使命（Mission）與目標（Goals）驅使總公司、事業單位、企業電子化、以及功能性等層次策略的形成。然而，組織現有及潛在的優勢與劣勢（總公司、事業單位、企業電子化、與功能性等層次上的企業資源與能力），也會影響該企業的使命與目標。這可由內部環境與策略形成之間的雙向箭頭來表示。在總公司的層次上，決策制定者是總裁（CEO）、其他高階管理者及董事會；事業單位層次的策略決策，大部份是由該事業單位的高階管理者與其重要主管一同制定；而功能性層次的決策制定者，為各功能性部會的主管（生產、行銷、人力資源、研發、財務、資訊等部門經理）。在某些企業裡沒有功能性部門，取而代之的是核心流程中心（如原料處理中心，而非採購和製造等功能性部門）。

　　下一個箭頭表示策略的形成，促使策略能具體地執行。明確地說，策略是透過企業的組織結構、領導、權力的分配，以及其企業文化來執行的。最後一個向下的箭頭表示評估組織實際的策略績效。如果績效未達到組織的目標，就會執行策略控制來修正模型中的部份或全部階段以改善績效。控制階段是由連結策略控制與模型其他部份的回饋線來表示。

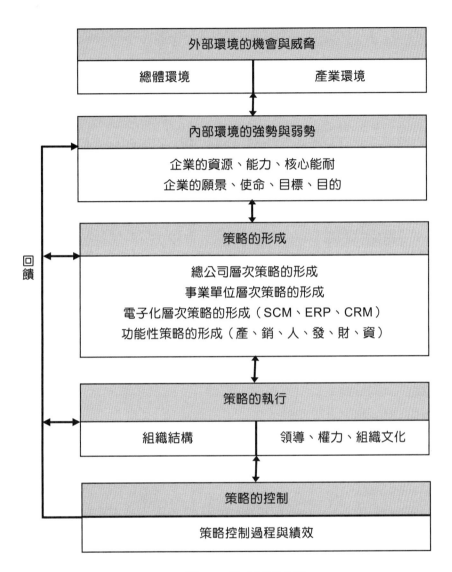

圖 4-1　策略管理模型

4-1 創業環境分析

創新創業的環境分析一般是從外部環境分析與內部環境分析開始。

1. 外部環境分析：

(1) 總體環境分析：常見「PEST 分析」與「PESTEL 分析」，主要是針對超環境與總體環境所做的分析，是利用環境掃描，分析總體環境中的政治（Political）、經濟（Economic）、社會（Social）與科技（Technological）等四種因素的一種分析模型。PESTEL 分析。PESTEL 分析是 PEST 分析的延伸，在原本的政治、經濟、社會和技術的基礎上，加入了「環境」（Environmental）和「法律」（Legal）

(2) 產業環境分析：常見產業環境分析工具，如產業五力分析、競爭者分析，利用其分析產業提供什麼樣的機會？本公司應如何掌握或因應此一趨勢？

(3) 市場分析：市場吸引力（市場規模、成長率、利基）？市場提供什麼機會？顧客是誰？

(4) 法規與限制：有沒有特殊的法規或限制？

2. 內部環境分析：本公司所擁有的核心能力與資源，可以如何有效的使用？與競爭者比較的優勢與劣勢分析？

基本上，企業經營環境可分為外部環境與內部環境。而外部環境又可進一步分為超環境、總體環境與個體環境。

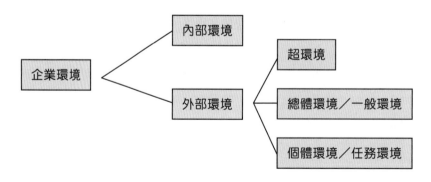

圖 4-2 企業與環境

1. **超環境**：是指外界某些冥冥不可知的力量。

2. **總體環境**：是指對企業的經營有間接影響的環境因素。

3. **個體環境**：是指對企業的經營有直接與立即影響的環境因素。

4. **內部環境**：是指企業內相關的部門、文化、員工與氛圍。

一、企業的總體環境：一般環境

　　企業所面臨的「總體環境」，又稱為一般環境（General Environment）。總體環境分析常用的分析工具稱為「PEST 分析」或「PESTEL 分析」。所謂「PEST 分析」，P 是政治（Politics），E 是經濟（Economy），S 是社會（Society），T 是科技（Technology）。所謂「PESTEL」分析則是「PEST 分析」的基礎上加上環境（Environmental）和法律（Legal）。

1. **政治**：是指那些制約和影響企業的政治要素以及其運行狀態。政治環境包括國家的政治制度、權力機構、頒佈的方針政策、政治團體和政治形勢等因素。

2. **經濟**：是指構成企業生存和發展的社會經濟狀況及國家的經濟政策，包括社會經濟結構、經濟體制、發展狀況、總體經濟政策等要素。通常衡量經濟環境的指標有國內生產總值、就業水平、物價水平、消費支出分配規模、國際收支狀況，以及利率、通貨供應量、政府支出、匯率等國家貨幣和財政政策等。經濟環境對企業生產經營的影響更為直接具體。

3. **社會**：是指企業所處的社會結構、社會風俗和習慣、信仰和價值觀念、行為規範、生活方式、文化傳統、人口規模與地理分佈等因素的形成和變動。

4. **科技**：是指企業所處的環境中的科技要素及與該要素直接影響的各種社會現象的集合，包括國家科技體制、科技政策、科技水平和科技發展趨勢等。科技環境影響到企業能否及時調整戰略決策，以獲得新的競爭優勢。

5. **自然環境**：是指企業所處的自然資源與生態環境，包括土地、森林、河流、海洋、生物、礦產、能源、水源、環境保護、生態平衡等方面的發展變化。這些因素關係到企業確定投資方向、產品改進與革新等重大經營決策問題。

6. **法律**：包括國家制定的法律、法規、法令以及國家的執法機構等因素。法律制度是保障企業生產與經營活動的基本條件。

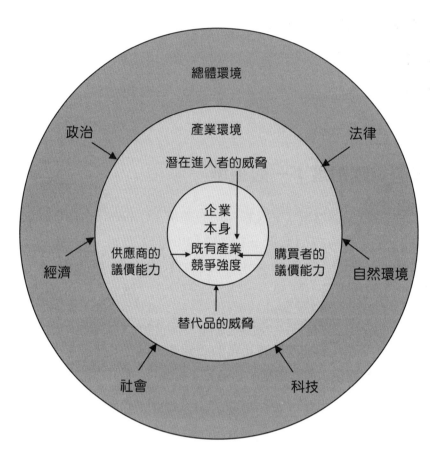

圖 4-3 企業的總體環境與產業環境

二、企業的個體環境：產業環境與市場環境

　　企業的個體環境，又稱為任務環境（Task Environment），主要包括「產業環境」和「市場環境」兩個方面。產品生命週期、產業五力分析、產業內的策略群體、產業成功關鍵因素等分析方法是個體環境分析的重要內容。市場需求與競爭的經濟學分析能夠深化對個體環境的理解與認識。

　　以下對產業的生命週期、產業結構分析、市場結構與競爭、市場需求狀況、產業內的戰略群體和成功關鍵因素分析進行簡要介紹。

1. 產業生命週期：在一個產業中，企業的經營狀況取決於其所在產業的整體發展狀況，以及該企業在產業中所處的競爭地位。分析產業發展狀況的常用方法是認識所處產業生命週期的階段。產業生命週期階段可分為開發期、成長期、成熟期和衰退期四個階段。只有瞭解產業目前所處的生命週期階段，才

能決定企業在某一產業中應採取進入、維持或撤退，才能進行正確的新的投資決策，才能對企業在多個產業領域的業務進行合理重新排列組合，提高整體獲利水準。

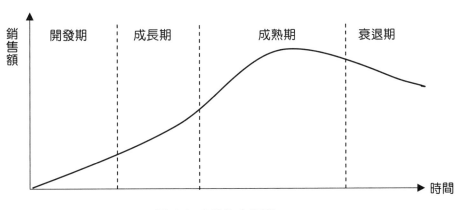

圖 4-4　產業生命週期

2. **產業五力分析**：根據波特所提出的產業結構分析框架—產業五力分析，可以從「潛在進入者」、「替代品」、「購買者」、「供應者」與「現有競爭者」間的權衡，來分析產業競爭的強度以及產業利潤率。

潛在進入者的進入威脅在於減少了市場集中，激發了現有企業間的競爭，並且瓜分了原有的市場份額。替代品作為新技術與社會新需求的產物，對現有產業有「替代產」威脅，但有時和替代品長期共存的情況也很常見，替代品之間的競爭規律仍然是價值高的產品獲得競爭優勢。購買者、供應者討價還價的能力取決於各自的實力，比如賣（買）方的集中程度、產品差異化程度與資產專用性程度、縱向一體化程度以及資訊掌握程度（資訊不對稱理論）等。產業內現有企業的競爭，即一個產業內的企業為市場占有率而進行的競爭，通常表現為價格戰、廣告戰、引進新產品以及增進對消費者的服務等方式。

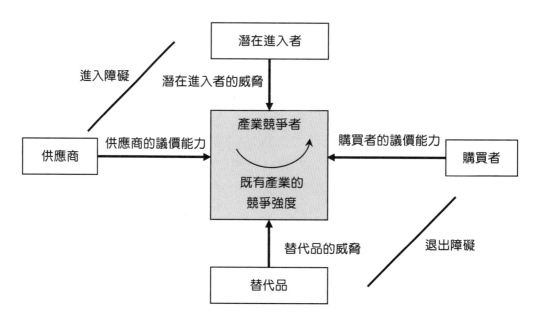

圖 4-5 Porter 的產業五力分析模式

3. **市場結構與競爭**：經濟學家認為，市場結構可分為四大類：完全壟斷（獨佔）
（Monopoly）、寡頭壟斷（寡佔）（Oligopoly）、壟斷競爭（Monopolistic
Competition）和完全競爭（Perfect Competition），了解市場結構有助於對市
場競爭者的性質加以正確的估計。此外，市場結構又可分為完全競爭市場與
不完全競爭市場，其中，壟斷競爭、寡頭壟斷（寡佔）、完全壟斷（獨佔），
皆屬於「不完全競爭市場」形態。表 4-1 說明了市場結構四大類的特徵。

表 4-1　市場結構可區分為四大類

市場結構	特徵
完全壟斷／獨佔	1. 廠商數目只有一家 2. 市場有進入障礙，幾乎無法進入 3. 資訊不公開（資訊高度不對稱） 4. 是價格的決定者，有影響價格的能力，具有超額利潤
寡頭壟斷／寡佔	1. 廠商數目不多 2. 產品具有異質性（產品具有差異） 3. 進入市場困難 4. 市場資訊不完全流通 5. 具價格具有控制力，但會擔心同業削價競爭

表 4-1 市場結構可區分為四大類（續）

市場結構	特徵
壟斷競爭	1. 廠商數目頗多 2. 產品具有差異，但差異產不大 3. 進入與退出市場容易 4. 市場資訊不完全流通 5. 對價格具有少許影響力
完全競爭	1. 廠商數目眾多 2. 產品或服務具有同質性 3. 企業是價格的接受者，無法影響價格，只有正常利潤 4. 市場資訊完全公開 5. 進入與退出市場容易

4. **市場需求狀況**：基本上，可從市場需求的決定因素，以及需求的價格彈性兩個角度來分析市場需求。人口、購買力和購買慾望，會決定市場需求的規模，其中企業可以影響的因素是消費者的購買慾望，而產品價格、產品差異化、促銷、消費者偏好等影響消費者的購買慾望。影響產品需求價格彈性的主要因素有產品的可替代程度、產品對消費者的重要程度、購買者在該產品上支出在總支出中所占的比重、購買者轉換到替代品的轉換成本、購買者對商品的認知程度以及對產品互補品的使用狀況等。

5. **產業內的策略群體**。分析產業內所有主要競爭者的策略作為是產業分析的重要面向。一個策略群體是指某一個產業中在某一策略方面採用相同或相似策略的各企業形成的集合。策略群體分析有助於企業瞭解自己的相對策略地位，以及當企業策略變化可能造成的競爭性影響，使企業更好地瞭解策略群體間的競爭狀況、發現競爭者，瞭解各策略群體之間的「移動障礙」，瞭解策略群體內企業競爭的主要著眼點，預測市場變化和發現策略機會等。

6. **產業成功關鍵因素**：產業成功關鍵因素是企業要想在特定市場獲利，必須擁有的技能和資產。成功關鍵因素可能是一種價格優勢、一種資本結構、一種消費組合、或一種縱向一體化的產業結構。不同產業的成功關鍵因素存在很大差異，同時隨著「產品生命週期」的演變，產業成功關鍵因素也會發生變化，即使是同一產業中的各個企業，也可能對該產業成功關鍵因素有不同的側重。

4-2 內部核心能力分析：企業資源基礎理論

一、資源基礎觀點（RBV）與資源基礎理論（RBT）

資源基礎觀點（Resource-Based View，簡稱 RBV）認為企業之所以擁有長期競爭優勢，主要是其企業本身內部所擁有具策略價值性、獨特性、稀少性、差異性、難以模仿又不易移轉的資源。亦即資源基礎理論（Resource-Based Theory，簡稱 RBT）認為，每家企業所具備的有利於成功執行其策略的「資源」與「能力」是不同的，由於資源具有「異質性」與「僵固性」。當企業所擁有的資源具有價值性（Value）、稀少性（Rareness）、難以模仿性（Inimitability）與無可替代性（Non-Substitutability）時，便可以建立「持久性競爭優勢」。

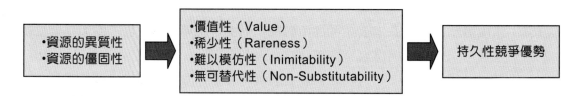

圖 4-6　持久性競爭優勢的來源

這種關鍵「資源」與「能力」涵蓋實體資源、聲譽資源、組織資源、財務資源、智慧資產與資源，以及技術資源。

二、資源

企業的資源（Resources）構成其競爭優勢（如圖 4-7），其包括：人力資源、組織資源、實體資源。而將這三種資源予以結合，可以提供企業一個持久性的競爭優勢（Sustained Competitive Advantages）。持久性競爭優勢指的是無法被競爭者完全複製，而且長期下可帶來高財務報酬的有價值策略。

1. **人力資源（Human Resources）**：企業員工的經驗、能力、知識、技能和判斷力。

2. **組織資源（Organizational Resources）**：企業的制度與方法，包括其策略、組織結構、組織文化、採購 / 原物料管理、生產 / 作業、財務、研發、行銷、資訊系統，以及控制系統等。

3. **實體資源**（Physical Resources）：廠房和設備、地理區位、原物料的取得、配銷通路，以及技術。

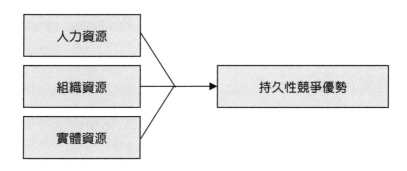

圖 4-7　利用企業「資源」取得持久性競爭優勢

4-3 動態能力理論與動態競爭

一、動態能力觀點與動態能力理論

「資源基礎觀點」認為累積資源可為企業帶來競爭力。然而，Teece et al. (1997) 認為當企業面對快速變動的環境時，由於競爭基礎同樣也在改變，因此「資源基礎觀點」受到挑戰，於是 Teece et al. (1997) 提出動態能力觀點（Dynamic Capabilities View，簡稱 DCV），企圖補足資源基礎觀點於動態環境的失靈，其認為企業若擁有動態能力，才能在渾沌不明的環境中，持續擁有競爭優勢。

動態能力觀點（DCV）主張在快速變動的環境中，企業持久的競爭優勢來自「辨識機會及威脅」、「掌握市場機會」與「增強、組合、保護、重組資產」，創造新競爭優勢的能力。

「動態能力」可分為動態（Dynamic）與能力（Capability）。其中「動態」是指組織能力的更新，以期能在不斷變化的市場環境中獲得平衡，因此，當未來競爭市場存在不確定性，回應市場的創新反應就成為主要的成功關鍵。「能力」是指企業適應、整合、重新配置組織內部及外部的技能、資源、能力，以符合市場變動的需求(Teece, Pisano, & Shuen, 1997)。

動態能力理論（Dynamic Capability Theory，簡稱 DCT）認為因應外部環境的變動，迅速配適企業的資產與組織結構的「能力」，也重視「路徑」相依的現象，強調從企業的過去歷史去形成動態能力演進。因此，動態能力可以從三個構面觀察，包括組織與管理的程序（Process），企業專屬資產的定位（Position）以及路徑（Path）。

1. **程序**：指企業本身組織與管理慣例（Routines），包含組織協調/整合、學習及配置/轉換的能力。

2. **定位**：指企業本身擁有的專屬性資產（Firm-specific Assets），這些專屬性的資產亦是形成企業競爭優勢的要素之一。

3. **路徑**：企業的營運軌跡可能會受到先前所做的決策或當時的技術機會所影響，進而形成最後的決定或採取的行動，其中包含（1）路徑相依（Path Independent）：現有定位會受過去的決策所影響，相對來說，現有的定位也會影響到未來的發展，因此，企業現有的定位會與過去的路徑及未來發展方向息息相關。（2）技術機會（Technological Opportunities）：企業過去的技術機會將影響日後在特定領域中產業行為的持續，競爭者之間的研發活動亦會衝擊彼此間技術機會的深度與廣度。

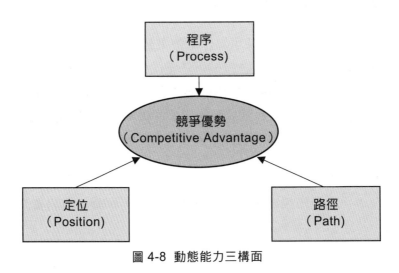

圖 4-8 動態能力三構面

二、VUCA 時代的市場「動態競爭」

VUCA 意指易變性（Volatility）、不確定性（Uncertainty）、複雜性（Complexity）、模糊性（Ambiguity），最早是由美國陸軍戰爭學院在 1990 年代所發展，後來在商業上被廣泛用來當作企業在面臨風險環境中運作的描述方式。

1. Volatility（**易變性**）：是由於改變的本質、速度以及大小無法預測所造成。

2. Uncertainty（**不確定性**）：是因缺乏相關知識，或無從預測到未來事件發生的走向而導致。

3. Complexity（**複雜性**）：某事物的行動結果，無法用簡單的分析來預測時所造成。

4. Ambiguity（**模糊性**）：意指事物狀況的關鍵特徵不明確，或有多種解讀。

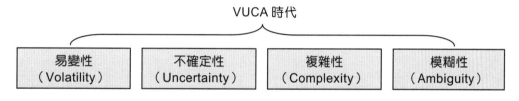

圖 4-9　VUCA 時代

　　傳統管理模式大多以「年」為單位調整策略，動態競爭可能需要每季（每 3 個月）調整一次。動態競爭之下的「組織敏捷性」就像是一台飛馳在路上的跑車，必須仰賴方向盤來調整方向，才能讓新策略、新方向快速反應到產品、行銷、人事、研發、財務、資訊等各個部門，而目標和關鍵成果（Objectives and Key Results，簡稱 OKR）就是這個方向盤。

　　訂定 OKR 的流程順序為「界定團隊範圍→訂定團隊任務→訂定里程碑（以三個月為單位的目標）→制定模式→訂定關鍵成果（Key Results）」。建議每個 OKR 目標要設定三至五個關鍵成果。

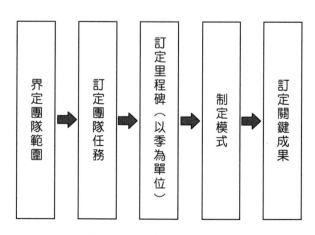

圖 4-10　訂定 OKR 的流程

三、動態競爭 4 部曲

第 1 部曲：識別競爭者 — 競爭對手分析

第 2 部曲：了解競爭者 — 競爭對手攻擊與還擊

第 3 部曲：降低競爭者對抗性

第 4 部曲：打造企業可持續發展

圖 4-11　動態競爭 4 部曲

1. **第 1 部曲**：識別競爭者 — 競爭對手分析。利用「市場共通性與資源相似性」（MC-RS）模型，找出所有潛在的競爭對手。市場共通性（Market Commonality）是你與競爭者呈現出的市場重疊程度。資源相似性（Resource Similarity）是你與競爭者擁有相似資源組合的相似程度。

2. **第 2 部曲**：了解競爭者 — 競爭對手攻擊與還擊。競爭對手是活的，利用「察覺、動機、能力」三個階段預測競爭對手動向，以預防競爭對手的回應，也可適當作出反擊。「察覺、動機、能力」是一連串連鎖反應，唯有競爭對手感受到威脅才會選擇反擊，因此期望透過策略分析與擬定，以掩人耳目的方式低調行動，一方面避免踩到競爭對手的地雷，同時又能達到我們想要的企業目的。

    (1) 察覺（Awareness）：指企業發現競爭對手的行動，並且洞悉這個行動的意義與影響。

    (2) 動機（Motivation）：指讓競爭對手想要反擊的動力或誘因。

    (3) 能力（Capability）：指對手反擊時需耗費的資源，這攸關一家企業的資源調度與決策程序。

3. **第 3 部曲**：降低競爭者對抗性。藉由深度了解競爭者，有助於判斷競爭者會採用何種競爭性行動（攻擊或是反擊），預測競爭者的攻擊與反擊對抗性強度有多大。如果能有效降低競爭對手的對抗性，企業就能在競爭中取得有利地位。

4. **第 4 部曲**：打造企業可持續發展。動態競爭理論認為，企業在任何一個階段的優勢都是暫時性的。企業只有在每一階段的競爭中，儘可能地獲得每一階段的競爭優勢，企業才能夠持續發展。一般來說，企業競爭優勢可持續的程度主要受兩方面因素影響，一是企業的競爭優勢會多快被模仿；二是模仿的成本有多大。為了保持長期競爭優勢，企業必須不斷地提高「模仿難度」和「模仿成本」，以打造企業可持續發展。

四、紅海與藍海

藍海（Blue Ocean）是指很少有競爭者進入的利基市場。藍海市場是不完全競爭的市場，由於進入者較少，對於產品價格，消費者無法做價格上的比較，品牌得以訂出遠較成本高出許多的售價，獲取高額利潤。品牌在藍海市場，需要不斷的產品創新，以產品差異化來吸引消費者，只要產品有足夠吸引力，品牌就能獲得良好的利潤。

很多創業專家都認為創業要有「藍海戰略」，鼓勵創業者擺脫紅海（Red Ocean），透過不斷創新產品找到屬於自己的藍海。但是現實上大部份新創企業很難長久地維持「藍海」，過不了多久，「藍海」很快就又變成「紅海」。

4-4 願景、使命、目標、目的

一、企業的願景

願景（Vision）是企業「所嚮往的前景」。簡單來說，企業的願景就是「企業未來會是什麼樣？」

90 年代初開始有許多傑出企業強調企業願景（Corporate Vision）的重要性。企業只有借重願景（所有人員共同向往的公司未來前景），才能有效的培育與鼓舞組織內部所有人員向著共同的目標發展與前進，因此企業願景的根本目的在於「吸引和激勵」組織人員。企業「願景」應該是一段簡單明確的，鼓舞人心的表述；用來明確表述企業在未來某個時點期望變成什麼樣子？

二、企業的使命

企業的使命（Mission）是針對企業其優勢與劣勢，以及外部環境之機會與威脅所做的一項分析。該分析的重點是使企業能為自己定位，以利用環境中的特定機會，並將環境的威脅予以規避或極小化。

企業是為了某個目的而創立的。雖然這個目的可能會隨著時間而改變。但是讓利害關係人（Stakeholders）瞭解企業存在的理由 —企業使命，是很重要的。通常，企業的使命會以一個正式且書面的使命聲明書（Mission Statement）來加以定義。此為定義廣泛但持久的目標聲明，說明組織的營運範疇，以及其對各種利害關係者的貢獻。一個成功的新創企業，必須能明確地指出它所依存的使命，同時這個使命目標還要夠遠夠大，絕不能只是單純地希望測試某項商品或某種想法而已。基本上，該使命必須能傳達某種意念，也就是企業該如何讓顧客與員工獲得更多價值。

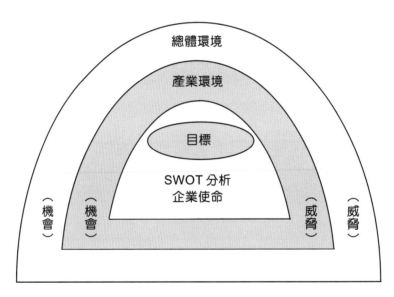

圖 4-12 分析企業使命

三、企業的目標與目的

企業使命（Mission）是企業存在的理由，而目標（Goals）則代表企業努力想達成的一般結果；目的（Objectives）通常是特定且量化的目標（如圖 4-13）。表面上，建立企業目標似乎是一個相當直接的過程。然而，實際上這個過程相當地複雜。各種利害關係人（Stakeholders）包括所有者（股東）、董事會成員、經理人、員工、供應

商、債權人、配銷商和顧客等,對企業都有不同的目標。而企業最後所達成的目標必須能平衡來自不同利害關係人的壓力,以確保每個團體都能繼續參與。

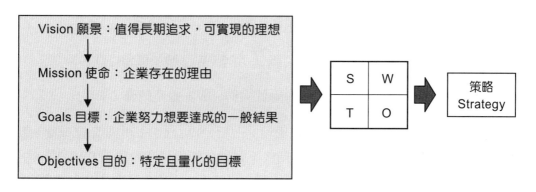

圖 4-13 企業的願景、使命、目標與目的

4-5 SWOT 分析與 3C 分析

一、SWOT 分析

SWOT 分析是優勢(Strength)、劣勢(Weakness)、機會(Opportunity)與威脅(Threat)四個英文單字的首字母縮寫,主要是用企業內部自身的「優勢(S)與劣勢(W)」,以及企業外部所處環境所面臨的「機會(O)與威脅(T)」。「優勢與劣勢」是企業所能掌控或改變,屬於企業內部的策略考量;而「機會與威脅」則是企業因應外在環境,需要調整的措施,企業無法自行改變外在環境,只能適者生存,自我調整。

	企業內部	企業外部
有利	優勢(Strength) 優於競爭者的資源、能力、條件	機會(Opportunity) 有利於公司發展的外在因素
不利	劣勢(Weakness) 劣於競爭者的資源、能力、條件	威脅(Threat) 不利於公司發展的外在因素

圖 4-14 SWOT 分析

利用 SWOT 交叉分析，可以得到如下四大策略思維：

1. **SO（優勢＋機會）**：思考如何運用優勢（S）針對外部機會（O）進行發展。

2. **ST（優勢＋威脅）**：思考如何運用優勢（S）避免或抵禦外在威脅（T）。

3. **WO（劣勢＋機會）**：思考如何降低劣勢（W）增加機會（O）。

4. **WT（劣勢＋威脅）**：思考如何降低劣勢（W）避免威脅（T）。

定期更新 SWOT 分析。隨著內外在環境的改變，SWOT 分析也要隨之改變。因此，SWOT 分析並不是一次性的工作，應定期或不定期重新探討四大象項 SWOT 的內外在環境變化，並將新的 SWOT 分析結果與相關人員分享，以確保所有人都明白新的執行方向和執行目標。

二、VRIO 分析

VRIO 是價值性（Value）、稀有性（Rarity）、可模仿性（Imitability）和組織性（Organization）的首字母縮寫詞。VRIO 分析是一種分析企業內部環境和能力的策略規劃工具。使創業者更容易了解其公司的優勢和劣勢，幫助創業者改善公司內部缺點或劣勢。VRIO 分析是在 SWOT 分析的基礎上，進一步探究企業內部資源與能力的分析模型。

資源基礎觀點（RBV）認為，一家企業是否能保有競爭優勢，取決該企業所擁有的「資源」，以及運用該資源的能力。而分析企業「資源」和運用該資源之「能力」的方法，就是「VRIO 分析」。

VRIO 分析依循 VRIO 順序，針對每項「資源與能力」蒐集資料並加以評分：

1. **價值性（V）**：擁有這項資源是否就能回應外部「機會」？是否就能避免外部「威脅」？是否就能削弱競爭對手的優勢？

2. **稀有性（R）**：擁有此項資源或能善加運用這項資源的企業是否很少？

3. **不可模仿性（I）**：競爭對手若想模仿這項資源，是否相當不易？

4. **組織性（O）**：是否具備有效運用這項資源的體制（組織結構、規範、制度、運用流程等）？

三、3C 分析

3C 分析是一種常見的市場分析方法，3C 代表三個 C，分別是消費者（Customer）、公司（Company）、競爭者（Competitor）。3C 分析對消費者、公司、競爭者進行深入分析，此分析法有助於了解與掌握整體市場的概況，也能協助更有效地制定企業經營策略與行銷策略。

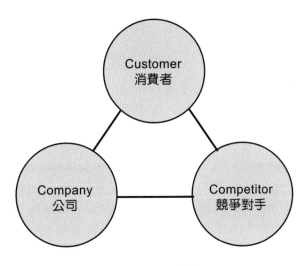

圖 4-15　3C 分析

（一）Customer（消費者分析）

消費者分析主要分析消費者的需求與行為，以了解消費者的購買動機、購買流程、影響購買的關鍵因素等，只要是與消費者相關的研究都算消費者分析。消費者分析涵蓋的範圍很廣，主要包含：

1. **個人因素**：人格特質、生活方式/型態、價值觀、興趣、習慣、關注的議題、喜歡的事物等。

2. **購買因素**：購買動機、購買流程、影響購買的關鍵要素、購買的地點等。

3. **行為因素**：使用時機、使用習慣等。

4. **地理因素**：居住地、城市、國家等。

5. **人口因素**：年齡、家庭組成、性別、職業等。

收集好消費者的相關數據，就可藉由「顧客旅程地圖」或使用人物誌（Persona）來進行描繪。

（二）Company（公司分析）

進行公司分析的時候，可以利用 SWOT 分析、產品與服務分析、品牌定位分析等分析工具進行分析。

1. **SWOT 分析**：可利用其分析公司的內在優勢與弱勢、以及外在環境的機會與威脅。

2. **產品與服務分析**：主要分析產品與服務的優劣勢、產品與服務的定位、價格策略、推廣策略（促銷策略）和通路策略等。

3. **品牌定位分析**：主要分析公司的品牌形象、品牌知名度、品牌認知度、品牌市場占有率等以綜合評估公司品牌在市場上的地位。

此外，也可利用麥肯錫 7S 模型（McKinsey 7S Framework）進行企業分析。「麥肯錫 7S 模型」為新創企業之經營管理畫出重點，也就是藉由 7 個經營要素，讓你了解企業在經營什麼，應該管理什麼。當創業發生問題時，可以從中找到突破的途徑。「麥肯錫 7S 模型」認為，企業有三種硬性資源：策略（Strategy）、公司制度（System）、組織結構（Structure），以及四種軟性資源：企業共同價值觀（Shared Value）、技能（Skill）、管理風格（Style）、人員（Staff），「麥肯錫 7S 模型」就是以這七種企業資源為基礎，思考最適合該企業的發展策略及組織營運方針。

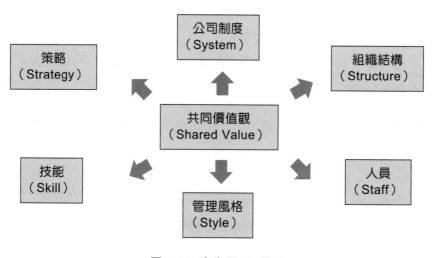

圖 4-16 麥肯錫 7S 模型

1. **策略**：根據外部環境的機會與威脅，內部環境的企業優勢與劣勢，利用 SWOT 分析，制定出可實現的企業目標與達成方法。

2. **組織結構**：企業組織結構必須有利於企業策略的執行，包括職位、職能、協調關係等的運作。

3. **人員**：員工的素質與技能高低，決定策略執行最終能否成功。

4. **技能**：員工執行策略時，需要具有專業技能，而強化技能要依靠培訓。

5. **公司制度**：包括企業營運所需要的資訊系統、營運計劃、預算管理、決策方式、新人錄用、人事考核、薪資福利、人才養成…等。

6. **管理風格**：決策風格（由上而下或由上而下）、公司風氣（革新或保守）、潛規則、傳統…等。

7. **共同價值觀**：全體員工共有的企業價值觀、組織文化、理念、願景、目標，以及從事業務活動時最看重的價值觀等。

（三）Competitor（競爭對手分析）

知己知彼，百戰百勝，市場上通常不會只有你一家在做生意。掌握競爭者的競爭動態，能幫助企業更好的因應。通常在進行競爭者分析時，主要針對兩大層面，一是公司經營層面，另一是行銷組合 4P 層面。

1. **公司經營層面**：主要分析競爭對手的企業文化、經營理念、生產策略、行銷與銷售策略、人力資源管理、研發策略、財務運管、資訊科技應用等。

2. **行銷組合 4P 層面**：主要分析競爭對手的「產品和服務」優劣勢、「產品和服務」定位、價格策略、推廣策略（促銷策略）、通路策略等。

在新創產品與服務的競爭力比較方面，應注意以下四點：

1. **市場地位**：即將開發與生產出來的新創產品在市場中的地位到底有多大，是否可以排在前三大或根本不值得生產，歷史經典案例 VHS 與 Beta 兩種錄放影機系統，雖然新力公司的 Beta 系統品質較佳，但參加的聯盟廠商較少，結果市場最後反而為 VHS 所佔有。

2. **新創產品與服務的優劣勢比較**：產品的好壞，一般而言有時高品質的產品，應較容易銷售，但價格若高出太多，銷售可能欲振乏力。有時產品或服務的品質優劣以外，價格仍然有很大的影響力。

3. **技術比較**：好的技術理論上應有較佳的競爭力，但生產規模太小時，它的生產成本仍然偏高，獲利可能相對較低，除非品牌已在市場上建立起很強的商譽，有很大的價格差異化能力，才可能提高價格與提昇獲利率。

4. **他人評價**：一般而言，同業人士、專業人士或網路其他用戶的評價，會間接影響消費者的判斷力，也會進而影響產品與服務的競爭力。

4-6 創業管理解決力：問題分析與對策研擬

解決力是創業者面對新創公司大小問題的解決能力。常用的問題解決工具有腦力激盪（Brainstorming）、親和圖（Affinity Diagram）、柏拉圖（Pareto Chart）、魚骨圖（Fishbone Diagram）等。

運用腦力激盪+魚骨圖思考問題，解決問題時，會先進行團隊腦力激盪，找出導致問題發生的所有可能原因，然後再將各因素進行分類、整理，在魚骨圖的骨幹填入最主要原因，再填入次要因素，把因果關係層層爬梳出來。

一、腦力激盪

1938 年美國 BBDO 廣告公司創始人奧斯朋（A.F.Osborn）首創「腦力激盪」（Brainstorming），其主張討論群體的人數不宜太多人也不宜太少人，最適當的討論群體人數為六到十二人，透過面對面圍成圈的方式討論議題，以及集思廣議找出解決問題的方法。

大多數的腦力激盪技巧包括四個步驟：

步驟 1：成員先自由提出想法。

步驟 2：從中擷取想法。

步驟 3：討論、評議優化想法。

步驟 4：擇欲執行的想法。

二、親和圖／KJ 法

親和圖（Affinity Diagram）又稱為 KJ 法，是由日本川喜田二郎（Jiro Kawakita）博士於 1953 年所提出。親和圖主要針對大量想法進行整理，將類似的想法歸為同一類，以利進一步的分析，進而找到對策。親和圖常用在腦力激盪法之後，用來整理龐大、無章的眾多想法，最後收斂到少數幾個可行的方案。

親和圖把討論群體的不同意見或想法，不加取捨與選擇，統統蒐集起來，利用這些語言文字資料間的相互關係，予以歸類整理，從復雜的脈絡中整理出思路，找出解決問題的途徑。

三、柏拉圖

柏拉圖（Pareto Chart）是基於 80/20 法則繪製而成，用於快速識別關鍵因素，及早掌握與排除問題。其認為集中火力處理主要問題的成因，只要解決掉 20%的主要問題成因，就可以解決掉 80%的問題。

四、魚骨圖：魚頭向右找原因、魚頭向左找對策

當創業者面臨銷售衰退，顧客滿意度下滑，產品良率變低…等各項經營管理問題，你需要「魚骨圖」找出原因與解決方法。

魚骨圖（Fishbone Diagram）是 1956 年日本管理學家石川馨（Kaoru Ishikawa）為創建船廠品管流程所發想的管理工具，又稱為石川圖、要因分析圖。通常規定魚頭向右是用來找問題原因，魚頭向左是用來找對策方法。因此實務上會有 2 張魚骨圖產生，魚頭向右魚骨圖找原因、魚頭向左魚骨圖找對策，才是完整的魚骨圖分析工作。

繪製魚骨圖有五大步驟：

步驟 1：鎖定問題，蒐集原因。

步驟 2：召開腦力激盪會議，集思廣益。

步驟 3：提出原因，數據佐證。

步驟 4：深度分析，找出細節（小魚刺）。

步驟 5：反轉魚骨圖，制定對策。

五、麥肯錫邏輯樹分析法

邏輯樹（Logical Tree Diagram）是由麥肯錫管理顧問公司（McKinsey & Company）所提出，可幫助創業者分解問題。邏輯樹分析七大步驟：

1. **定義問題**：要聰明地定義問題，才有可能會有明確的答案。檢驗問題是否夠清楚：定義明確，不籠統，能夠清楚地衡量成功與否，定義有時間範圍，符合決策者的價值觀，涉及明確行動。

2. **分解問題**：使用邏輯樹把「大問題」拆解成數個「子問題」，拆解時要依據各種經濟學或科學的基礎。

3. **排序「子問題」，修剪邏輯樹**：將「子問題」對整體的影響力進行排序，找出解決問題 CP 值最高的關鍵路徑（Critical Path），順便排除效益不高的「子問題」。

4. **建立工作計畫與時間表**：解決問題需要時間與人力資源（工作團隊），就需要好好建立工作計畫與時間表，進行專案管理。

5. **進行重要分析**：蒐集資料並進行分析，通常是流程中最大的步驟。為了速度與簡明扼要，可先用簡單的捷思法或經驗法則，快速對「子問題」的每個部分獲得大致了解，幫助先行判斷「子問題」狀況，評估優先順序與決定優先順序。再來決定是否要進一步使用更複雜的分析方法，例如迴歸分析、賽局理論、蒙地卡羅模擬（Monte Carlo Simulation）、機器學習等。

6. **把分析獲得的發現統合起來**：將分析完的「子問題」結果歸納起來，組成一個邏輯結構，檢驗有效性。

7. **進行有說服力的溝通**：找出問題的分析結果後，要讓利害關係人瞭解問題與結果之間的脈絡，這就需要良好的溝通。

這七大步驟是一個迭代而非線性的過程，每一個迭代階段都可以更瞭解問題，可用來修正先前的解答。

六、8D 問題解決法

根據維基百科描述，8D 問題解決法（Eight Disciplines Problem Solving）又稱為「團隊導向問題解決方法」。8D 問題解決法先由美國國防部在 1974 年創立，在 1986~1987 年被福特汽車公司用以解決品質問題，後來也被製造業及電子科技業廣為使用，作為改善品質的分析工具。

8D 問題解決法的目的是識別出一再出現的問題，並且矯正及消除此問題。8D 問題解決法可分為八大步驟：

1. **選定**：選定主題與建立團隊。

2. **問題**：描述問題與掌握現況。用可以量化的何人（Who）、何物（What）、何地（Where）、何時（When）、為何（Why）、如何（How）及多少錢（How much）（5W2H）來識別及定義問題。

3. **防堵**：執行及驗證時防堵措施。

4. **真因**：列出、選定及驗證真因。

5. **對策**：列出、選定及驗證永久對策。

6. **執行**：執行永久對策及確認效果。

7. **預防**：預防再犯及標準化。

8. **反省**：反省及規劃未來。

最早 8D 問題解決法分為八個步驟，但後來又加入了一個計劃的步驟 D0。步驟 D0 準備及緊急應對措施：針對要解決的問題，確認是否要用到 8D 問題解決法，並決定先決條件，也要提供緊急應對措施。

4-7 管理工具

一、PDCA 管理工具

許多新創事業都用 PDCA 來進行管理。PDCA 循環，又稱「戴明循環」。PDCA 循環是一種循環式品質管理流程，藉由不斷重覆「計畫（Plan）→執行（Do）→檢查（Check）→行動（Act）」四個階段，持續改善業務的方法。

PDCA 的執行重點在檢核出錯誤，進行矯正，不斷改善，絕不要認為計畫執行完畢，問題就會被解決。永遠會有新的問題，需要被改善。

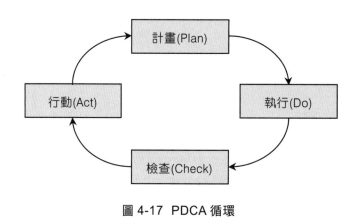

圖 4-17 PDCA 循環

二、SOP 標準化管理

標準作業程序（Standard Operation Procedure，簡稱 SOP）的建立已成為新創事業經營初期，奠定營運基礎的基本功，針對每項作業流程進行分析與拆解，以圖示、文字或表單方式做為作業流程執行的指導準則，如此有助於新創團隊成員在執行同一項特定任務時遵循一致性的步驟和程序，有助於降低人為失誤，更能確保產品與服務的品質穩定，達到最佳的營運效率與效能。

建立 SOP 是為了避免犯錯、加速新進員工熟悉了解作業程序。對新創來說，創新是特色，因此許多步驟、方法或作業程序都前無古人，因此想套用前人的 SOP 往往無跡可尋。當創業者還無法掌握最佳 SOP 時，心態上應保持開放，犯錯是最好的學習，透過一次次的抓錯除錯不斷精進，確實記錄分析錯誤原因並進行改善，就有機會建立更完善的 SOP。

建立 SOP 的重要觀念：

SOP 重要觀念 1：「標準化」的意思是要能夠被衡量。

SOP 重要觀念 2：每個環節都需建立「檢查點」（QC），隨時能被查核。

三、SO 平衡計分卡

平衡計分卡（Balanced Score Card，簡稱 BSC）可作為新創事業經營績效的管理工具，它可以將公司的願景與策略轉化為可衡量的目標和行動，幫助公司及各部門找到自己應該努力的方向。平衡計分卡由四個構面組成：顧客、財務、內部流程、學習與成長。

SO 計分卡是「SO + 平衡計分卡」。S 是指公司與競爭者相比做得更好的強項與長期累積起來的優勢（Strength）。O 為外部環境的機會（Opportunity），隨著科技的進步，顧客的喜好更為多元，任何時刻和地點都可能出現新的商機。創業者可以平衡計分卡（Balanced Scorecard）的四個構面切入，分析公司的內部優勢「S」和外部機會「O」，想出新創策略或創新營運模式：

1. **顧客**：站在目標客群的立場思考，我們公司提供的產品或服務，是否比其他競爭者更符合顧客的需求？（在顧客面我們公司有什麼「優勢」？）同時評估潛在市場及潛在客群的新「機會」為何？

2. **財務**：比較我們公司與競爭者的財務表現，包含毛利率、利潤率、營收規模，找到公司的財務面或經濟面「優勢」；同時評估從外部環境取得財務新資源的「機會」為何？

3. **內部流程**：檢視公司的標準作業程序（SOP）、價值鏈、供應鏈、顧客鏈、生態系和競爭者相比有何「優勢」？在外部環境趨勢下，公司能善用哪些「機會」，開發出新產品或服務，帶給更多顧客價值？

4. **學習與成長**：比對公司與競爭企業的員工素質及能力，比如說員工的生產力、適應力，從中找出本公司的人力資源「優勢」。關注外部環境中的產業環境有哪些新科技或新趨勢，能幫助公司開發新的「機會」。

筆記欄

商業生態系創新：
價值鏈、用戶鏈、產業鏈

「商業生態系」成為企業競爭最熱門關鍵詞

商業生態系（Business Ecosystem）是最複雜的商業模式，成功率低只有 15%。蘋果、亞馬遜、阿里巴巴、台積電都是靠著建立「商業生態系」成為世界級巨人。商業生態系是一種動態組成，應用在產業面，各企業間基於共同理念或信仰，藉由交換價值而演化共生，其並沒有固定的組成與規範。隨著時間、環境不同，商業生態系會變化、調整。

1993 年美國學者詹姆斯・摩爾（James F. Moore）提出「商業生態系」的定義，不要把企業視為單一產業的一員，而要視為橫跨多種產業的商業生態系成員；企業圍繞著「創意」（想法或點子）與「創新」（產品或服務），在一個商業生態系統內，共同演化出各項能力。這就好像一個人很難離群索居，企業也是一樣，唯有成為商業生態系的一員，比較能夠長久存活。

詹姆斯・摩爾認為過去產業（Industry）的觀念應改以「商業生態系」取代，現代許多經濟活動，都已不是在單一產業下進行，而是跨產業運作；是由生產商（價值鏈）、消費者（用戶鏈）、供應商（產業鏈）、投資者和其他利害關係人（Stakeholder）等經濟個體所形成的一種經濟聯盟，在商業生態系統中，所有參與者扮演不同的角色，並透過互動以促進生態系統的發展。唯有多物種、互補、共生、共享價值與利益、彼此協作、開放與動態演化，才能讓商業生態系的成員更加茁壯。

創業有三個主要的利害關係人，即顧客、經營者和供應商三方面，其分別對應涉及用戶鏈、價值鏈、產業鏈。

商業模式是由三鏈（價值鏈、用戶鏈、產業鏈）所組成。判斷商業模式優劣的基本標準就是三鏈的優劣，而三鏈的優劣直接決定價值創造的過程與結果。凡是不能形成高效的三鏈組合並創造顧客價值的商業模式一定是偽商業模式。商業模式的創新必須以三鏈優化為目標，根據資源與環境的變化不斷調整。與之相對應，商業模式自身的不斷創新，也會在執行過程中不斷趨向成熟。

要有一定規模的用戶群體（足夠多到養得起你這家公司的規模），才有機會琢磨商業模式。也就是說，要圍繞顧客價值來創造商業模式，而不是相反，先有商業模式，再去找目標客群。「用戶鏈」創新就是在優化或強化顧客價值與顧客體驗。無論如何都繞不掉「用戶」（顧客）的，總要有人買單，若找不到人買單，就無法創造顧客價值，任何商業模式創新都只是假象，是偽商業模式。「價值鏈」創新是在優化或強化「價值鏈」，「產業鏈/供應鏈」創新在優化或強化「價值體系」。

5-1 價值鏈管理

一、價值鏈

波特指出企業要發展獨特的競爭優勢，要為其商品及服務創造更高附加價值，整個流程是一系列增值的過程，而此一連串的增值流程，就是價值鏈（Value Chain）。波特（Michael Porter）1985 年在《競爭優勢》一書中提出「價值鏈」的概念。波特指出若一企業要發展其獨特競爭優勢，或是為股東創造更高附加價值，策略即是將企業的經營模式（流程）解構成一系列的價值創造過程，而此價值流程的連結即是價值鏈。波特指出一般企業的共通價值鏈如圖 5-1，主要分成的分別為主要活動（Primary Activities）與支援活動（Support Activities）兩類。

1. **主要活動**：為企業主要的生產與銷售程序，包括原物料後勤（Inbound Logistics）、生產製造（Operations）、配送後勤（Outbound Logistics）、行銷與銷售（Marketing and Sales）、顧客服務與支援（Customer Service & Support）。

2. 支援活動：為企業支援主要營運活動的其他企業運作環節，包括企業基礎建設（The Infrastructure of The Firm）、人力資源管理（Human Resources Management）、技術發展（Technology Development）與採購作業（Procurement）等。

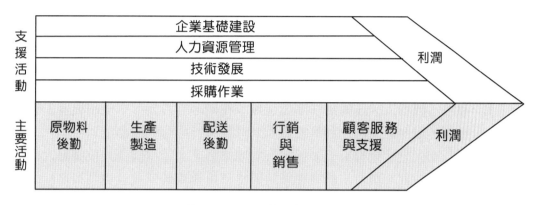

圖 5-1　Porter 的價值鏈

二、價值鏈管理（VCM）

基本上，價值鏈管理（Value Chain Management，簡稱 VCM）包括顧客的期望、產品設計與開發、原物料採購、生產、行銷與銷售、顧客服務與支援等流程（商流、物流、金流、資訊流），如圖 5-2。

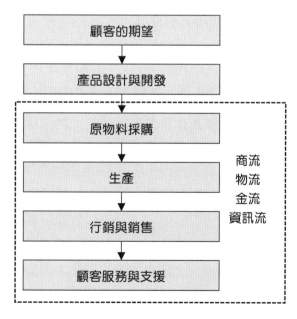

圖 5-2　價值鏈管理的流程

三、供應鏈管理（SCM）

供應鏈管理（Supply Chain Management，簡稱 SCM）是波特（Michael Porter）於 1985 年所提出，是指從原物料採購到最終產品交付，整個與產品或服務相關流程（商流、物流、金流、資訊流）的管理，這包尋找原物料來源、生產、倉儲、出貨、配銷等流程。SCM 的目標在於提升效能、效率、品質、生產力和顧客滿意度等。

四、供應鏈創新大趨勢

1. **利用「機器人」技術加快商業運作**：在產品製造流程中使用機器人已經有數十年，現今逐漸延伸利用於倉庫、訂單履行中心和商品配送中心。人力成本上升和人力短缺帶來更多機器人的商業需求，運用機器人技術可大幅加快訂單履行速度，讓員工能有更多時間從事重複性較低並且更具策略性的工作。此外，協作機器人的運用也是一項重要的供應鏈創新。在 AI 和機器學習的幫助下，協作機器人變得更加精密，可以與人類員工一起安全地揀選和打包訂單，引導完成工作、舉起重物，並從廣闊的倉庫走道中取出產品。現今供應鏈的協作機器人不僅能提高生產力，還可節省成本、減少人為錯誤，並使工作場所更加安全。

2. **利用「AI」和「進階分析」做出資料驅動的決策**：AI 與進階分析等資料科學技術促進供應鏈創新。在複雜供應鏈的每個節點，都有大量資料點可供收集。加上 AI 和進階分析運用，可理解這些大數據，以便供應鏈使用者快速做出資料驅動的決策，提前因應中斷情況並提高獲利能力，以發揮最大利用。例如，這類型的供應鏈創新可幫助企業在預期到高需求時期主動調高庫存量，或者在自然災害發生後修訂運輸計劃。加上「資料視覺化工具」，將 AI 衍生的大數據濃縮成人類易於閱讀的圖形或圖表，減少員工解讀的時間。

3. **利用「供應鏈自動化」提高作業效率與效能**：供應鏈自動化將耗時且容易出錯的工作從員工手中解放出來，並更準確地執行。例如，供應鏈自動化程序可從訂購單中取得相關資料來自動填入發票、向客戶傳送訂單確認和追蹤資訊、計算最具成本效益的運輸路線和承運人，或者向員工發出庫存不足補貨通知提醒。

4. **利用「模組化可組合 IT」系統**：可組合性是一種新興的供應鏈創新技術，涉及使用模組化的「建置組塊」軟體來連接系統之間的資料，可整合過去不相連的系統，以提高供應鏈和營運的可見度。它不需要更換日常使用的軟體，就能輔助了解供應鏈營運全貌的一種具成本效益模式。

5. 利用「物聯網」（IoT）裝置收集供應鏈每個節點數據：Wi-Fi 和藍牙使物聯網裝置成為重要的供應鏈創新工具。物聯網裝置可即時追蹤貨物的位置和狀況、天氣和交通等資訊，以監視資產和資源，並主動緩解問題。

6. 利用「數位供應鏈分身」（Supply Chain Digital Twin）和「供應鏈控制塔」（Supply Chain Control Tower）來探索假設狀況：越來越多企業正在將數位分身新增到他們的供應鏈創新資源中。數位供應鏈分身是一個虛擬環境，可從實際供應鏈中提取資料，以便執行模擬以改進決策。數位供應鏈分身有助於找到提高生產力的方法，同時也找到快速、經濟的解決方案來因應挑戰。控制塔是彙集關鍵資料、計量和事件的儀表板，提供即時、端對端的可見度。控制塔這項供應鏈創新可簡化和保護物流、供應鏈協調、庫存和訂單履行等方面的營運。控制塔還能產生有助於處理假設情境的見解。

7. 利用「區塊鏈」（Block Chain）記錄貨物交換：區塊鏈建立不可更改的交易記錄。它可以使商品交換成為一個更值得信賴的過程。在供應鏈創新中使用區塊鏈技術，可提高貨物和原物料的來源和旅程的透明度，而買方也能追蹤所購商品的來源。

8. 利用「邊緣運算」（Edge Computing）更貼近當地：邊緣運算將數據運算移至更靠近數據產生的位置，有助於縮短作業時間及節省作業成本。邊緣運算將儲存、處理與分析這類資料功能，從雲端移至邊緣，拉近與資料產生位置的距離，這樣能提高速度並減少延遲、改善減少網路流量、提高可靠性、也提高安全性。

五、工業 4.0 時代與智慧製造

維基百科定義，工業 4.0（Industry 4.0）又稱生產力 4.0，或第四次工業革命，是德國政府提出的高科技計劃，2013 年德國聯邦教育及研究部和聯邦經濟及科技部將其納入《高技術戰略 2020》的十大未來專案，投資預計達 2 億歐元，用來提昇製造業的電腦化、數位化和智慧化。工業 4.0 的目標是想要整合現有的製造資源、銷售流程、大數據，建立能夠快速反應市場需求、精準生產、減少成本浪費、跨領域合作的製造產業。

綜觀工業歷史，從工業 1.0 以蒸氣為主要動力，出現機械代替勞力；工業 2.0 以電氣為主要動力，進入電氣化時代；工業 3.0 以電腦協助人力製造，進入數位控制時代；到了工業 4.0，則是以「智慧製造」為革命起點，進入智慧科技時代。

「智慧製造」是將物聯網、數位化工廠、雲端服務、資通訊（ICT）等技術緊密結合，創造虛實整合的製造環境，徹底改變一直以來的製造思維。工業 4.0 的價值是利用物聯網、感測技術連結萬物，機械與機械、機械與人之間可以相互溝通，將傳統生產方式轉為高度客製化、智慧化、服務化的商業模式，可以快速製造少量多樣的商品與服務，以因應快速變化的市場。

5-2 價值體系

一、價值體系：供應鏈+自身價值鏈+通路鏈+用戶鏈

將新創企業自身所處的產業環節連結起來，即形成所謂的「價值體系」（Value System），包括供應商價值鏈（供應鏈）、企業自身價值鏈、通路價值鏈（通路鏈）與顧客價值鏈（用戶鏈）等。價值體系的概念對於產業鏈的瞭解與分析提供重要意義，因為價值鏈的思考給了企業對於其所屬產業鏈的整體面貌一個具體的思考方向，因此企業整體運作模式均可一一與產業活動建立起來。價值體系除了可作為策略定位選擇的依據外，也可以幫助改善價值的加值流程，甚至進行流程改造。

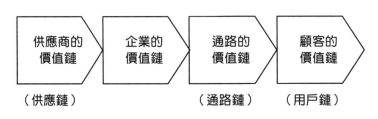

圖 5-3 價值體系（Value System）

根據波特的競爭優勢分析下，形成兩大競爭策略，一是採取成本優勢（Cost Advantage）策略或是採取差異化（Differentiation）策略，其中「成本優勢」策略就是在每一價值系統的加值環節中，盡可能降低成本，而「差異化」策略就是利用價值系統創造價值加值的差異。

網際網路的出現對傳統的產業價值體系（Value System）產生了三種影響，分別為產業價值體系縮短、產業價值體系重新定義與產業價值體系虛擬化。

二、產業價值體系縮短

　　網際網路可能將原有的產業價值體系縮短，製造商可以跳過原有中間商價值體系的層級，比以前更接近顧客。例如，戴爾電腦採用網路直接銷售模式，跳過傳統產業價值體系中的通路中間商機構，直接對顧客進行行銷與銷售活動，如圖 5-4。

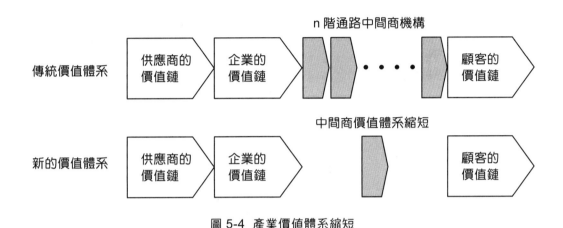

圖 5-4　產業價值體系縮短

三、產業價值體系重新定義

　　產業價值體系重新定義會形成網路中間商的產生，並建構成為新的產業價值鏈的一部分，其對資訊不對稱性及交易成本的降低有很大的幫助。例如亞馬遜網路書店的出現取代了傳統書店，相較於傳統書店，網路書店少了許多店面及人事成本，並可利用網際網路無國界無地域性的特性，擴大其行銷與銷售範圍，有效減少營運成本。換句話說，網際網路興起後，當傳統的通路中間商會被新的網際網路中間商所淘汰，於是產業價值體系重新定義，如圖 5-5。

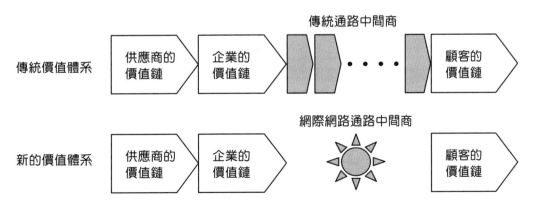

圖 5-5　產業價值體系重新定義

四、產業價值體系虛擬化

網際網路促使價值鏈虛擬化，當供應商的價值鏈虛擬化、企業本身的價值鏈虛擬化、網路通路中間商重新定義、顧客的價值鏈虛擬化，將會進一步促使整個產業價值體系的虛擬化，如圖 5-6。

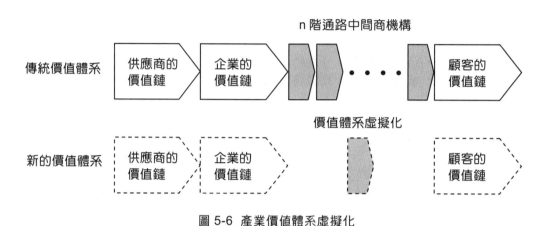

圖 5-6 產業價值體系虛擬化

五、產業價值鏈四種加值模式：瓦解、壓縮、強化、整合

供應鏈無法獨立成事，一定要透過外部許多供應商夥伴才能建置完成產業價值鏈。而在這條供應鏈上，任何一個重要的供應商夥伴也會構組出自己的供應價值鏈，就這樣供應鏈之間彼此相扣，形成了更大的供應鏈，整個供應鏈就是一個供應鏈生態關係。

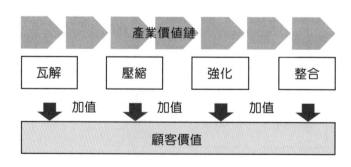

圖 5-7 產業價值四種加值模式：瓦解、壓縮、強化、整合

顧客價值的加價必須與其他外部夥伴共同協同合作才能做大，而外包與承包都有可能會成為運用四種價值加值模式（瓦解、壓縮、強化、整合）的契機，例如台積電因全球晶圓製造外包中獲益並因此而崛起。

供應鏈的形成是來自於「外部採購」，然而當外部採購結束，供應鏈也可能解體或重組。因此，從價值加值的角度來看，企業必須認清自己在價值加值鏈中的定位，集中全公司的資源力量於價值加值最有利的位置，並要求外部夥伴為其分攤其他的加值工作任務，這些都是採取外部採購夥伴做為協同參與製造的關鍵做法；換句話說，價值鏈的瓦解與重組是必然的，但若要避免自己賴以生存的價值鏈崩塌，並不是去與價值鏈的瓦解與重組對抗，而是與之共生，只須將自身最重要的「策略控制點」緊握在手就好，善用外部合作夥伴並找出最佳共生模式才是良謀。

耐吉（NIKE）是秉持外部採購理念的典範，NIKE 幾乎全部的生產製造活動都委外，像是台灣的寶成與豐泰便是 NIKE 最主要的代工廠；NIKE 擁有並牢牢掌握住一些關鍵性的技術與特有價值——主要是在研發設計、品牌與市場行銷等方面——但自己並未擁有生產運動鞋的工廠，而得以讓 NIKE 將財務資本與智慧資本轉移到其他更有價值的用途上。但是，價值加值模式必須緊扣住最重要的「策略控制點」，不能委託給外部採購夥伴，舉例來說，NIKE 若是將產品研發設計、品牌與市場行銷委外，就不再是 NIKE 了。

六、長鞭效應

1961 年 J. Forrester 在 Industrial Dynamics 中提出長鞭效應（Bullwhip Effect）的概念。長鞭效應是對需求訊息扭曲在供應鏈中傳遞的一種形象的描述。這有點像是玩傳話遊戲時，一句話從第一個人傳到最後一人，結果往往跟原題大相逕庭。當這種現象發生在產業供應鏈時，就稱為「長鞭效應」。

當顧客對於產品需求有小幅變化時，便如漣漪般的向上游擴大振幅傳遞，但因缺乏同步協調，造成生產方的「供應」未能配合顧客戶的「需求」幅度變化，造成供應鏈存貨堆置、延遲或缺貨的現象。

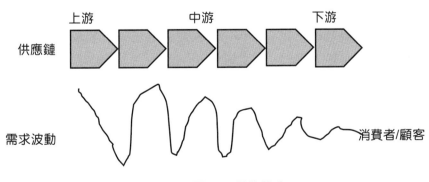

圖 5-8　長鞭效應

5-3 生態系競爭

當 SWOT 分析的「機會」與「威脅」都不再依循傳統產業界限，而是跨業跨界而來，或橫空出現，曾經備受推崇的全球影像龍頭企業柯達 2012 年宣布破產，其真正的原因並不只是錯失了數位轉型的機會，而是它完全感知不到生態系改變帶來的徹底顛覆！產業崩解、生態系重組，是現代所有企業都會面臨的挑戰，不論曾經公司規模多大、公司市佔率多高！

傳統產業競爭是供應鏈的線性整合模式，生態系競爭是跨域跨業非線性價值創造模式。傳統產業競爭與生態系競爭是不同的概念，不同的價值主張創造方式，請打破從既有產業競爭對價值鏈、供應鏈、資源與能力分析的思維，要改以生態系競爭的角度重新思考。

一、生態系的定義

美國策略學教授艾德納定義，生態系（Ecosystem）是「合作夥伴」透過「價值結構」相互作用，向「終端客戶」傳遞「價值主張」。

生態系底層思維，1.任何企業都無法孤軍奮戰；2.無法一步到位建立生態系（逐步到位）。

二、生態系結構的價值元素

艾德納（Adner）以超越技術、組織、產業視角的限制，提出了解生態系價值結構的分析層次：

1. **終端客戶**：你對目標顧客的洞察力是你創新之旅的起點。想清楚誰是你的「終端客戶」這是最基本的。Airbnb 的終端客戶是租戶還是屋主？Uber 的終端客戶是乘客還是司機？電商的終端客戶是消費者還是商家？清楚知道自己的終端客戶是誰，才能有明確的生態系策略。

2. **價值主張**：目標顧客內心真正想要得到的利益或好處。大多數企業價值主張的最大問題通常不是「沒有」價值主張，而是「價值主張」與後續的「價值活動」脫鉤。

3. **價值結構**：是你公司對價值元素的安排方式。公司確立「價值主張」後，下一步是拆解構成價值主張的基本單位：「價值元素」。例如，一個影音串流服務最基本的價值元素至少有三，分別是內容、搜尋、聆聽。「價值結構」就是將「價值元素」之間關係排定順序與關聯。

4. **價值活動**：你和你的生態系合作夥伴為傳遞價值主張而部署的任務、能力和技術。

三、生態系的核心：合作夥伴

只有「價值主張」、「價值結構」、「價值活動」算不上「生態系」，要有第四個關鍵概念「合作夥伴」出現，融入當中才會形成「生態系」。沒有一門生意能完全沒有合作夥伴，甚至在「價值結構」中，一些「價值元素」之所以能實現，靠著是合作夥伴所貢獻的「價值活動」。

艾德納認為當代企業必須擺脫傳統產業分析的框架、不能只用「產業五力分析」等工具來辨識競爭者與替代者，而必須用「生態系」的框架「終端客戶、價值主張、價值結構/價值元素、價值活動、合作夥伴」來制定競爭策略。

注意，生態系分析框架是靜態的，但商業活動是動態的，且這些動態都與下一次的競爭有關。

四、生態系的防禦策略

如何防禦其他企業挑戰自己的生態系，艾德納提出三種策略：

1. 透過延攬和重新佈署合作夥伴，修改你的價值結構，並據此深化與合作夥伴的關係來防禦新挑戰。

2. 透過尋找志同道合（敵人的敵人就是朋友）的合作夥伴，形成共同防禦。

3. 克制自己的野心以維持原本的合作聯盟。

生態系的防禦原則，著重保持你的價值創造能力，而不是消除競爭對手的價值創造能力。

五、生態系的進攻策略：從增加競爭到改變競爭

生態系的顛覆者改變產業的價值結構，並在過程中創造新的合作夥伴關係。建立生態系是顛覆生態系的核心，艾德納提出三個原則：

1. **建立最小可行生態系統（Minimum Viable Ecosystem，簡稱 MVE）。** 創造最小的「價值結構」與「價值元素」布局，引入「合作夥伴」來創造足夠的「價值活動」，以便吸引新的合作夥伴加入。「終端客戶」在 MVE 階段的關鍵貢獻不是驅動「利潤」，而是創造「證據」，以吸引新的合作夥伴加入你生態系。

2. **遵循階段性擴張的路徑：** 要思考的是各階段所對應的「價值結構」與「價值活動」是什麼？然後在每個階段引入正確的合作夥伴？

3. **部署生態系的價值傳遞：** 建立一套有效執行且能持續的合作夥伴運作模式，將所創造的價值傳遞到「終端客戶」，且能持續掌握「價值結構」的變化。

成功的生態系有幾個重要的觀念，生態系的合作夥伴願意合作，願意共好共榮，成員之間彼此信任，貢獻彼此的價值，發揮 1+1>2 的加乘效果。生態系領導者對於環境的變化，終端客戶價值需求的變化，生態系價值結構或價值元素的轉變，需有深刻的洞察力。

生態系競爭不像產業競爭，不是在爭你死我活，而是每家企業應要找到適合自己存活的位置（價值創造的最佳位置），以自己決定怎麼存活。在生態系競爭下，企業的本業核心能力要夠強，別人才會找你合作，才有機會深度互動共生共榮。

台灣生態系競爭典範，全球晶元代工龍頭台積電以「協助客戶成長為初衷」，成立半導體生態系 OIP 平台；全球代工龍頭鴻海集結 1,500 家電動車廠商，結盟成立 MIH 搶攻電動車市場。

5-4 新零售

一、新零售：線上服務+線下體驗+現代物流

馬雲提出「新零售」是「以消費者體驗為中心數據驅動的泛零售型態」。新零售重視消費者體驗（User Experience）、結合大數據和雲端技術提供智慧化服務，同時能降低經營成本。新零售是線上服務、線下體驗及現代物流相融合的零售新模式，並重構「人（消費者）-貨（商品或服務）-場（場景）」的關係。

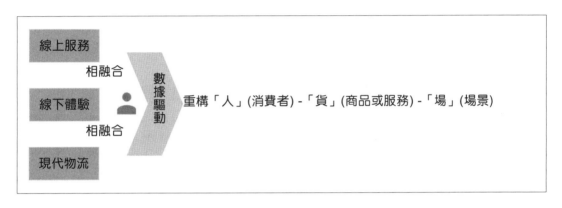

圖 5-9　新零售以消費者為中心數據驅動重構「人-貨-場」

二、新零售的本質：重構「人-貨-場」

新零售的本質，新零售是透過資通訊科技（ICT）手段，對「貨-場-人」進行重構，進而實現從「以貨為中心」（貨→場→人）到「以人為中心」（人→貨→場）的轉變。

1. **人（消費者）**：代表整個新零售過程中的那些人或角色，包含顧客、服務人員、銷售人員、倉庫人員、行銷人員、物流業者…等。

2. **貨（商品或服務）**：代表與貨品有關的事項，包含生產、採購、銷售、供應、庫存、品類、品項…等。

3. **場（場景）**：代表顧客與品牌間的各種接觸點，包含電話、傳真、官網、官方 FB、官方 Line、電商平台、實體門市等，所有「線上」+「線下」的種種與顧客的互動…等，都是場的範圍。

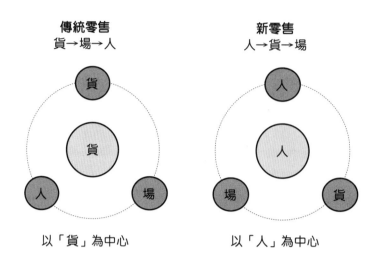

圖 5-10 新零售的本質：重構「人-貨-場」

三、新零售的核心：「數據驅動」+重構「人-貨-場」

　　阿里研究院在《新零售研究報告》提到，新零售是「以消費者體驗為中心的數據驅動的泛零售形態」。

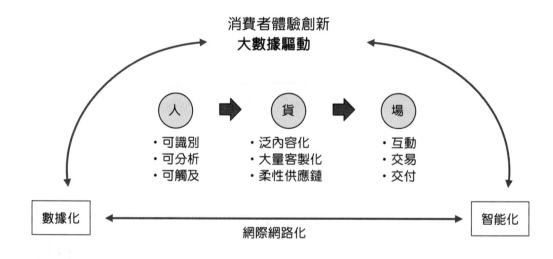

圖 5-11 以數據驅動重構「人-貨-場」的新零售概念圖

　　報告重點強調零售活動中的三大要素「貨（商品或服務）-場（場景）-人（消費者）」將因為「新零售」的到來而進行重構，從「貨-場-人」轉變為「人-貨-場」。所以，新零售的本質就是「數據驅動」重構「人-貨-場」，提升消費者購物體驗，以提高經營績效。

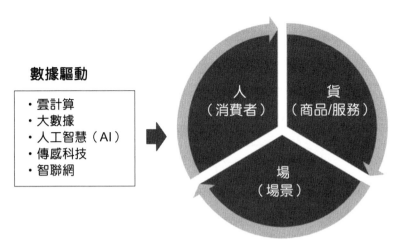

數據驅動

- ・雲計算
- ・大數據
- ・人工智慧（AI）
- ・傳感科技
- ・智聯網

圖 5-12 「數據驅動」重構「人-貨-場」

四、新零售「銷售漏斗」提高坪效

一切零售形態都可以用銷售漏斗公式來表示：

$$銷售額＝流量×轉換率×客單價×回購率$$

1. **流量**：有多少人進店，亦稱為人流或客流量。

2. **轉換率**：進店的人中，有多少人買了東西，亦稱為成交率。

3. **客單價**：一位客人在店中一次花了多少錢、買了多少東西。買得愈多，價值愈高。

4. **回購率**：這位顧客走了，下次再回來購買的可能性有多大，亦稱為回頭客。

如圖 5-13，「人」（消費者）從漏斗的上方進入，與「場」（新零售之全通路接觸點）進行接觸。消費者一旦接觸了「場」，就被稱為「流量」，即一個人流進了銷售漏斗。

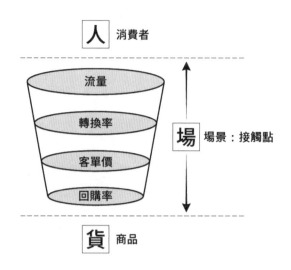

圖 5-13　新零售「銷售漏斗」
資料來源：修改自寶鼎

新零售時代，提高銷售額的四個途徑：

1. **提高流量，創造新的接觸點，以「流量思維」取代「黃金店面思維」**：任何一種零售都必須有與消費者的接觸點。沒有接觸點，就沒有「場」景，就無法把「人」與「貨」連接起來。「黃金店面思維」是坐在那裡，等著消費者來；「流量思維」是目標顧客在哪裡，就到哪裡去建立新的接觸點，建立新的消費「場」景。

2. **提高轉換率，利用社群媒體創造群蜂效應**：利用社群媒體建立產品與粉絲之間的情感關聯與信任關係，將一群有共同興趣、認知、價值觀的用戶抱成團，發生群峰效應，在一起互動、交流、協作、感染，進而形成「信任連接+價值反哺」的社群經濟生態。

3. **提高客單價，利用大數據帶動「交叉銷售」與「向上銷售」**：利用大數據更精確推薦，進行「向上銷售」與「交叉銷售」，讓顧客買更多，提高客單價。

4. **衝刺回購率，善用會員獎勵機制**：利用大數據進行精確行銷（Precision Marketing）或再行銷（Retargeting），讓顧客買不停，還介紹親朋好友買，提高回購率。

五、RMN 模式在台灣崛起

零售媒體聯播網（Retail Media Network，簡稱 RMN）是零售業者利用第一方「數據」及「通路」兩大優勢所打造的廣告服務。由於台灣的連鎖零售業者持有第一方會員數據，不僅完整記錄其消費細節、交付方式與顧客身分，並且通常獲得顧客授權，可用於精準行銷，投放廣告到自家連鎖零售通路。零售通路本身就是消費「場景」，從廣告曝光到實際消費中間阻力較少，且通常已身處零售通路的廣告目標受眾，多為具備消費意願，正處在購買決策最後階段的消費者。這些優勢促使廣告行銷投入，較容易轉換為實際消費行為，廣告投資報酬率（Return On Advertisement Spending，簡稱 ROAS）高。

2023 年 RMN 在台灣蓬勃崛起。由於 Google 於 2023 年宣布第三方 Cookie 退場時程，數位廣告的行銷精準度與數位行銷的成效追蹤受到衝擊，連鎖零售業者手上所擁有的龐大會員資料與第一方消費數據，就成了精準行銷新數據的主要來源。

5-5　物流

一、第一方物流（1PL）

第一方物流（First-Party Logistics，簡稱 1PL）就是生產者本身，若公司規模夠大，運送的貨物也夠多，則不需要將物流的工作外包出去。大公司例如美國亞馬遜（Amazon）、沃爾瑪（Walmart）等，他們有自建自己的船隊或機隊，物流實力驚人。然而，對於大多數新創公司而言，這種方式較不切實際，因此較少被考慮。

二、第二方物流（2PL）

第二方物流（Second-Party Logistics，簡稱 2PL）有點像是物流服務的基礎建設提供者。第二方物流大多是重資產的公司，將貨物由 A 運到 B 的工作都是由他們來負責的。國際上，像 DHL、UPS、長榮、陽明、華航，這些公司都屬於 2PL。另外，像在機場或港口擁有倉庫的公司，也是屬於 2PL。若沒有 2PL，基本上 3PL 與 4PL，都無法存活。

三、第三方物流（3PL）

根據維基百科的定義，第三方物流（Third-Party Logistics，簡稱 3PL），亦稱為委外物流（Logistics Outsourcing）或是合約物流（Contract Logistics），是指一個具實質性資產的公司對其他公司提供物流相關之服務，如運輸、倉儲、存貨管理、訂單管理、資訊整合及附加價值等服務，或與相關物流服務的業者合作，提供更完整服務的專業物流公司，如一般企業將配銷工作及其他副項工作如包裝、裝配等工作委外給專業的公司，進而使企業本身專注於核心事業上。簡單來說，「第三方物流」就是將物流相關服務外包給第三方專業的物流業者。

在供應鏈管理中，第三方物流的出現是為了解決具備實體資產的個人或企業提供物流服務，包括運輸、倉儲、存貨管理、訂單管理、資訊整合及附加價值，透過整合上述服務成立的第三方物流業者，完善物流最後一哩路。

四、第四方物流（4PL）

1998 年由美國埃森哲咨詢公司提出「第四方物流」的概念。《現代物流》一書定義，第四方物流（Fourth-Party Logistics，簡稱 4PL）是一個供應鏈的整合者，專門為第一方物流、第二方物流和第三方物流提供物流規劃、諮詢、物流資訊系統、供應鏈管理等整合平台之物流資訊服務商。

第四方物流（4PL）幫助企業實現降低成本和有效整合資源，並依靠優秀的第三方物流供應商、技術供應商、管理咨詢以及其他增值服務商，為客戶提供獨特的和廣泛的供應鏈解決方案。

五、第五方物流（5PL）

第五方物流（Fifth-Party Logistics，簡稱 5PL）是指專門為第一方、第二方、第三方和第四方提供物流信息平台、供應鏈物流系統優化、供應鏈集成、供應鏈資本運作等增值性服務的活動。第五方物流的優勢是供應鏈上的物流信息和資源，並不實際承擔具體的物流運作活動。與第一方、第二方、第三方、第四方物流相比，第五方物流還有諸多爭議，有學者認為實際上不需要區分第五方物流。

物流業在經歷了長時間的發展，已經日趨成熟。對於一般的電商企業或中小企業而言，其實只需要找第三方物流（3PL）的業者，就可以解決事業上所有物流相關的

問題。若是公司的產品對於物流有更高的要求，或是想提升供應鏈的效率，則可以找第四方物流（4PL）來解決問題。總之，對於企業而言，最重要的，還是先思考自己的物流需求，才去思考適合的物流合作對象。

六、物流考量要素

物流規劃的主要考量因素如下：

1. **成本面**：物料成本、配送成本。

2. **效率面**：庫存最小化、供應鏈效率最大化、配送失誤率最小化、再配送率最小化等。

3. **運輸面**：產品包裝、運輸需求、貨物追蹤即時化、運輸資訊即時共享等。

5-6 預測型物流規劃

近年來隨著 AI 興起，在物流業逐漸浮現智慧物流的應用，更有人提出預測型物流規劃（Anticipatory Logistics），就是透過日常物流作業中的大數據，預測短期未來可能需要的資源（如人力需求、車輛需求、物流空間需求），在消費者尚未正式下單前，就預先部署好所需的商品庫存與運輸資源。

一、採購管理 5R

1. 適時（Right Time）採購。

2. 適地（Right Place）採購。

3. 適質（Right Quality）採購。

4. 適量（Right Quantity）採購。

5. 適價（Right Price）採購。

二、反應型供應鏈與預測型供應鏈

供應鏈系統可分為反應型供應鏈與預測型供應鏈。所謂反應型供應鏈是藉由導入資訊科技,達到資訊分享並改善訂單處理的前置時間,以降低長鞭效應的影響。預測型供應鏈(Anticipatory Supply Chain)是供應鏈上下游使用各種預測模型,事先預測需求量。

三、串連動態定價與即時消費資訊優化供應鏈與配送鏈

Amazon 利用其動態定價系統與即時消費資訊,掌握顧客的消費瞬間,即時反饋目前熱賣商品與熱賣商品的價格區間,即將缺貨商品,以及正在搜尋某商品的消費人數,將這些資訊串連至其供應鏈,讓整個供應鏈與配送隨時了解即時的消費現場,以留住消費。此外,Amazon 與賣家的線上系統密切串連,根據即時消費大數據追蹤最新庫存的需求度,選擇最佳補貨時間、自動安排補貨路線。

四、預測配送案例:
　還沒下單就配送出貨,要買什麼亞馬遜比你更清楚

Amazon 的預測配送模型(Anticipatory Shipping Mode)專利,能根據顧客的喜好,提前將他們可能購買的商品配送到最近的倉庫,當消費者下單時,就能立即配送縮短配送時程。

Amazon 利用旗下「預測配送模型」專利的功能,其可比消費者更早知道他們想要(買)什麼。藉由「預測配送模型」,Amazon 可利用大數據預測消費者可能購買的商品、何時購買、何時需要這些商品,又要宅配至何處。消費大數據經由這些預測,Amazon 可提前將物品運送到消費者所在地附近的配送中心或倉庫,當訂單產生時,產品即可以立即準備裝箱、配送。整個過程也將搭配庫存管理及物流系統,以分析產品組合及配送的最佳路線。

藉由歷史消費大數據的整合及交互,消費者將可更快速地收到包裹,除了提高產品銷售和利潤,也可減少交貨時間,並降低約 50% 以上的運輸成本。

行銷策略與
行銷組合創新

全聯擁抱數位創新-數據驅動行銷

數據驅動（Data Driven）是指在商業決策過程中主要依靠數據分析和數據見解，而非僅憑經驗或直覺。這意味著企業需要蒐集、分析並運用相關數據，來指導其日常運營決策、商業決策和行銷決策等。數據驅動行銷（Data-driven Marketing）顧名思義，是以數據驅動的行銷活動。

2019 年開始全聯展開數位轉型。首先全聯會員制度數位轉型，以「單一會員」為核心。全聯先把傳統的實體會員卡慢慢轉向 App，讓每個單一會員都是全聯的個體戶，用以看清單一會員的消費輪廓。

2020 年全聯開始建造自己的會員數據中台，彙整實體店面 POS、會員手機 App 等不同通路的數據資料，以蒐集管理第一方顧客數據。加上導入整合外部第三方數據的數據管理平台（Data Management Platform，簡稱 DMP），進一步升級「數據驅動自動化行銷」，推出「全支付」，發展「全通路」個人化購物體驗。

2021 年起，全聯開始導入「數據驅動自動化行銷科技」，意圖將會員資料平台的內部數據，以及整合外部第三方「數據管理平台」（DMP）的數據，用於廣告投放及 App、Line 等自動化推播行銷。全聯花了約一年時間整合，2022 年全聯正式開始「數據驅動自動化行銷」。

依據會員的消費金額，全聯把會員分為 7 個等級。第 1、2 級是人數最少的客群，訂貨量較大，全聯定義為「小 B」，是那些從全聯進貨的小型商家。第 3 至第 5 級是主力顧客，消費意願最高，人數次之的客群，對行銷活動接受度最高。第 6、7 級是消費金額不明或消費金額相對較低的會員，全聯定義為 Line 會員及潛在流失會員，人數最多。

全聯自動化行銷重點目標客群是第 6、7 級的游離客群。原因是這兩層級的人數規模最大，只要稍微提高其消費客單價，便能為全聯帶來相對可觀的營收；此外，統一集團買下家樂福後，台灣就只剩下兩家零售巨頭「統一」與「全聯」，因為兩家的業務重疊性高，鞏固游離客群是未來競爭的勝出關鍵。因此，全聯從提升游離客群消費金額角度著手，投入大量自動化行銷資源，針對這些第 6、7 級的游離客群投放小眾行銷訊息及優惠。

相反地，全聯對於主力客群是從商品需求結構的角度切入行銷，而非從消費金額。全聯依照購買品項，再細分主力顧客為 4 種類別，其中一個類別尤其重要，全聯內部通稱「全聯媽媽」，是那些生活大小事都在全聯解決的主力客群，其消費紀錄橫跨最多商品類別。全聯對於主力客群的行銷目標是，將其他分類的主力客群都轉化為「全聯媽媽」等級。因此行銷作法是吸引主力客群購買更多不同類別的商品。此外，全聯還進一步研究還能提供哪一些新的商品類別，來符合主力客群過去沒有被滿足的需求。

全聯分析會員消費數據的洞察結果，先將會員區隔細分，使全聯能切割出不同等級的目標客群，再制定相對應行銷方針。目前，全聯的數據蒐集以及行銷方面已經能夠自動化，但數據分析方面還是得由「專業數據分析師」親自操刀，暫時無法自動化。

網路當道，行銷工具五花八門，在預算有限的情況下，就需要「行銷策略」輔助，以有效能與有效率地方式達到行銷目標。但創業者要如何找出適合你的行銷策略？對的行銷策略？

所謂行銷策略，就是要找出自家產品或服務在目標市場中的定位，藉以決定要用什麼方式傳達特定訊息給目標客群，首先要用「行銷 STP」找到最適合的產品定位（Product Positioning），對的產品定位。

6-1 行銷 STP

行銷 STP 是創業者的基本功。1956 年美國行銷學者溫德爾‧史密斯（Wendell R. Smith）提出行銷 STP 的概念，透過將市場細分成更小的市場，然後從各別的區隔市場中找到目標市場，最後在目標市場中找到自己的市場定位。

在執行行銷策略 STP 之前，一定要先透過總體環境分析（PEST 分析或 PESTEL 分析）、產業環境分析（產業五力分析）、SWOT 分析等，先了解公司的內外部環境，再進行行銷 STP，將產品明確定位，才能使行銷組合 4P 操作更具成效。

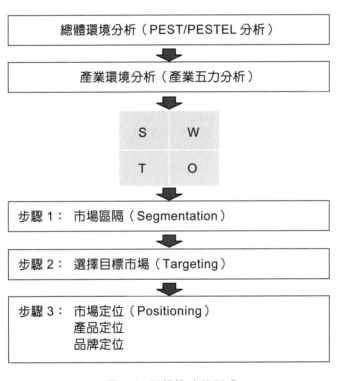

圖 6-1 行銷策略的形成

一、市場區隔（S）

市場區隔就是根據消費者的特徵進行分類，將市場進行細分，常見的區隔因素如下：

1. **地理位置**：洲、國家、縣市、城鎮，例如亞洲、日本、台北等。

2. **人口統計**：年齡、性別、職業、收入狀態、教育程度等。

3. **心理層面**：個性、人格特質、實體店面的裝潢感受、網路商店平台或 App 的介面感受等。除了利用大數據分析消費者的基本資料與行為資訊，網路介面還可以藉由 A/B 測試獲得調整指標。

4. **信仰及價值觀**：個人價值觀、宗教信仰、民族意識、文化背景、政治傾向、環保主義等。

5. **人生階段**：求學過程、工作、建立家庭、養育小孩、退休等。

6. **消費行為模式**：品牌認知度與忠誠度、習慣的消費管道、使用過程情形、對行銷手法產生的反應、購買的產品和頻率、在電商平台瀏覽的頁面等。

7. **生活習慣或方式**：興趣嗜好、休閒娛樂、美食偏好、旅遊偏好等。

表 6-1　市場區隔的常見區隔因素

劃分方式	地理位置（Geographic）	人口統計（Demographic）	心理層面（Psycho Graphic）	行為層面（Behavioral）
變數內容	區域 城市大小 密度 氣候	年齡 家庭人數 家庭生命週期 性別 所得 職業 教育 宗教 種族 世代 國籍	社會階級 生活型態 人格	使用時機 利益尋求 使用者狀態 使用頻率 忠誠度 購買準備階段 對產品的態度

二、評估市場區隔是否有效

一個有效的市場區隔，必須具備五項要件：

1. **可衡量性（Measurability）**：指該市場區隔其大小與購買力可以被衡量的程度。

2. **足量性（Substantiality）**：指該市場區隔其大小與獲利性是否足夠大到值得開發的程度。例如汽車工廠可能會製造一些座椅較寬的汽車，但就市場的觀點來看，身高較高或體重較重者很少，造成這個區隔市場可能太小而無法獲利。

3. **可接近性（Accessibility）**：指該市場區隔能夠被接觸與服務的程度。例如可能區分出老年人這個市場，可是此一族群較少上網使得網站無法有效接近，因而無法成功銷售相關產品。

4. **可區別性（Differentiable）**：市場區隔在觀念上是可加以區別的，且可針對不同的區隔採行不同的行銷組合。

5. **可行動性（Actionable）**：指該市場區隔足以擬定有效行銷方案，吸引並服務該市場區隔的程度。例如一汽車公司將市場區分出高級車、中型房車、小型車、箱型車、貨車五個市場，但是因資源有限而無法一次進入所有的市場。即使企業只決定要進入高級車的市場，也可能會因為知名度不足或技術不足而退出。

三、選擇目標市場（T）

完成市場區隔後，接著要從中選擇合適你公司發展的市場，也就是選擇目標市場（Targeting）。之前的「競爭分析」在這個階段會派上用場。目標市場的選擇，其實就是在找出最適合你公司發展的市場，透過不同的競爭分析模型，能夠有效協助目標市場的選擇，讓你公司的發展有個最佳的初始環境。

選擇目標市場（T）是從細分後的市場中，挑選合適自己公司的市場做為目標客群，可評估每個細分市場的規模、消費力、新事物接受度等條件。挑選目標市場的常見因素：市場的規模、市場的獲利力、市場的增長潛力、市場的可接近性、以及該市場是否存在行銷障礙或進入障礙…等。

四、選擇目標市場的方式

選擇目標市場的方式可分為四種，如圖 6-2：

圖 6-2 選擇目標市場的方式

1. **無差異行銷（Undifferentiated Marketing）**：以一套產品、服務及策略提供給整個市場，而將重點放在消費者的共同點，而非差異點。公司不重視各區隔間的差異性，而將整個市場視為一個整體，企圖以單一產品或單一行銷組合來服務市場上所有的顧客。換句話說，企業只生產一種商品，而企圖以單一的行銷組合向所有的消費者行銷時，這樣的策略就稱為無差異行銷，有時也稱為大眾行銷（Mass Marketing）。此種策略必須追求成本經濟，以達成全面成本優勢。

2. **差異化行銷（Differentiated Marketing）**：亦即企業承認各區隔市場間存在差異性，因而決定選定一個或數個區隔市場為目標市場，進而針對每一區隔市場，設計不同的產品與不同的行銷組合策略。同時廠商在兩個或更多的區隔市場中營運，並設計不同的產品及行銷方式以滿足不同市場區隔。換句話說，當企業將市場切割成不同的區隔市場，而以不同的行銷組合滿足各個不同區隔的需要（Needs）時，這樣的策略即為差異化行銷。

3. **專注化行銷（Concentrated Marketing）**：企業本身因資源有限，某些企業會決定將全部行銷資源專注在某特定區隔市場。在這種策略下，行銷者集中一切力量，試圖滿足單一市場區隔的需要（Needs），這種策略最適用於資源較少，或者是生產提供高度特殊化產品或服務的企業。而這種策略有時又稱為利基行銷（Niche Marketing）。

4. **微行銷（Micro Marketing）**：微行銷專門針對一個郵遞區號、一種特定的行業、特定生活方式或是單一家庭的消費需要（Needs）進行行銷，其所認定的區隔較「集中式行銷」更小。當微行銷策略推行到極致時，即是針對個人的

一對一行銷。網際網路的興起更有利於微行銷策略的推行。利用網路使用者的個人資料，行銷人員直接運用電子郵件或行動簡訊，直接與目標消費者個人取得連繫，對目標消費者進行個人化的一對一微行銷。

五、重新瞄準，再次行銷

重新瞄準，再次行銷（Retargeting）是一種針對曾經到訪過你的網站，卻沒有成交的人，進行再投放廣告的行銷手法。Retargeting 的機制就是在網頁上放入一個不影響網站的追蹤程式碼，假設有一位用戶到訪你的網站，但在看了一些商品後卻遲遲沒有下單就離開時，Retargeting 的技術會在這名訪客的 cookie 上留下一組程式碼，在此之後，這名訪客只要進入到其他的網站，在網站廣告的投放都會是使用者之前曾經看過的東西，將使用者重新導回商品頁面完成購買，Retargeting 技術通常都會被應用在程式化購買的機制裡。

Retargeting 可以細部分成多種模式，像是針對訪客曾經瀏覽過的商品、或是分析其興趣和使用習慣投放，也可以針對訪客購物車裡的商品進行投放廣告的動作。另外也可以針對時間軸做區分，像是 60 天後再次行銷等等方式，提醒消費者回來購買商品。

六、市場定位（P）

市場定位（P）是找到你公司在市場中的定位，一個在目標客群心中不可動搖的地位，而鮮明的市場定位能幫助你在競爭中脫穎而出。市場定位是透過產品或品牌的某個特徵，在目標受眾心中留下深刻印象，讓目標客群一想到這些特徵就馬上想起你的品牌。

七、市場定位、產品定位、品牌定位

創業者應確認好自己的「市場定位」，再進行「產品定位」，最後才進行「品牌定位」。

1. **市場定位（Market Position）**：是指企業對目標消費者（目標客群）或目標消費者市場的選擇。找出市場的目標對象，思考你要賣給誰？

2. **產品定位（Product Position）**：是指企業對用什麼樣的產品來滿足目標消費者（目標客群）或目標消費市場的需求。理論上，應該先進行「市場定位」，然後才進行「產品定位」。「產品定位」是企業對目標市場的選擇與其產品結合的過程，是將市場定位「產品化」（將產品形塑成目標消費者想要的樣

子）的工作，也就是開發出滿足該市場定位的產品。思考你的產品是要解決消費者什麼問題（痛點）？

3. **品牌定位（Brand Position）**：一旦企業選定了「市場定位」與「產品定位」，接下來就要設計並塑造相應的品牌形象、企業形象，以爭取目標消費者（目標客群）的認同，讓消費者認出您的產品與服務，將您與其他競爭對手品牌區隔開來。「品牌定位」是企業傳播產品相關訊息的基礎，也是「消費者選購產品的主要依據」。因為品牌是產品與消費者連接的橋梁，「品牌定位」也就成為市場定位與產品定位的核心表現。思考如何讓消費者一眼識別出你的品牌？

6-2 從行銷策略 STP 到行銷組合 4P+4C

一、從行銷策略 STP 到行銷組合 4P+4C

行銷策略 STP 與行銷組合 4P 幾乎是每家公司在開發新產品和找尋目標市場時常使用的策略架構。當然，在使用行銷策略 STP 與行銷組合 4P 這套架構之前，必須先做好「行銷環境分析」：

1. **總體環境分析**：公司所面對的目標市場是否會擴大或萎縮？公司的技術或策略是否會因為大環境的變化而受到影響？

2. **產業環境分析**：公司所在產業未來的前景如何？產業中的競爭者會不會給公司帶來威脅？供應商不會不提高供應價格？

3. **目標客群需求分析**：目前存在什麼樣尚未被滿足的顧客需求？目標客群的需求特性為何？

做完「行銷環境分析」後，會進入下個階段「行銷策略」的制定，也就是行銷策略 STP 程序：市場區隔（Segmentation）、選擇目標市場（Target Market）、市場定位（Positioning）。在選擇想要進入的目標市場，並決定好市場定位之後，接下來進入「行銷組合 4P」決策的制定：產品決策（Product）、價格決策（Price）、通路決策（Place）、推廣決策（Promotion）。

公司必須針對 STP 所選定的目標市場和市場定位，以設計最適的行銷組合 4P 決策，因此，行銷策略 STP 和行銷組合 4P 是環環相扣的，公司必須隨時檢視行銷組合 4P 是否與當初制定的市場定位相符。唯有整合一致的行銷策略 STP 與行銷組合 4P 決策，才能有效執行整體行銷策略。

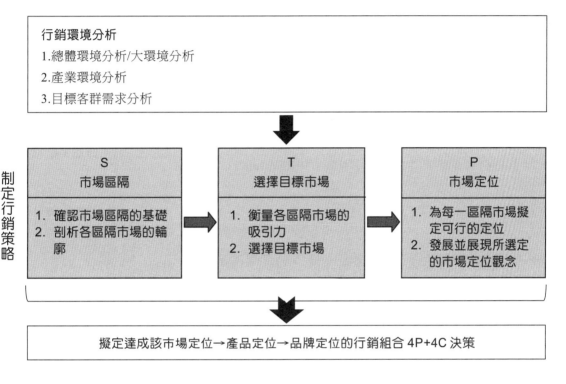

圖 6-3　從行銷策略 STP 到行銷組合 4P+4C

二、行銷 STP 與 4P 可能存在的盲點

1. **盲點 1**：行銷 STP 與 4P 忽略消費者對其他品牌的黏著度。從上述的行銷 STP 與 4P 來看，許多創業者可能覺得把「產品」做好（Product），訂定一個消費者能夠接受的價格（Price），選擇能見度高的通路（Place），最後再利用行銷/廣告將產品曝光給消費者（Promotion），這樣消費者就會願意上門。但事實上，某些品牌的消費者可能還是不太願意轉換品牌，例如蘋果粉。

2. **盲點 2**：行銷 STP 與 4P 忽略「信任感」對消費者的重要性。消費者並不是對所有產品與品牌都很了解，消費者常常要抉擇，不知道要吃什麼、喝什麼、買什麼、用什麼？現實上，消費者往往很難有全面的資訊，只憑著當下片面的資訊來做決策。

3. **盲點 3**：行銷 STP 與 4P 太過著重消費前的行銷策略，而忽略消費後的顧客關係管理。從行銷 STP 與 4P 的架構來看，其大都在強調「如何找到最好的目標市場與定位」、進而「設計出最好的行銷組合 4P」來吸引「新客戶」，但對於如何留住「舊客戶」反而甚少著墨。

三、發展並擬定行銷組合 4P 決策

創業者在選定目標市場，並決定市場定位（Positioning）之後，接著發展並擬定行銷組合 4P 決策。所謂行銷組合（Marketing Mix）是指一組可由企業控制的行銷變數，而企業混合這些變數以期實現行銷目標。因此，行銷組合是達到行銷目標之手段的整合。一般而言，行銷組合可分為四大項，簡稱「行銷組合 4P」：即產品（Product）、價格（Price）、通路（Place）及推廣（Promotion）。如圖 6-4。

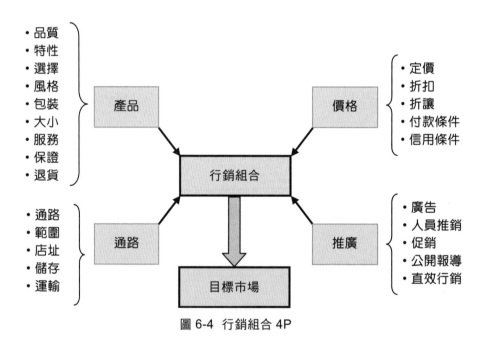

圖 6-4　行銷組合 4P

1. **產品**：產品泛指可以提供於市場上，引起消費者注意、購買、使用或消費，並能滿足消費者慾望之各項有形與無形的東西。而產品決策代表企業所提供給目標市場品質與服務之組合，包括產品品質、品牌、樣式、產品組合、產品線、包裝、標示及服務等。

2. **價格**：價格決策代表消費者為獲得該項產品所付出的金額，包括產品的定價、折扣、折讓、付款條件、信用條件等。

3. **通路**：通路決策代表企業為使產品送達目標顧客手中所採取的各種活動，包括中間商的選擇、產品的倉儲、裝運與存貨等。

4. **推廣**：推廣策略代表企業為宣導其產品的優點，並說服目標顧客購買所採取的措施，包括廣告、人員推銷、促銷、公開報導、直效行銷等。

四、行銷策略 STP 與行銷組合 4P+4C 的關係

行銷組合 4P 是 1960 年美國密西根州立大學教授艾德蒙·傑洛米·麥卡錫（Edmund Jerome McCarthy）所提出，是以「生產者」的角度出發的行銷管理理論。行銷組合 4P 意指企業產出產品、為此產品制定價格、找尋合適的銷售通路、並擬定良好的推廣方法，並依據目標市場的不同，將產品、價格、通路與推廣活動組合成不同的行銷組合（Marketing Mix），以此達成公司的行銷目標。

隨著消費者意識抬頭，行銷策略逐漸轉為消費者導向。1990 年美國行銷專家羅伯特·勞特朋（Robert F. Lauterborn）提出以消費者需求為中心的行銷組合 4C，更重視顧客導向，以追求顧客滿意為目標。行銷組合 4C 是消費者導向的觀點，代表顧客價值/顧客需要與慾望（Customer Value/Customer needs and wants）、成本（Cost）、便利性（Convenience）和溝通（Communication）。行銷組合 4C 更強調產品對消費者的價值、消費者的購物成本、消費者的購物便利性以及與消費者溝通的重要性。

然而，不論是行銷組合 4P 或行銷組合 4C，都是執行行銷策略 STP 後，才展開。當然，在擬定行銷策略 STP 之前，仍然要先進行「行銷環境分析」。行銷策略 STP 與行銷組合 4P+4C 的關係，如圖 6-5。

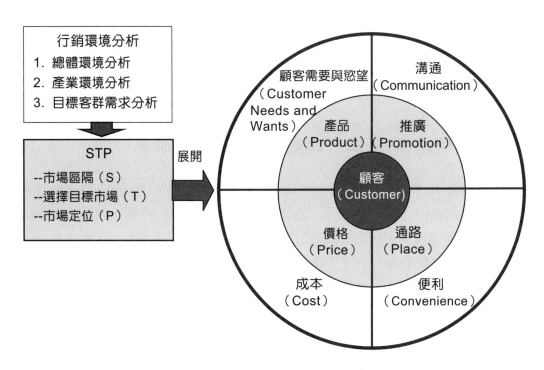

圖 6-5 行銷策略 STP 與行銷組合 4P+4C 的關係

6-3 行銷組合 4P+4C 創新

一、傳統行銷組合 4P

行銷組合 4P（Marketing 4P）是經典的行銷組合理論框架，它代表品牌在市場中進行產品或服務行銷時所需考慮的四個要素，即產品（Product）、價格（Price）、通路（Place）和推廣（Promotion）。這些要素被視為品牌在制定和實施行銷組合決策時的基本要素，以確保產品或服務能夠達到行銷目標並獲得成功。這些行銷組合 4P 要素相互關聯且相互影響，品牌必須綜合考慮它們來制定全面的行銷組合 4P 決策。

品牌在擬定行銷組合決策時，經常以行銷組合 4P 為基礎，這適合過去大批量生產的年代，不過，隨著消費者越來越喜歡客製化服務，市場逐漸變成由許多小眾市場所組成，而不在是過去批量生產的市場，這時就需要利用行銷組合 4C 為基礎，擬定市場行銷組合決策。

二、行銷組合 4C

行銷組合 4C（Marketing 4C）是對傳統行銷組合 4P 要素的延伸和補充，其更加強調顧客導向和顧客價值創造。行銷組合 4C 要素包括顧客需求（Customer Need）、成本（Cost）、便利（Convenience）和溝通（Communication）。行銷組合雖然已邁入 4C 的範疇，但在理論上仍以行銷組合 4P + 4C 做探討。

1. **顧客需求（Customer Need）**：強調深入了解顧客的需求、偏好、價值觀和行為，以提供具有顧客價值的產品和服務。品牌需要透過市場研究和顧客分析等手段，深入了解目標顧客的需求，以便提供符合其期望的產品和服務。

2. **成本（Cost）**：除了價格（顧客要花多少錢）外，成本還包括顧客在購買和使用產品或服務過程中所需的時間、精力和其他資源成本。品牌應該注重提供高品質、高性價比的產品和服務，以極大化程度地滿足顧客價值的期望。成本（Cost）是消費者在獲得產品或服務，總共所需花費的時間與金錢；價格（Price）是品牌投入產品與服務的金錢和人力的總和。

3. **便利（Convenience）**：強調提供便捷、快速和無縫的交易和服務體驗。這包括提供多種購買管道或通路、簡化購買流程、提供快速的交付和售後服務等，以提高顧客的滿意度和忠誠度。「便利」和「通路」是相輔相成的，從顧客的角度來看，獲得產品或服務越便利越好，但對品牌來，可能其「通路」就要越廣。

4. **溝通（Communication）**：強調與顧客建立良好的互動和關係。品牌應主動與顧客進行雙向溝通，聆聽他們的意見、反饋和需求，並提供客製化的解決方案。有效的溝通有助於建立信任、增加顧客參與度，並建立長期的合作關係。「推廣」偏單向訊息傳遞；而「溝通」具備雙向性，強調買賣雙方雙向理解。

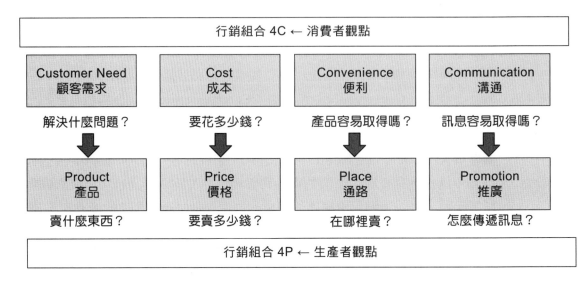

圖 6-6　行銷組合 4P 與 4C 的對應

三、從行銷組合 4P 到行銷組合 4C

　　網際網路與電子商務的興起，促使行銷理論由原來的行銷組合 4P，逐漸往行銷組合 4C 移動：

1. 不再急於制定行銷組合之產品（Product）決策，而以回應「顧客的需要與慾望」（Customer needs and wants）為導向，不再以「銷售」企業所生產的、所製造的商品或服務，而是「滿足」顧客的需要與慾望。

2. 暫時把行銷組合之價格（Price）決策放一邊，而以回應顧客滿足其需求或慾望所願付出的「成本」為主要考量。

3. 不再以企業的角度思考行銷組合之通路（Place）決策，而以顧客的角度思考，怎樣才能提供顧客想要的便利（Convenience）環境，以方便其快速地取得其所需的商品。

4. 不再以企業的角度思考行銷組合之推廣（Promotion）決策，而著重於加強與顧客之間的互動與溝通（Communication）以獲取、增強與維繫顧客關係。

　　傳統以 4P 為基礎的行銷理論，是追求企業的利潤最大化；而 4C 則是追求顧客的利潤最大化。因此，新一代行銷強調的是，企業如果從 4P 對應 4C 出發，而不是只追求本身的（短期）利潤最大化出發，在此前提下，同時追求長期的顧客利潤最大化與

企業利潤最大化為目標。換句話說,網路行銷理論模式是:行銷過程的起點是顧客的需要與慾望;行銷 4P 決策是在滿足 4C 要求下的長期顧客利潤最大化與企業利潤最大化。因此,即使在網際網路時代,行銷 4P 依然管用,只是方向與導向改變而已,從企業主導轉向顧客主導。

如果從產品屬性差異化與顧客價值差異化的角度來看,傳統行銷組合 4P 策略是銷售端的考量,而網路行銷組合 4C 策略則是顧客端的考量。如圖 6-7。

傳統行銷常採產品、價格、通路、推廣之 4P 競爭。但當今商場產品成熟、價格競爭、通路飽和、推廣與促銷手法雷同,任何策略對手皆能適時模仿,已無獨占優勢可言。網路行銷組合已邁入 4C 的範疇!不論任何行業(包括製造業及資訊產業)愈來愈趨向服務化,及強調顧客導向的更深層化,因此創業者在實務上應使行銷組合 4P 更目標顧客導向化,所以才有行銷組合 4C 之說法,但在理論上仍應以行銷組合 4P 做探討即可。

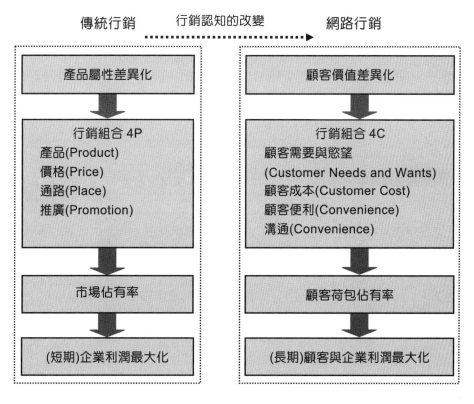

圖 6-7 從傳統行銷到網路行銷的行銷認知改變

6-4 行銷漏斗

一、什麼是行銷漏斗

　　行銷漏斗（Marketing Funnel）是描述消費者從接觸到品牌，一直到真正購買之間所經歷的過程。行銷漏斗是指一系列的行銷活動步驟，從一開始走進漏斗的潛在消費者很多（初期有較大量的潛在客戶接觸了品牌），但在過程中有些被其他品牌吸引走了或沒興趣而離開，最後只剩很少的潛在消費者有真正購買了你的商品，成為了你的顧客。因為在每個階段，消費者的數量會逐步減少，就像消費者人數在漏斗中流動一樣，這個概念被稱為「漏斗」。行銷漏斗通常被劃分為幾個階段，包括知曉、興趣、考慮、意向、評估和購買。

二、AIDA 與行銷漏斗的對應

　　1898 年 E. St. Elmo Lewis 提出「AIDA 理論」，明確地說明了行銷的銷售機制：1.Awareness（察覺知曉）、2.Interest（引起興趣）、3.Desire（購買慾望）、4.Action（實際行動）。當時只有簡單的四步驟，還沒有行銷「漏斗」的概念。1924 年 William H. Townsend 在 Bond Salesmanship 這本書中，第一個利用行銷「漏斗」的概念描述 AIDA 理論，讓 AIDA 理論開始出現漏斗的初步形狀，如圖 6-8。

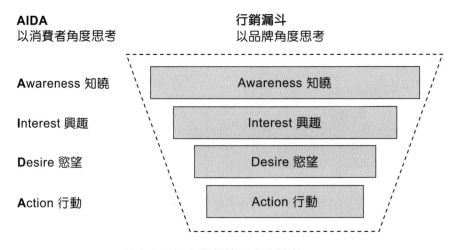

圖 6-8 AIDA 與行銷漏斗的對應

1. **知曉（Awareness）**：透過行銷活動讓消費者注意到商品或服務，並使消費者對其有初步的認知。

2. **興趣（Interest）**：藉由吸引人的標題或是攸關其利益的行銷手法，讓消費者從單純的認知轉變為興趣。

3. **慾望（Desire）**：透過持續行銷活動，促使消費者的興趣轉化為慾望。

4. **行動（Action）**：是一系列行銷活動的最終目標，促使消費者採取購買商品或服務的行動。

三、AIDAS 與行銷漏斗的對應

隨時代的演進，慢慢在行銷漏斗的基礎上，新增、刪減或加入各種新的理論與銷售過程。例如 Web 2.0 之後，AIDA 加入了分享（Share）的概念，形成 AIDAS 模式。圖 6-9 即為 AIDAS 與行銷漏斗的對應。

圖 6-9 AIDAS 與行銷漏斗的對應

四、AIDA 行銷漏斗的轉變－AIDAR 模型

早期發展出來的 AIDA 行銷漏斗模型強調「單向」思維。後來的學者認為，應該讓消費者的購買過程變成一個「循環」，因此提出改進版的 AIDAR 模型（Attention 注意 — Interest 興趣 — Desire 慾望 — Action 行動 — Repurchase 續購/續薦）。

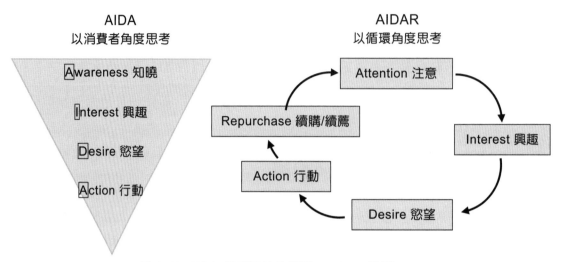

圖 6-10 AIDA 行銷漏斗的轉變－AIDAR 模型

五、email 行銷的數據型行銷漏斗

傳統的行銷漏斗大多是「概念型行銷漏斗」，缺乏數據支援，各階段的轉化率並不明確。進入網路行銷時代，以 email 行銷為例，email 行銷的行銷漏斗，可分成寄送、送達、開信、連回。每個階段都有明確的數據支援，包括寄送率、送達率、開信率、連回率等。這種有數據支援的漏斗，稱為「數據型行銷漏斗」。

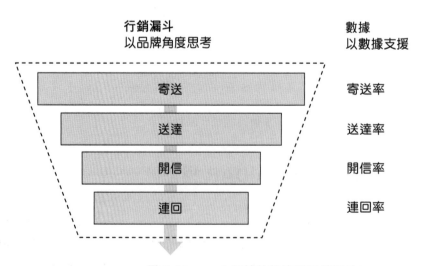

圖 6-11 email 行銷的數據型行銷漏斗

6-5 行銷趨勢的演變

一、商業 1.0 到商業 4.0

1. **商業 1.0 時代**：開放式陳列式貨架出現，零售業從顧客先給店員購物清單，再由店員找貨備貨交貨，轉變成開放式陳列商品、由顧客自我服務（Self-service）的現代化經營型態，開始出現連鎖式的超市（Supermarket）。

2. **商業 2.0 時代**：由於超市不斷擴大，轉變成超大型超市（Hypermarket）及量販店，以家樂福、Walmart 為代表，開始提供多樣、划算與自有品牌的商品，滿足消費者一次購足的需求，接著再發展出集合各類商品的品牌專賣店、購物中心（Supercenter）與暢貨中心（Outlet）等，此時經營特色在於成本管控與供應鏈管理。

3. **商業 3.0 時代**：網際網路興起，進入電子商務時代，電商平台與各種網路商店紛紛出現，零售業愈來愈受網路互動影響。

4. **商業 4.0 時代**：行動商務興起，零售業從多元通路（Multi-channel）的虛實整合型態（Online to Offline/Offline to Online，簡稱 O2O）轉變成全通路（Omni-channel）的虛實融合型態（Online Merge Offline，簡稱 OMO）。根據 McKinsey 的預測，實體店將逐漸變成互動體驗、導購、品牌加值的場域，或網路購物的幕後商店（Dark Store），預料零售價值鏈將不斷出現破壞性創新。Dark Store 看起來像是實體商店的倉庫，主要是供該實體商店的員工出入，撿貨消費者網上購買的商品，然後將其裝入配送箱，起源於英國，隨後流行到法國、歐盟美國以及其他國家。簡單來說，可視為消費者在網路商店下單後，在距離消費者最近的實體門市撿貨的倉庫。

二、行銷 1.0 到行銷 4.0

1. **行銷 1.0 時代 — 以產品特色為核心**：顧客在想什麼不重要，我只賣給你我想賣的東西，「無論你需要什麼顏色的汽車，福特只有黑色的」。這個時代是由廠商以產品決定市場，其行銷是讓最多人知道你的產品和你產品的特色。

2. **行銷 2.0 時代 — 以顧客滿意為核心**：電腦與資訊時代，消費者消息靈通，能輕易比較出類似產品屬性的差別，行銷人員必須做出市場區隔的行銷模式，以刺激消費。

3. 行銷 3.0 時代 ─ 以人本價值為核心：品牌必須能展現人本價值願景，創造出一個顧客願意追隨的精神象徵，並獲得顧客認同，滿足消費者的精神需求。

4. 行銷 4.0 時代 ─ 以社群影響為核心：品牌必須懂得借助社群口耳相傳的力量，讓顧客不只掏出錢包，更搶著幫品牌宣傳、說好話。

表 6-2　行銷 1.0 到行銷 4.0

	行銷 1.0	行銷 2.0	行銷 3.0	行銷 4.0
核心	產品特色	顧客滿意	人本價值	社群影響
說明	關鍵是把產品做好	品牌必須以顧客為中心，讓消費者滿意	品牌必須能展現人本價值願景，創造出一個顧客願意追隨的精神象徵，並獲得顧客認同，滿足消費者的精神需求	品牌必須懂得借助社群口耳相傳的力量，讓顧客不只掏出錢包，更搶著幫品牌宣傳、說好話

三、SoLoMo：社交化、適地化、行動化

SoLoMo，是 So（Social 社交化）、Lo（Local 適地化）、Mo（Mobile 行動化）三種概念混合的產物，即 Social（社交）、Local（適地）、Mobile（行動），連起來就是 SoLoMo。面對 SoLoMo 時代，創業者在進行網路行銷時，必須具備全球思維，社群行銷、適地行銷、行動行銷的精神。

四、從在乎價格到重視價值

如果產品只能以價格為差異化的題材，除非能找到降低成本的好方法，否則永遠陷入薄利的泥沼。我們不能忽略消費者的購買能力，以往我們會認為「名牌」只是金字塔頂端人士的專屬，但現在只要走在街頭，應該不難發現年輕女孩身上背的皮包，手上拿的手機都是名牌商品，因為對他們而言，價格已不是太大的問題，為了產品所帶來的價值，可以每天只吃陽春麵，或是辛苦的打工以換取心目中的理想品牌，從價格到價值，企業必須重新檢視目標對象的設定是否正確。

網際網路提供蒐集與傳播資訊的良好場所，新品訊息，時尚風格，一指就可以全球買買買，買不起新品嗎？沒問題，網路拍賣就可以解決問題。有舊貨難以處理嗎，原本該進垃圾場的黑膠唱片以千元賣出，發霉的三明治因為出現聖母瑪利亞的神像，

而在拍賣市場以近萬元美元售出，在網路上，價格與認知之間的差距離，只能以「價值」來說明。

五、從傳統通路到虛實整合的多元通路，再到虛實融合的全通路

行銷理論中，為了創造效能及提升效率，製造商會將商品順著流通體系由上往下流動，由製造商流向批發商，再由批發商流向零售商，最後再由零售商流向消費者，在通路方面就有直接與間接通路、單一與多重通路，還有傳統行銷通路與垂直行銷通路的不同。

在網路時代中，O2O 興起，通路更為多元化，虛實整合的銷售方式，為消費者帶來了便利，也增加了購買意願，例如在博客來網路書店買書，可選擇在距離自己最近的 7-11 取貨付款，誰最接近消費者，就有可能對同一個消費者賣出更多的商品。而與消費者最沒有距離的網路，就扮演著提供資訊，貨比三家不吃虧的最佳工具。

隨著智慧行動裝置的盛行，全通路（Omni Channel）與虛實融合的 OMO 概念興起，使得線上與線下購物的界線更加模糊，消費者能在多個零售通路進行購物，例如實體零售商、官方網站和行動裝置等，消費者的購買行為一舉跨越了時間、地理環境的限制。

六、從單向推廣到雙向溝通與顧客共創價值

過去所使用的行銷工具大多是單向式的，廣告、公關、促銷活動、直效行銷大多以單向式的訊息溝通為主，雖可與顧客互動，但接觸成本過高，也難有長時間的觀察與關心顧客所需。以前強調的市場佔有率是盡可能將產品賣給更多的顧客；但是現在各行各業都重視「顧客荷包佔有率」，盡量增加每位顧客的消費額，讓他對你的產品有忠誠度，使顧客的價值從單項產品轉化為終生消費力，也就是一般所稱的顧客終生價值（Customer Lifetime Value）。但要做到這點，就不得不借助資通訊科技（ICT）的力量。

顧客永遠是最重要的，以顧客的終身價值來看，企業是否能提供個人化服務，是讓顧客產生忠誠度的原因之一。在行銷活動中讓顧客自助服務，顧客因為自助服務而產生的影響，有下列三種層次：

1. **顧客自助服務自己**：清楚的人機介面，使顧客可以自由地使用服務，顧客可自己決定需要何種規格的產品。

2. **顧客自動幫助其他顧客**：許多社群網站，推出同學會或社群單元，由具有忠誠度的網友擔任站長或社長，回答問題或組織同種喜好的團體，進而形成一種對企業有幫助的次文化。

3. **顧客成爲宣傳者**：忠誠顧客不但自己參與，還邀請朋友加入，藉由口耳相傳，拉進更多新的顧客，是一種顧客關係的自然強化功能，這樣藉由次文化團體的傳遞，自然也少了企業行銷色彩，顧客也更容易卸下消費武裝。此時，適當地獎勵與回饋這些忠誠又愛宣傳的顧客，是必要的。

七、流量池思維 ── 重新解構電商營收公式

流量池思維不同於流量思維。流量思維是指獲取流量，實現流量變現；流量池思維認為要想獲取流量，要透過原有流量的持續運營，再獲得更多新的流量。因此，流量思維和流量池思維最大的區別就是流量獲取之後的後續行為，流量池思維更強調如何利用既有用戶（舊顧客），找到更多的新用戶（新顧客）。

在流量紅利時代，電商營收公式是「電商營收＝流量 × 轉換率 × 客單價」

1. **流量**：各媒體引流而來的總流量（Flow）。

2. **轉換率**：引流後所對應的平均轉換率（Conversion Rate，簡稱 CR）。

3. **客單價**：引流後所對應的平均客單價（Average Transaction Value，簡稱 ATV）。

在流量紅利時代，「流量」決定電商營收業績，因此，放大流量並降低流量單位成本（CPC），一直是許多電商業者所關注。然而，隨著流量紅利的神話結束，品牌正面臨重新思考電商營收公式，希望從中找到各種營收優化的可能與因素。流量池的觀念認為，「留量」比「流量」更重要，融入「自然引流」與「付費引流」的因素，並且結合各類主要引流媒體，將電商營運公式重新解構。首先，引流媒體可分為三大類：

1. **社群媒體引流**：TikTok、Facebook、IG、Line@等。

2. **搜尋引擎引流**：Google。

3. **整合行銷引流**：各種整合行銷帶動的引流。

再透過引流與費用關係，可區分為兩類：

1. **自然引流**：泛指「不需額外支付導流費用」就能達到引流效果。例如：免費的網美 IG 曝光、免費的部落客寫文、免費的「Facebook 社團」帶動的流量、免費賺到的新聞媒體報導等，不單單只有 Google 搜尋的自然流量。

2. **付費引流**：泛指透過「購買曝光版位而直接獲得」的付費流量。像臉書廣告、搜尋聯播網、KOL（關鍵意見領袖）業配。

值得注意是，品牌需要在「內容」與「會員經營」上下工夫，才能「自然引流」。例如：在社群經營上做創意發文，引發自然擴散的可能。自然引流的概念，是以感動人心的內容贏得引流。正因為你用心製作，才能因感動人心而引發自然流量的產生。

筆記欄

商品與服務創新

Airbnb 創業賣的是什麼？

Airbnb 共同創辦人暨執行長布萊恩‧切斯基（Brian Chesky）說，Airbnb 創業的念頭，源自於布萊恩的親身經驗。當時他和室友負擔不起美國舊金山的房租，於是決定在他們的出租房內擺三張氣墊床，提供無線網路、書桌、早餐等服務，並架設一個簡易的網站，以每天 80 美元計費，出租給需要的旅客。很快地，他們迎來第一組房客光顧並留下照片。

這在現今看來沒有什麼了不起！但在 2007 年，這種模式非常創新。Airbnb 相信世界上一定有許多像他們一樣負擔不起房租，或是想要賺取業外收入的人，同時也有一群預算有限無法負擔高昂飯店費用的旅客，而 Airbnb 正解決這群人的問題。

然而創業之初，要讓目標客群愛上你的產品並不是一件容易的事，除非你真的花時間和他們相處。為了理解房東的真正需求，Airbnb 的創業團隊特地從美國舊金山跑到紐約，去拜訪並敲開每一位房東的大門，拜訪了房東，還為房東的房源拍攝許多美觀的照片（因為許多房東並不擅長拍照，導致 Airbnb 的房源頁面不夠美觀，無法吸引消費者）。接著 Airbnb 與攝影師合作，為房東提供照拍服務，這樣做不只提升 Airbnb 房源的照片品質，也進而大幅提升 Airbnb 的業績。

共享經濟的核心理念是「信任」。這世界上所有人都是陌生人，你會讓陌生人住進你家裡嗎？Airbnb 要想永續生存，要做的就是建立「房東」與「房客」的信任機制。因此，Airbnb 要驗證他們的身分，知道他們從哪裡來，房客訂房後給予評價，而房東也能給房客打分數，形成一套信譽系統。

此外，雖然在美國矽谷，新興領域的創業家幾乎都是工程師。但 Airbnb 的創業者並不是工程師，也不具有科技背景。這說明了，並不是只有工程師才能在新興領域創業成功。如今 Airbnb 已是家喻戶曉的訂房網站，並被認為是全球新創的獨角獸。

Airbnb 認為，新創公司如果不想失敗，最好的策略就是「不要死」，全力以赴撐下去。大部份新創公司的死因多半不是他殺而是自殺，通常都是自我放棄，不了了之。

7-1 產品

一、何謂產品？

行銷大師 Kotler 定義：產品（Product）是指「可提供於市場上，引起注意、購買、使用或消費，並能滿足消費者慾望或需求的任何事物」。廣義的產品包括：有形產品（實體產品）、無形產品（服務）、人物、地方、組織、理念、事件、資訊、情報、體驗等。

產品的形式很多，廣義來說，產品不只是實體產品（如冷氣機、麵包）而已，還包括服務（如美術展覽、金融服務、理髮）、人物（如政治人物、演藝人員）、地方（如高雄、北京、東京）、組織（如公益團體、政府機構、慈善基金會）、理念（如男女平權、禁菸、反毒）、事件（如公司創立十週年紀念、奧林匹克運動會）、資訊（如百科全書和生活網站所提供的資訊）和經驗（如令人懷念的生日餐會）等。

產品有兩個重要的特質：(1)要具有價值；(2)要能在市場上進行交換。所謂產品要具有價值，是指產品對顧客而言要具有顧客價值，這樣顧客才會用錢或物品在市場上進行交換或交易。

產品是行銷活動的核心，也是行銷組合 4P 的起始點。行銷組合的產品決策是行銷組合 4P 之首，沒有「產品」，其他行銷組合的「價格」決策、「通路」決策、「推廣」決策也就沒有著力點。

二、產品的層次

2003 年行銷大師 Kotler 將產品細分成五大層次，如圖 7-1：

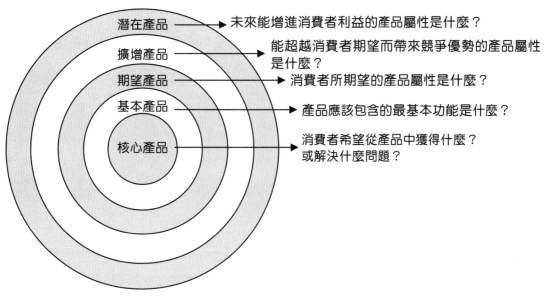

圖 7-1　產品的層次

1. **核心產品（Core Product）**：顧客真正想要的基本利益或服務。例如：女性購買化妝品主要是為了「想要變美麗」而不是想要「化學物質」——化妝品本身。任何產品都是在用以解決某種問題，因此所有產品對其目標顧客都有一種根本的利益存在，這種根本利益就是核心產品。

2. **基本產品（Basic Product）**：產品應該包含的最基本功能或屬性，係看得到、摸得到的實體。例如：洗衣機只有洗衣的功能，沒有其他額外附加的功能。通常基本功能的產品屬性，係指此產品若不具有這些屬性，就不配稱為這個產品名稱。例如：洗衣機如果沒有洗衣功能，那還稱得上是洗衣機嗎？

3. **期望產品（Expected Product）**：係指消費者在購買時所期望看到或得到的產品屬性組合。期望產品代表目標顧客心目中對這類產品的期望屬性，這些期望屬性往往會超出基本屬性的要求。例如：目標顧客可能會希望洗衣機不但能洗衣，還同時具有定時的功能或脫水的功能。然而，消費者對產品屬性的期望會隨著時間的改變而改變。

4. **擴增產品（Augmented Product）**：係指超越目前消費者的期望，為產品增添獨有的或競爭者所缺乏的屬性，這些產品屬性就稱為擴增產品。擴增屬性係為了與競爭者競爭，所展出來的產品屬性；亦即為了與競爭對手競爭，在產品屬性上作某些修改增加某些新的產品屬性，以便和競爭者有所區別。

5. **潛在產品（Potential Product）**：係指目前市面上還未出現的，但將來有可能會實現的產品屬性，或可能添加的產品新功能，例如：洗衣機加入自動熨燙衣服的功能。

三、產品的分類

若以購買者(產品的最終使用者)的目的來區隔，分類成消費品（Consumer Product）與工業品（Business Product），如圖 7-2。

一般而言，「消費品」可依商品取得過程區分成四大類：

1. **便利品（Convenience Goods）**：指消費者經常、立即購買且不必花精力去比較所購買之商品，如肥皂、香煙等民生用品，其可在一般商店，例如零售店、便利商店或在網路商店購買，其主要之購買關鍵為便於消費者購買之地點與充足之存貨。

2. **選購品（Shopping Goods）**：指消費者在選擇與購買之過程中，經常會比較適用性、品質、價格及樣式等，例如家具、服飾及家電用品等，其可在一般商店購買。對於選購商品，消費者在購買決策過程早期多對商品資訊不完整，故須先有資訊蒐集階段。其購買頻率較一般便利商品低，但價格一般較之為高。一般而言，在品質因素差不多的情形下，價格較低者多佔有優勢。

3. **特殊品（Specialty Goods）**：為具有獨特之特性及高品牌知名度之商品，通常須支付更多的代價取得，例如高級汽車或鑽石等。其可在專賣店購得，消費者多具有品牌忠誠度。

4. **忽略品（Unsought Goods）**：是指消費者知道或不知道此商品，但通常不會自行去購買它，如百科全書等。由於商品之特性使得廠商更重視廣告與人員推銷。

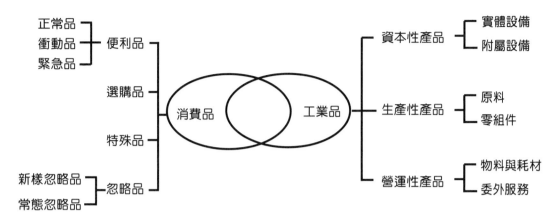

圖 7-2　產品的分類：消費品與工業品

　　工業品是指個人或組織為用於未來的製造過程或經營活動上所購買的產品。消費品與工業品的區別主要在於購買此產品的目的。工業品主要分為三類，包括資本性產品（設備）、生產性產品（材料與零件）、營運性產品（物料與委外服務）。

1. **資本性產品**：是指需要攤入購買者的生產或作業過程中的工業品，包括主要設備和附屬設備。主要設備由主要購買（如建築物）和固定設備所組成。附屬設備包括可移動的工廠設備及工具和辦公設備。

2. **生產性產品**：包括原料、加工後材料與零件。原料可在細分為農產品及天然產品。加工後材料與零件可以分成組合材料與零組件。

3. **營運性產品**：完全不攤入製成品的部份。物料包括一般用物料和維修物料。工業品中的物料就如同消費品中的便利品，通常花極少心力去重購。委外商業服務包括維修服務和商業諮詢服務。

四、產品管理：產品組合、產品線、產品品項

　　在探討產品管理時，通常可以分成三個層次來考量，如圖 7-3。首先考量「產品組合的層次」，其次考量「產品線的層次」，最後考慮「產品品項的層次」。

1. **產品組合（Product Mix）**：亦稱產品搭配（Product Assortment），是指企業所生產或銷售的所有「產品種類」與「產品品項」的搭配，包括所有的「產品線」和「產品品項」。「產品組合」決策可分為四個構面：寬度、長度、深度、一致性。

(1) 產品廣度又稱產品寬度,是指產品線的總量。

(2) 產品長度,是指產品線中的產品品項相加的總和。產品長度決策是指該產品線要由多少產品品項所組成。

(3) 產品深度,是指產品線中每一個產品品項目有多少種不同的單品。

(4) 產品一致性:是指各產品線在最終用途、生產要求、銷售通路及其他方面的相關程度。若相關程度越高,則產品一致性就越高。

2. 產品線(Product Line):是一組具有相似顧客群、銷售通路且功能類似的產品。產品線係由許多「產品品項」因行銷、技術或最終使用者之考量,而將其組合在一起規劃行銷。例如 Nike 依照使用者的不同,分為籃球鞋、網球鞋、高爾夫球鞋等不同的產品線。產品線決策包括:產品線縮減、產品線延伸、產品線調整、產品線填補。

(1) 產品線縮減決策:當產品開始衰退或產品已經過時,便要思考是否關閉該生產線。

(2) 產品線延伸決策:又可分為向上延伸、向下延伸、雙向延伸。

3. 產品品項(Product Items):係指一特定的產品,它在大小、價格、外觀或其他屬性方面有別於其他產品。例如 Nike 的喬登第 16 代鞋、蘋果的 iPhone 16 手機、BMW 的 Z5 跑車等,都是屬於產品品項。

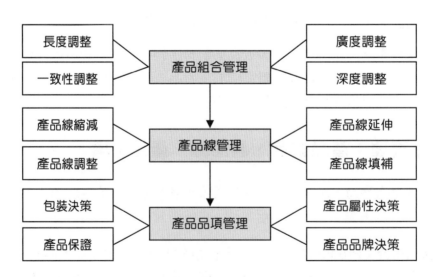

圖 7-3 產品管理:產品組合、產品線、產品品項

五、產品標籤

　　消費者藉由產品標籤（Label）可以辨認品牌名稱、製造商、產品成份、產品使用說明。因此企業可藉由產品上的標籤，塑造消費者對產品的認知，並且在消費者購買的當時影響其選擇。傳統上，標籤大多是用於有形的產品，然而標籤在網路上也具有同樣功能，只是在網路上的表現方式不同而已。一般來說，只要在網站上整合品牌名稱、製造商、產品成份、產品使用說明等產品資訊，就會有如同實體產品標籤般的效果。

　　產品標籤通常具有下列功能：1.提供產品相關資訊；2.有助於辨識產品或品牌；3.區分產品等級；4.促進銷售。

六、產品生命週期（PLC）

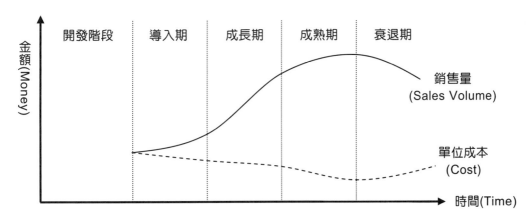

圖 7-4　產品生命週期

　　產品生命週期（Product Life Cycle，簡稱 PLC）是指一個產品被消費者接受以後，會經過一連串的階段，也就是導入期（Introduction）、成長期（Growth）、成熟期（Maturity）、衰退期（Decline），而在進入產品生命週期之前一階段為開發階段。產品生命週期也可以說是一個產品從誕生到死亡的歷程。典型產品生命週期曲線如圖7-4，其中橫軸為時間（Time），縱軸為銷售量（Sales Volume）。至於產品生命週期各階段的特性，則如表 7-1。

表 7-1　產品生命週期各階段的特性

項目		導入期	成長期	成熟期	衰退期
市場特性	銷售量	少	快速成長	銷貨量成長緩慢後，銷售量達到最大，並隨之開始下降	銷售量下降
	成本	高	成本下降	成本最低	成本比成熟期還高
	利潤	負	結束虧損出現利潤，並隨銷售量增加而增加	利潤開始下降	利潤下降
	主要顧客	創新追求者	早期採用者	早期大眾與晚期大眾	落後者與忠誠者
	競爭者	少（甚至沒有）	增加	最多	減少
	需求	初級需求	次級需求	次級需求	初級需求
行銷策略	行銷目標	讓目標顧客知覺並試用	在成長中的市場盡量取得市場占有率	從既有競爭者中取得市場占有率	減縮與收割
	產品	基本型產品，形式少且簡單	增加產品形式與功能	產品形式與產品功能最多	刪減沒有獲利的產品形式
	價格	高價	價格下降，但下降幅度有限	價格可能降至最低	價格穩定，有時還回升
	通路	有限通路	通路成員的數目與通路範圍增加	通路最廣泛、也最密集	刪減無利可圖的通路
	推廣	引發顧客對產品知覺，並借助大量促銷	強調品牌差異，搶占新增客層	大量強調品牌差異，鼓勵競爭者顧客的品牌轉換或維持自己的市場占有率	將整個推廣活動降至最低水準，只維持單純的告知

7-2 商品與服務：要切中消費者需求

一、商品與服務的功能訴求 ── 解決消費者的痛點、癢點、興奮點

來自中國的 ReelShort「爽劇」應用程式興起，近年在歐美大受歡迎。《經濟學人》2023 年 11 月引述統計稱，過去一個月 ReelShort 美國下載量近兩百萬次，曾單日超越 TikTok，成為蘋果 App Store 下載量最高的軟體。

ReelShort 賣的是短劇，它是網飛（Netflix）和抖音（TikTok）的綜合體。TikTok 影片夠短，但多半是用戶自拍，沒有什麼精緻的內容；網飛雖有正統影劇，卻失之太長，觀眾看完一季起碼要七、八個小時。ReelShort 結合兩者之長，例如它有一部影集《不要和億萬富豪女繼承人離婚》，一集兩分鐘，總共 55 集，觀眾最多花兩到三個小時就能看完。ReelShort 受歡迎的主因在於近似正規影視公司製作精緻的品質內容，和短影音的內容長度，剛剛好切中現今消費者的影音內容與時間長度需求。

此外，ReelShort 的短劇特點，一是內容短，劇情高潮點集中，觀眾易上鉤；二是驗證商業成果的週期短，回收效率高；三是製作成本低，時間短，大約一週就拍完。

短劇受歡迎的主因，還是在影音的「內容」。ReelShort 的母公司「中文在線」是靠網路輕小說起家。網路輕小說的情節只要一受歡迎，就很快引來無數模仿者，但若以「正規影視公司製作規格」拍成短劇，被抄襲的門檻就相對高很多。此外，ReelShort 還針對歐美市場進行在地化改造：內容題材仍是在中國已實驗成功的主題，例如霸道總裁愛上我、豪門恩怨等，只不過演員全換成金髮碧眼的歐美人。簡單來講，ReelShort 就是找一群老外演中國偶像短劇。ReelShort 主要目標顧客群非常明確：中年女性。ReelShort 短劇以「霸道總裁愛上我」的主題特別受歡迎，可見不論中西方，不少女性觀眾均有成為灰姑娘的憧憬。

商品或服務的切入點 {
- 痛點：解決消費者基本需求。
- 癢點：解決消費者附加需求。
- 興奮點：商品或服務帶給消費者的滿足感、幸福感、成就感。
}

圖 7-5 商品或服務的切入點：痛點、癢點、興奮點

二、產品思維：鎖定市場的真正需求

想要成功創業，必須要有比競爭者提供更能滿足顧客需求的產品或服務。創業家需要找出顧客的「真正」需求，用前所未有或是比競爭者更好的產品與服務來滿足這些需求。

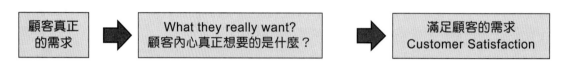

圖 7-6　產品思維：鎖定市場（目標顧客）的真正需求

假如我們的目標對象是上流精英，那麼我們的產品價值就在於提供能夠滿足上流精英的價值。如果這些上流精英想買一台車，那這些上流精英內心真正想要的，反應到我們提供的產品利益是高性能，而產品特色可能是碳纖車體、V12 排氣量引擎；產品利益是吸睛，而產品特色可能是流線外觀、科技座艙等；產品利益是駕馭感，而產品特色可能油壓式懸吊，如圖 7-7。

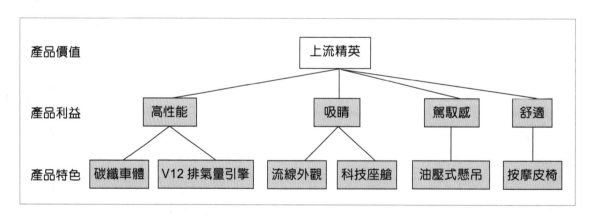

圖 7-7　針對上流精英的產品思維範例

產品與服務如何做到鎖定市場的真正需求，主要有三大步驟：第 1 辦識市場真正的需求；第 2 選擇經濟的解決方案；第 3 提供優於競爭者的產品與服務。如圖 7-8。

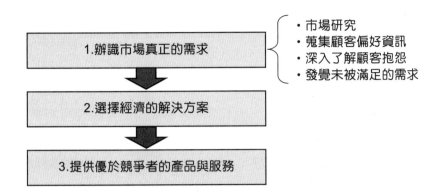

圖 7-8 鎖定市場真正需求的產品與服務思維流程

然而，在現實生活中，目標客群的需求是不同的，顧客的真正需求也很難掌握。因此給創業家一些忠告：

1. 絕對不要以一個無法滿足顧客真正需求的產品與服務來創業。

2. 絕對不要忽視顧客內心想要什麼樣產品與服務的任何潛在線索。

三、競爭產品分析（競品分析）

「競爭產品分析」的最基本作法是，列出一張大大的表，比較各個競爭對手商業模式（也許有多個產品線）、核心產品、目標客群、現有功能／模組、定價策略，目的是了解自己產品在市場的競爭力與差異化。

表 7-2 競爭品分析表

	本公司品牌	競爭品牌 1	競爭品牌 2
核心產品			
目標客群			
現有功能／模組			
定價策略			

當產品已經被市場驗證過，競爭品分析的價值就比較傾向於維持對市場的敏感度、發想新的商業模式、瞭解有什麼新的競品出現、或是現有競品推出什麼新的功能，從其他產品身上尋找靈感。

7-3 Product Market Fit

一、最佳商品設計師：顧客

顧客協同設計（Customer Co-design）是指與顧客形成商品協同設計團體，藉由顧客的能力或資源協助企業共同開發新的商品，進而創造對顧客更具價值的商品。企業採取「顧客協同設計」有許多好處，例如：「改進創新構想」，因為顧客能夠提供第一手的市場資訊、更創新的想法或是節省資源的辦法；「補強研發能力」，因為任何企業在設計、測試到商品化階段，一定有能力不足之處，顧客參與設計，能夠補強企業缺乏的能力與資源。

二、Product Market Fit：產品與市場完美契合

國際知名投資者、企業家馬克·安德森（Marc Andreessen）提出 Product-Market Fit 的概念，Product Market Fit 的簡寫是 PMF，是指產品和市場達到最佳的契合點，你所提供的產品正好滿足市場的需求。

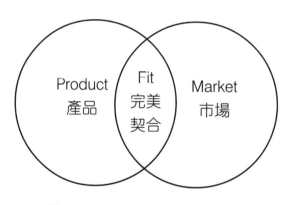

圖 7-9　Product Market Fit 概念圖

馬克·安德森（Marc Andreessen）認為，在達成 PMF 之前，過多的產品優化和過早的行銷推廣都是不必要的。

三、PMF 金字塔

Olsen 提出 PMF 金字塔模型，有助於企業有系統地實現 Product Market Fit。這個模型分為六個層級，分別是：1.你的目標顧客；2.你的目標顧客未被服務的需求；3.你的價值主張；4.你的產品功能集；5.用戶體驗（使用者體驗）；6.與客戶一起測試。

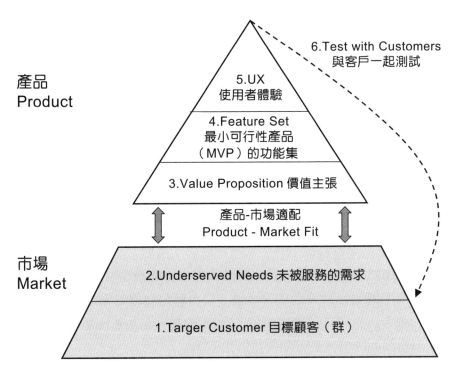

圖 7-10　PMF 金字塔模型

資料來源：https://www.mindtheproduct.com/2017/07/

the-playbook-for-achieving-product-market-fit/

企業可以藉由思考由下至上的五個層級，去實現 PMF。這五個步驟分別是：

1. **目標顧客群**：哪些人群未來將會是你產品的目標受眾，他們會購買或者使用你的產品。目標顧客群的設定，將是整個團隊的認知，設計開發的產品都是朝著這個方向。

2. **找到市場上那些未被服務的需求**：這個階段需要找到新藍海市場，目標顧客群有需求的可能，而市場的現有競爭者或未來潛在競爭者尚無法滿足，而且也不會快速滿足的領域。這需要一定的市場洞察力，或者把自己作為用戶來感同身受，或者對用戶進行深入的調研和訪談，發現那些需求，這樣的需求有幾種：

   (1) 即有需求：現有需求，但需求未被完全的滿足，或者是目前市面上產品或服務未能完全滿足該需求。

   (2) 潛在需求：目標顧客群有這樣的需求，但是目前沒有這樣的產品去滿足。

   (3) 未來需求：這樣的需求客戶自身也沒有意識到，當新技術或新模式的創新出現的時候，才會爆發出他們的某種需求。

3. **明確的價值主張：** 價值主張在於確定你的產品提供目標顧客哪些核心價值，準備解決目標顧客的哪些問題。

4. **確認最小可行性產品 MVP 的核心功能集：** 當確認產品的價值主張後，要把最小可行性產品 MVP（Minimum Viable Product）的產品功能集確定下來。這意味著，暫時不需要花大量的時間和人力把一個完整的產品創造出來，先把這個產品的最核心功能集呈現出來。核心功能是指目標顧客內心真正需要的功能。也就是我們之前提到的能解決「顧客痛點」的基本功能集。

5. **把最小可行性產品 MVP 做出來，讓用戶進行體驗：** 在確定 MVP 核心功能集之後，需要做出最小可行性產品 MVP，讓用戶去使用和感知。

6. **與客戶進行測試驗證：** 讓你的目標顧客去使用你的最小可行性產品 MVP，這個階段需要了解他們對於產品的反饋，是否滿足他們的需求，是否符合他們的邏輯，是否為他們真正帶來價值，還有哪些不足之處。這是一個循環的過程，甚至對前面的價值主張都要重新思考。

7-4 產品策略

產品決策是一連串的流程，該流程主要是由市場區隔（Segment）、選擇目標市場（Targeting）及市場定位（Positioning）三項基本決策所驅動，如圖 7-11。

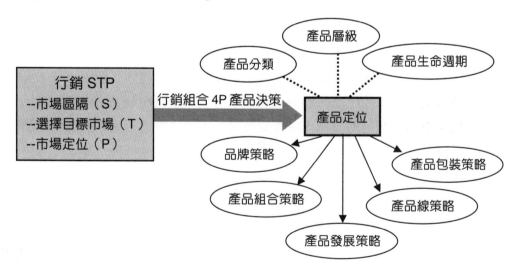

圖 7-11 產品策略管理

為了做這些決策，行銷人員必須先回答下列問題：

1. 對於消費者，什麼是重要的？

2. 在消費者認為重要的事情中，企業應該集中焦點在哪些部份？因為企業資源有限。

第一個問題能找出可行的產品定位決策，第二個問題則可找出不同的目標顧客群，以及相對應的產品定位決策。

一、產品組合策略

產品組合（Product mix）又稱為產品搭配（Product Assortment），係指賣方供銷給買方的產品線及產品品項的集合。產品組合可用廣度（Width）、長度（Length）、深度（Depth）、一致性（Consistency）來說明。

1. **產品組合的廣度**：指企業所擁有的「產品線」數目。產品線越多則表示產品組合廣度越大。假設有 5 條產品線，則其產品組合的廣度就是 5。有些產品組合很狹窄，只有一條產品線；有些產品組合則很廣，有很多條產品線。較廣的產品組合廣度，可使行銷者對其經銷商有較強的談判議價能力，對經銷商的控制力也較大，這是產品組合廣度較廣所帶來的經營優勢。

2. **產品組合的長度**：指企業所生產或銷售之「產品品項」的總數。產品組合的總長度除以產品線的數目即得產品組合的平均長度。

3. **產品組合的深度**：指企業「產品線」中每一個「產品品項」有多少種不同的樣式，也就是每一產品品項提供多少變體 —— 樣式或種類。假設白人牙膏有三種大小及二種配方，它的產品組合深度即為 6。將每一產品品項之深度加總計算，再平均之，即得產品組合之深度。

4. **產品組合的一致性**：指不同產品在用途、生產技術、配銷通路或其他方面相似的程度。

由產品組合的四個構面 —— 廣度、長度、深度、一致性 —— 可以協助企業擬定產品決策，亦即企業可以四種方式來擴展事業：

1. **廣度方面**：增加新產品線，從而拓寬產品組合。

2. **長度方面**：增加產品線內產品品項的數目。

3. **深度方面：**增加產品品項的樣式變化，以加深產品組合。

4. **一致性方面：**在產品組合裏追求一致的產品類型或產品線，以專注於某特定領域，在該領域內得享盛名。

二、產品線策略

基本上，企業有四種產品策略可供選擇：

1. **產品線延伸（Line Stretching）策略：**產品線延伸係指企業將產品線擴展至其他經營範圍。當企業決定增加新產品到現有的產品線，以擴大其產品線的經營範圍，增加競爭力時，企業通常會採行產品線延伸策略。基本上，產品線的延伸方式有三種：

    (1) 向下延伸：產品線向市場較低價或較低品質的產品範圍延伸。

    (2) 向上延伸：產品線向市場較高價或較高品質的產品範圍延伸。

    (3) 雙向延伸：同時進行向上延伸與向下延伸。

2. **產品線填補（Line Filling）策略：**在現有的產品線範圍內，增加更多的「產品項目」，以提供該產品線的完整性。

3. **產品線縮減（Line Pruning）策略：**在現有的產品線範圍內，減少「產品項目」數，以維持該產品線的競爭性。產品線縮減少一般而言係由於產品線擴張過度所致。產品線如果過度擴張，會造成行銷資源的不當分配或浪費，則可能會進一步侵蝕利潤。

4. **產品線調整（Line Adjusting）策略：**指產品線內產品品項的更新。由於市場環境的變化，消費者慾望的改變，以及競爭者的競爭態勢改變等因素，產品線必須定時更新調整，以維持掌握市場商機。

三、產品定位策略

安索夫提出產品/市場成長矩陣（Product / Market Expansion Matrix），如圖 7-12，其基本的策略方案是從產品（Product）和市場（Market）兩個層面著手，從而衍生出四種成長策略。

		產品	
		既存產品	新產品
市場	既存市場	市場滲透 （Market Penetration） 鼓勵增加使用量	產品開發 （Product Development） 運用新技術牽引出新產品
	新市場	市場擴張 （Market Expansion） 為既存產品尋找新客源	多角化 （Diversification） 新產品新市場

圖 7-12　產品／市場成長矩陣

1. **市場滲透策略：**在現有市場內，以現有產品，藉由說服既有顧客購買更多的企業產品，增加既有顧客對產品的使用量，或在獲得新顧客，以達到企業成長目標的決策。

2. **市場擴張策略：**以現有產品在新市場上行銷，以達企業成長目標的決策。而新市場可以是同一地理區的不同市場區隔，或不同地理區的相同目標市場。

3. **產品開發策略：**在現有市場上行銷新的產品，以達企業成長目標的決策。而產品開發策略的焦點，在於以最小風險來獲取潛在最大利益。

4. **多角化策略：**將產品及市場擴張至新的產品與新的市場。企業無法在既有產品與既有市場建立優勢或獲取想要利潤時，便可採取這種策略，這是一種風險最大的產品成長策略。多角化在程度上的不同，又分為：

    (1) 相關多角化：係指提供與既有產品有關的新產品，或新產品與新市場與現有的業務存在某種共通性。

    (2) 非相關多角化：係指提供與既有產品無關的新產品，而且新產品與新市場與現有的業務缺乏共通性。

此外，Hiam & Schewe (1995)兩位學者，將產品策略分為七大類型：

1. **全產品線與有限制的產品線：**只是程度上的不同，全產品線是指產品線有相當的寬度及深度。有限制的產品線則是指提供特定產品。

2. **產品線填充策略：**是指市場上若存有未被競爭者注意到的斷層，或因消費偏好改變而形成的斷層。而生產新產品以填補這個被忽略的市場。

3. **品牌延伸策略：**品牌延伸是指把原有產品的品牌擴大到其他產品品項。

4. **產品線延伸策略：**是指在相同基本型產品推出更多變化的類型。

5. **重新定位策略：**包括運用廣告及推廣活動扭轉消費者原有的認知。

6. **規劃的產品過時策略：**運用使產品過時的策略，以提高替代品的銷售額。

7. **產品撤出策略：**當產品開始衰退或已經過時，企業便要決定何時把該產品正式退出生產線。

四、新產品策略：不創新就只能坐以待斃

為了生存企業必須在競爭激烈的市場中，不斷的推出新產品，不斷調適自身的市場定位、產品定位、品牌定位，藉此改變市場競爭基礎，提升自身的競爭優勢。因此，創新與改變調適的能力，是企業在競爭市場中長期生存的關鍵條件。

有六種新產品策略可供選擇，第一個是「創新發明」也是風險最高的策略，第六個是「降低現存產品成本」則是風險最低的策略。

1. **創新發明：**初次問世，對世界而言，該產品是從沒見過的。

2. **新產品線：**以現有的品牌名稱，然後在完全不同的類別內，創造新的產品線。

3. **附加在現存產品線：**在現有的產品線，增加新的規格、尺寸、口味、風格或其他變更。

4. **修改現存產品：**改良即有產品，以取代舊有產品。

5. **產品重新定位：**產品並沒有多大改變，只是改變其產品定位。

6. **降低現存產品成本：**產品並沒有實質上的改變，只是想辦法降低其成本。

通常新產品開發將經歷六個階段，如圖 7-13，稱為新產品開發程序：

1. **產品創意：**要發掘創意，得需先從顧客需求著手，根據調查 80%的企業指出顧客是新產品創意的最佳來源，許多企業通常會去分析顧客抱怨或者是關於產品的意見或問題，藉以發覺新產品的市場機會。

2. **檢視創意**：在這階段，通常企業靠經驗與判斷檢視各種新創意，而非市場或競爭資料。這又可細分為「構想篩選」與「概念發展與測試」兩階段。在篩選創意時，可以考慮下列幾個構面：新產品的獨特性優勢、市場本身的吸引力、企業資源的配合度。

3. **經營分析**：一旦發展出產品概念後，就要進行具體的經營計畫書以規劃行銷策略，此即步入經營分析的階段。通常包含兩大部份：估計新產品的銷售量與銷售額、預測新產品的成本與費用。

4. **開發原型**：在確認經營分析的結果可行之後，開發新產品的原型，以便觀察此產品概念的利益是否能夠表現出來。通常開發原型需要大量的投資，因此這個階段的新產品開發成本急速上升。此外，還得檢視該產品在實際使用時是否安全，即進行所謂功能性測試。

5. **市場測試**：除了原型開發階段的內部測試之外，接著要進行實際顧客的市場測試。

6. **商品化**：市場測試成功或視其結果調整產品規劃後，就邁入商品化或上市的階段，以進行全面「量產」。接著，訂定價格、擬定銷售通路與推廣策略、撰寫宣傳與廣告文案、執行行銷活動。

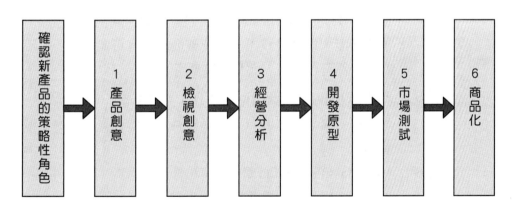

圖 7-13 新產品開發程序

資料來源：Michae J. Etzel 等人原著，黃營杉審閱，行銷學，美商麥格羅‧希爾, 2001, p.270.

新產品選擇進入市場的時間點十分重要，一般有三種選擇：

1. **搶先上市**：基於先佔先贏（First Mover Advantage）的想法，許多企業都樂於搶先上市以搶佔關鍵通路與顧客，以獲得領導廠商地位。

2. **同步上市**：此法的優點是可與競爭者共同分擔宣傳促銷成本。若是與異業結盟的同步上市，還可能獲得相得異彰的加乘效果。

3. **延後上市**：若選在競爭者進入市場後才跟進，也可能獲得三種利益，(1)競爭者必須負擔教育市場或消費者的成本、(2)可避免競爭者所犯的錯誤、(3)可藉競爭者探知市場規模與消費者反應。

五、新創商品開發

新創商品開發分為兩個階段、六個步驟：

第一個階段：概念驗證階段

> 步驟 1： Concept：概念。好的創意構想或點子（Idea）。
>
> 步驟 2： POC：Proof of Concept 概念驗證。驗證你的構想或點子。

第二個階段：量產實現階段

> 步驟 3： EVT：Engineering Verification Test 工程驗證。關注重點在於設計的可行性，因此所有可能的設計問題都必須被提出來一一修正，並檢查是否有任何規格被遺漏了。
>
> 步驟 4： DVT：Design Verification Test 設計驗證。關注產品規格，驗證整機的功能，重點是找出設計及製造的所有可能問題，以確保所有的設計都符合規格，而且可以量產。
>
> 步驟 5： PVT：Production Verification Test 量產驗證。不只是簡單的打樣，還要做大量生產前的製造流程測試。檢視產線、估算工時、確認產能。
>
> 步驟 6： MP：Mass Production 量產。關注量產的品質、良率、包裝。最後，確認整條生產線的標準量產程序。

圖 7-14 新創商品開發的六個階段

7-5 產品包裝設計

「包裝」是顧客與品牌的聯繫，創業者要好好運用品牌包裝、視覺行銷和包裝設計，並在包裝中注入品牌理念、品牌價值觀及品牌故事，成功傳遞給顧客，這才是品牌營運的第一步。品牌包裝十分重要，好的產品包裝設計，甚至可以成為您與其他品牌的競爭利器。

一、什麼是包裝設計？

包裝最初的功能為保護商品，隨著行銷概念的興起，如今已逐漸變成產品宣傳的角色，產品包裝設計的存在意義是實現產品的「商業價值」。消費者大多都會對吸睛的包裝設計充滿興趣，或者會因產品包裝設計符合喜好而產生嘗試的心理，因此優質的產品包裝設計要能夠燃起消費者的購物慾。

產品包裝一般分為三個層次：

1. **基本包裝（Primary Package）**：是指最接近產品的那層包裝，通常是內層包裝，是用以保護產品的最重要防線，例如用以包裝香水的香水瓶。

2. **次級包裝（Secondary Package）**：是指產品的第二層包裝，通常是外層包裝，例如用以裝香水瓶的紙盒。

3. **裝運包裝（Shipping Package）**：是指為方便裝載運送產品的最外層包裝，例如用以裝運香水瓶紙盒的大瓦楞紙箱。

包裝的功能在於：(1)保護產品；(2)方便使用或攜帶；(3)傳達資訊或方便辨識；(4)保護智慧財產權；(5)建立品牌形象，推廣產品。包裝被稱為「無聲的推銷員」。

二、包裝的法則

現今「包裝」有幾個法則：

1. **包裝設計要簡潔明瞭**：產品才是品牌的核心，包裝給予品牌精神但設計且忌過於複雜，保持簡單明瞭是最基本的概念，最好讓消費者一看產品包裝就會有消費衝動，想要了解裡面裝的是什麼產品。

2. **同一系列產品包裝應有一致性**：品牌在打造同一系列的產品時，會希望讓同樣類型的產品看起來是具有明顯關聯性的，因如同一系列產品的包裝就應該具有一致性。

3. **要能提高買家購買慾**：好的品牌設計包裝，並不是在包裝盒上畫幾幅畫或弄些花紋，而是要能提高買家購買慾。

4. **包裝要夠 Instagramable**：好的包裝，要夠矚目，令顧客自願把你的產品分享到 Instagram，大大增加 Hashtag 率。

5. **分析競品的包裝設計**：以實體零售通路來說，例如超商、超市、便利商店，一般都會將同樣品類的商品放在一起。因此，在進行產品包裝設計之前，一定要先針對競品的包裝設計進行分析，找出可能的差異化切入點，創造與競品的差異性，建立品牌的識別性。

三、包裝與品牌的關係

包裝設計跟品牌之間的關係，主要有三點：

1. **包裝設計能為品牌傳遞資訊**：包裝上通常會有品牌的主題色、Logo、標示、文字、圖像、標章等，包裝上的所有資訊都跟「品牌形象」與「品牌定位」息息相關。包裝是讓消費者對品牌留下長遠印象的重要關鍵。當顧客對於第一次的消費體驗感到滿意，則包裝可以讓顧客和品牌建立連結，為品牌創造日後更多的回購數。

2. **包裝設計是品牌行銷與銷售的幫手**：對於知名品牌，不用依賴銷售人員，消費者單憑包裝上的文案、Logo 或圖像，就能掌握品牌的特性。當消費者被吸睛的包裝設計所打動時，可能會誘發消費者的購買慾。

3. **包裝設計可以呈現品牌質感，述說品牌故事**：包裝設計時，以品牌的主題色、Logo、文字、圖像、標章等呈現品牌的調性與質感，並以文案述說品牌故事。

品牌經營與
企業識別系統

微熱山丘不打廣告、不花預算行銷

品牌經營是台灣大多數企業的痛，但仍有企業在不花預算行銷、不打廣告的情況下，建立品牌。

2008 年台灣面臨金融海嘯，商業市場一片狼藉，微熱山丘卻選在這個時候創立。來自南投 139 縣道三合院旁的鳳梨酥品牌「微熱山丘」，不打廣告、不花預算行銷，也不選在熱門的市中心或知名商圈，只有奉行最基本的待客之道：招待自家糕點「鳳梨酥」與茶飲，賣的是「鄉下人的熱情」。一切反璞歸真，回到行銷的真正核心「產品與服務」。產品與服務對了，就成功了一半。

「微熱山丘」當年品牌規畫時，便邀請品牌顧問來到南投，訪問家人、鄰居，在三合院生活，傍晚就在三合院中一起吃飯。傍晚三合院地板還留有餘溫，外面涼風徐徐吹動，這種微熱的感覺很好，因此就取名「微熱山丘」。此外，品牌名字中也體現了鄉下人溫暖好客的精神。鄉下人溫暖熱情的招呼你，你可以感受到愉快真誠，不會太過度熱情，就是一種微熱的溫度。

「微熱山丘」的微熱溫度是該品牌的精神指標，其落實到商品周邊的各種層面上。例如微熱山丘的產品包裝，簡單俐落的牛皮紙盒，不需要過度設計印刷，依然可以感覺到質樸細緻。

現代的消費者要的是實在的東西，品牌要做的是「用心」而不是「花錢打廣告」。「微熱山丘」的品牌做法很簡單，就是「奉茶」服務，只是一個鄉下人溫暖招待朋友的概念。品牌到底有多真誠，客人都是知道的。「微熱山丘」的創始店其實交通不算方便，客人好不容易來到門市，真誠地請客人坐下來，坐在三合院中，奉上一顆鳳梨酥、喝杯茶，沒有要客人一定要買，那只是「微熱山丘」的基本待客之道，不做其他行銷，不打廣告，不買關鍵字，就是「奉茶」。

8-1　品牌

一、什麼是品牌

　　美國行銷協會（American Marketing Association，簡稱 AMA）定義，品牌（Brand）是指名稱（Name）、名詞（Term）、設計（Design）、符號（Symbol）或這些組合，用來辨識和競爭者的產品以形成差異化。

　　維基百科定義，「品牌」是指產品或服務的象徵。而「商標」是指符號性的識別標記。品牌管理所涵蓋的領域，包括商譽、產品、企業文化以及整體營運的管理。

　　企業沒有品牌時是「你找客戶」，當企業有品牌時是「客戶找你」。只有成為品牌，才能降低企業的「拓客成本」。行銷的市場邏輯就是從「賣產品」，變成「行銷品牌」。大品牌那麼牛，就是它的拓客成本比你低，可是新媒體的出現，給了小品牌「換道超車」的機會，也就是不用只在傳統通路上與大品牌競爭。「新零售」實際上就是小品牌的「新通路」。社交電商、社群電商、興趣電商、直播電商、內容電商，這些都是「新通路」。所以「新媒體」的「新通路」價值對小品牌企業更大，因為它給小品牌換道（新通路）超車的機會。

二、常見的品牌的表達方式

1. **品牌名稱（Brand Name）**：是指品牌可以用語言稱呼的部分。

2. **品牌標記（Brand Mark）**：是指品牌中可以被認出、易於記憶但無法用言語稱呼的部分，包括符號、圖案或明顯的色彩或字體，又稱「品標」。

3. **註冊商標（Trademark）**：是指由文字、圖形、顏色、記號、聲音等元素組成，可以使消費者認識、辨別，甚至了解此品牌或商品的特性。商標經註冊後受法律保障，可享永久的獨家品牌專用權。

三、品牌：消費者的心智地圖

百事可樂與可口可樂爭鬥了 100 多年，這 100 多年間有至少 100 家其他可樂公司都倒閉了，只有百事可樂活下來，繼續與可口可樂爭鬥。百事可樂的策略是，我承認可口可樂是經典可樂，但「經典」那就表示老，那是你爺爺奶奶那一輩的可樂，如果你想選擇年輕一代的新可樂，來吧，就選我百事可樂。百事可樂很聰明，它不在可樂上做文章，不在產品上做文章，而是在消費者的心智概念上做文章。心智是一種概念，是在消費者心智中區隔你和你對手品牌的差異。

四、品牌命名決策

1. **個別品牌（Individual Brand）**：是指公司對其所生產的不同產品使用不同的品牌名稱。

2. **雙品牌（Dual Brand）**：是指一家公司在同一產業中同時擁有並推廣兩個獨立的品牌。這兩個獨立品牌在品牌定位、價值觀、目標客群等方面存在差異，但都由同一家公司所擁有與管理。

3. **家族品牌（Family Brand）**：是指公司決定將其所生產的全部產品統一使用一個品牌名稱，以形成品牌系列。

4. **分類家族品牌（Separate Family Brand）**：是指公司對於不同產品類別或不同產品線使用不同的家族品牌名稱。

5. **特許品牌（Licensed Brand）**：是指一些不知名的公司出資獲得另一家公司的品牌使用權利，被購買使用的品牌通常具有較高的聲望與知名度，而且往往與購買品牌使用權的公司屬於不同的行業。

8-2 新創事業的品牌建構

一、品牌定位

　　品牌定位是指企業在「市場定位」和「產品定位」的基礎上，對特定的品牌，在文化取向、個性差異上的商業性決策，它是建立一個與目標市場有關的品牌形象的過程和結果。簡單來說，品牌定位是指為某個特定品牌確定一個適當的市場位置，使該品牌在消費者的心中佔有一個特殊位置，當某種「需要」突然產生時，能隨即想到該品牌。

二、市場定位、產品定位與品牌定位

1. **市場定位**（Marketing Position）：是指企業對目標顧客群或目標市場的選擇。

2. **產品定位**（Product Position）：是指企業要用什麼樣的產品（功能、屬性、樣式）來滿足目標顧客群或目標市場的需求。

3. **品牌定位**（Product Position）：是消費者分辨區別產品品牌，和選購產品的主要依據，用以易於區隔競爭品。

　　理論上，企業應先進行「市場定位」，然後才進行「產品定位」。「產品定位」是市場定位產品化，是對目標市場的選擇與產品相結合的過程。「產品定位」是為了與競爭者做有效的產品區隔，好的產品定位必須從瞭解顧客如何選擇產品的角度開始，找出深具潛力的產品定位缺口。

　　一旦企業確定了「市場定位」與「產品定位」，接下來就要形塑相應的「品牌定位」，以爭取目標消費者的認同，讓消費者輕易認出您的「品牌」，將您與其他競爭對手區隔開來。「品牌定位」是企業傳播產品相關訊息的基礎，也是「消費者選購產品的主要依據」，因而品牌成為產品與消費者連接的橋梁，「品牌定位」也就成為產品在消費者心中的心理定位。

三、品牌定位工具：品牌定位地圖

　　品牌定位地圖（Branding Positioning Map）是「品牌定位」常見工具，又稱產品知覺圖（Perceptual Map），適用於分析品牌的定位、單一產品定位、或是整個產品線

的定位，用宏觀的角度，在消費者的心裡建立一個有價值的地位。品牌定位完成後，也決定了品牌的價格區間。

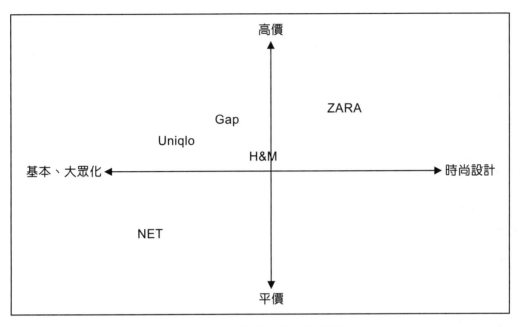

圖 8-1　品牌定位地圖範例

四、品牌定位要思考的事

品牌定位要思考以下幾點：

1. **目標市場**：你的產品或服務主要是為哪一類消費者設計的？

2. **獨特賣點**（Unique Selling Point，簡稱 USP）：你的產品或服務有什麼獨特功能或特別之處，能使其在市場上脫穎而出？

3. **價值主張**：你的品牌為消費者提供了什麼樣的實際價值或感性價值？這可以是質性或量性、價格、情感聯繫等。

4. **品牌個性**：假如果品牌是一個人，它會是什麼樣的人？是年輕而充滿活力的，還是成熟而可靠的？

5. **視覺和語言定位**：所有包括 Logo、標誌、顏色、字體、語氣等，這些都應與品牌的整體定位一致。

6. **競爭分析**：相對於市場上的其他品牌，你的品牌有何優勢和劣勢，差異性是否能被目標客群所感知？

在充滿類似商品或服務的環境下，清楚地「品牌定位」能幫助我們了解，市場為什麼還需要我這個品牌、消費者為什麼會選我而不是其他競爭者。

創業是追求「商機」和「獲利」的過程，品牌經營則是一個長期積累和深度挖掘的過程，涉及更多的消費者情感和心理層面。在創業的過程中，一個成功的創業家可能只需要找到一個有效的商業模式；但要建立並經營一個成功的品牌，則需要正確回答「我是誰？」「我在上市場的價值是什麼？（我的價值主張是什麼？）」以及「我為什麼能存在？」（顧客需要我存在的理由是什麼？）

五、價值主張

價值主張圖（Value Proposition Canvas）是由「目標客群的描述」，在加上「品牌價值主張的內容」組合而成。在製作價值主張圖時，需先針對目標客群進行分析描述，可以分成三個步驟：

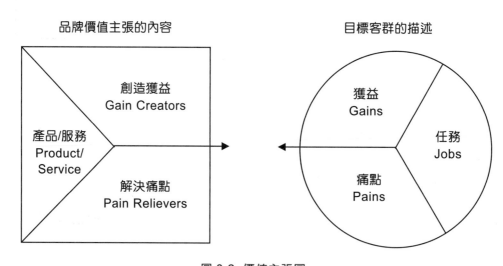

圖 8-2 價值主張圖

1. **獲益（Gains）**：思考顧客獲得什麼？什麼樣的商品或服務可以使顧客順利的達成其「任務」或解決其痛點？

2. **任務（Jobs）**：思考顧客要完成什麼樣的「任務」？生活上或工作上，顧客日常需要完成哪些特定事項？

3. **痛點（Pains）**：思考顧客日常可能遇到什麼問題？有什麼樣的阻礙造成顧客無法完成任務？

第二部份品牌「價值主張」是關於品牌需要創造什麼樣價值的內容描述，同樣分為三個步驟來思考：

1. **創造獲益**：我們能為顧客「創造什麼樣的獲益」？為了提供目標客群獲益，我們的品牌理念和精神是什麼？建議可以從「馬斯洛的需求層次理論」來幫助思考。

2. **產品與服務**：我們能為顧客「提供什麼樣的產品和服務」？我們可以提供什麼樣具體的產品和服務，使目標客群能順利完成其任務？

3. **解決痛點**：針對顧客的痛點，我們有什麼「痛點的解決方案」？具體描述我們要用什麼方式解決目標客群的問題？有哪些是我們辦得到的？

8-3 新創事業的品牌經營與推廣

一、品牌接觸點

Tom Doucan (1995)定義，品牌接觸點（Brand Touch Point）是指顧客有機會面對一個品牌訊息的情境，無論是有形的或是無形的。

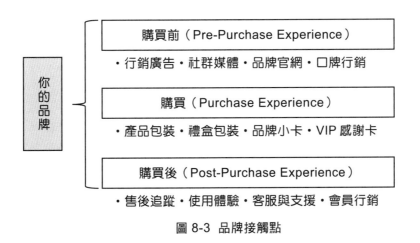

圖 8-3　品牌接觸點

人有五感：視覺、聽覺、嗅覺、味覺、觸覺，所有觸發消費者這五感的都是接觸點，透過這些接觸點，品牌與顧客互動，是品牌行銷非常重要的一環。許多品牌花了大把預算在行銷活動上，卻沒有得到相對應的回饋，這很可能是因為品牌與消費者的接觸點設計不良。

二、創業者不可忽略的品牌經營要素

創業者不可忽略的品牌經營要素：定位、識別、產品、行銷、客服。

1. **品牌定位**：第一步要先清楚了解自身的品牌價值以及自身的市場定位，進而創造品牌的獨特賣點（Unique Selling Point，簡稱 USP）。

2. **品牌個性**：運用品牌六慾工具「眼、耳、鼻、舌、身、意（意念）」，找到屬於自己的鮮明品牌個性。

3. **產品**：運用 FAB 架構，把產品功能轉換成吸引目標客群的品牌價值。先思考目標客群購買產品的真正理由之，再思考怎麼把產品的功能，轉換成目標客群可以理解可以接受的價值。

Feature	產品的最大特色是什麼？
Advantage	產品具有什麼優勢？
Benefit	能帶給目標客群什麼利益或價值？

圖 8-4 FAB 架構

4. **品牌行銷**：行銷策略的制定和實踐對於品牌打入目標市場十分重要。這包括設計品牌元素，如標誌、符號、包裝、標語等，並利用這些品牌元素制定行銷策略與行銷活動，以有助於強而有力的品牌價值傳遞、凝聚品牌訊息，提升品牌的知名度與好感度。

5. **顧客服務與支援**：品牌經營的最後一道關卡，「品牌資產的維繫和成長」這就需要「顧客服務與支援」的長期顧客關係維繫。

三、品牌經營的五個步驟

1. **步驟 1 —「定義品牌核心價值」**：企業要創造一個品牌，首先要找出品牌經營的定位與價值，簡單來說，就是找出差異點與顧客進行溝通。發想品牌定義價值時，可根據要販售的產品或服務，去思考哪樣的定位能更符合銷售的產品形象。

2. **步驟 2 —「找出目標受眾」**：目標受眾（Target Audience，簡稱 TA）是品牌經營想要吸引的主要客群。「找出目標受眾」可以幫助企業進一步了解誰

會被你所經營的品牌所吸引，透過哪些管道宣傳會更有利，並設計相關行銷策略，讓品牌經營更加順利。

3. **步驟 3 —「競品分析」— 找出你的獨特性在哪**：想要經營好一個品牌，分析潛在競品，並進一步去了解對手，也是很有幫助的。競品是你的品牌競爭者，分析競爭者的品牌經營策略，了解他們的目標受眾與價值，並想辦法做出自身品牌不同之處，或是能夠更好的地方，並凸顯自身品牌的長處，能讓你的品牌經營更有特色與優勢，也利於制定未來的策略，並認識品牌的市場與發展性。

4. **步驟 4 —「建立品牌識別度」**：訂定品牌經營的核心價值，並了解目標受眾與競爭對手後，接著要創造出屬於自身品牌資產以區別其他品牌，品牌資產包含品牌 Logo、品牌設計原則等，讓目標受眾在瀏覽品牌網頁、產品、社群時，更能辨識出品牌。

5. **步驟 5 —「分析並維持良好品牌形象」**：在品牌經營中，建立品牌與維持品牌同等重要，以留住目標受眾並吸引潛在客群。透過多與目標客群互動，並搜集他們的回饋，分析相關大數據，以了解品牌成效，以及維持品牌的熱度與形象。此外，積極改善品牌，提供更好的產品與服務，讓品牌經營成效越來越好，讓目標受眾更喜歡你品牌提供的價值。

品牌價值溝通元素有四：(1)Logo 設計、(2)企業識別、(3)風格設定、(4)品牌故事。作法是先「找出與其他品牌的差異點」，然後「形塑與其他品牌不一樣的價值」，透過品牌價值溝通四元素與目標客群進行溝通（洗腦），以創造競爭優勢。

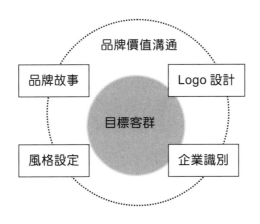

圖 8-5　品牌價值溝通元素

四、品牌經營 4V 架構

品牌經營 4V 架構可以幫助品牌思考品牌經營的過程與方向，能讓品牌經營更有系統。

1. **Visual 品牌視覺**：代表品牌的視覺設計。

2. **Voice 品牌聲音**：是與目標受眾的溝通方式。品牌聲音是為了向目標受眾傳達品牌的形象，所形成的獨有聲音。品牌聲音不只是具體的音訊，更多是指「傳達的方式」。

3. **Vision 品牌願景**：是定義品牌的未來展望。品牌願景陳述應該具有以下特質：(1)易於分辨具獨有性、(2)易於了解、(3)不需要太長、(4)易於激發人心。例如 IKEA 的品牌願景「為大多數人創造更美好的生活」；Instagram 的品牌願景「捕捉和分享世界的精彩瞬間」。

4. **Values 品牌價值**：是品牌的核心價值。品牌價值是品牌要素中最核心的部分，也是品牌有別於同類競爭品牌的重要標誌。

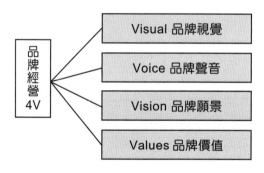

圖 8-6 品牌經營 4V 架構

五、品牌識別

品牌識別（Brand Identity）是品牌主動透過符號、文字、影像等品牌設計，傳達想讓消費者知道的品牌價值。企業透過品牌識別，藉此試圖影響品牌在消費者心中的地位與認知，但無法控制最終在消費者心中的品牌形象。

品牌識別系統（Brand Identity System，簡稱 BIS）是指利用視覺、聽覺等五官直接傳達給消費者訊息，因此除了視覺與聽覺以外，可能還包括觸覺、嗅覺、味覺。

六、品牌識別工具

新創業者使用「品牌識別工具」，能幫助其更快速地了解及認識品牌，也能更清楚品牌和顧客之間的連結點，並依此作為制定品牌行銷策略的根據。常用的品牌識別工具有三：IPSE、品牌識別稜鏡（Brand Identity Prism）、品牌平台（Brand Platform）。

1. **IPSE**：是由 Berger-Remy 提出的品牌識別工具，能迅速地了解品牌的核心價值。IPSE 建立在四個主要的面向：

    (1) Ideology（品牌思想）：品牌的核心價值是什麼，品牌相信的是什麼。例如 PChome24H 的品牌核心價值就是「24 小時內絕對送達」。

    (2) Personality（品牌個性）：品牌帶給人的觀感。試想如果這個品牌是一個人，你會怎麼去形容他？例如創新的、優雅的、經典的等。

    (3) Signs（品牌標誌）：能承載品牌意義的符號或元素，包含顏色、圖形、圖像、符號、LOGO、人物等，例如麥當勞經典的黃紅配色。

    (4) Emblems（品牌象徵）：代表該品牌精髓的標誌性商品或服務是什麼？例如愛馬仕（Hermes）的經典包款柏金包（Birkin）和凱莉包（Kelly）。

圖 8-7 IPSE 品牌識別工具

2. **品牌識別稜鏡（Brand Identity Prism）**：卡普費雷（Kapferer）提出，「品牌識別稜鏡」是由六個要素所組成：

    (1) 體質（Physique）：指品牌的實質特徵，亦即消費者可在視覺上感知到的關於品牌的一切。

    (2) 個性（Personality）：指品牌的特質，不像體質這麼具體，抽象來說，如果品牌是個人，他會是哪種人？是充滿自信的，還是充滿陽光的等等。

    (3) 關係（Relationship）：指品牌與消費者之間的關係連結，強調品牌與顧客之間的情感關係，而非金錢關係。牢固地「消費者與品牌情感關係」能幫助品牌獲得更高的品牌忠誠度。

    (4) 文化（Culture）：指品牌的核心價值，品牌在社會文化中的定位和意義。品牌是怎麼誕生的？品牌有什麼使命？…等。

(5) 主觀形象（Self-Image）：指顧客想藉由消費這個品牌傳遞什麼樣的個人形象。品牌在消費者的心中是怎麼樣的？

(6) 客觀印象（Reflection）：指消費這個品牌的顧客帶給人的印象。品牌希望顧客成為誰？或成為什麼樣子的人？例如，星巴克希望拿起星巴克咖啡的人是有品味的都市人，以此給目標受眾帶來根深蒂固的印象。

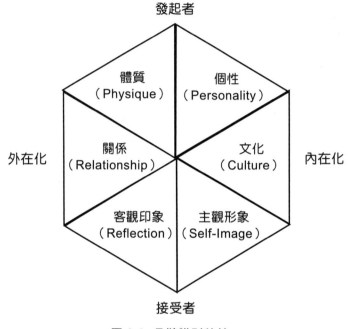

圖 8-8　品牌識別稜鏡

3. **品牌平台（Brand Platform）**：是品牌的策略工具，也是品牌的管理工具。明確定義出品牌的理念和方向，對內能讓員工深刻體認品牌的價值並抱持相同的信念（通常會出現在員工手冊中）；對外溝通時則能建立強烈的品牌形象。

(1) 品牌願景：品牌在未來3到5的目標是什麼？會面臨什麼樣的挑戰？長遠的品牌願景能幫助企業內部團隊達到共識。例如：特斯拉（Tesla）堅相，世界未來不再依靠石化燃料車，將朝零污染的方向邁進，世界就會越好。

(2) 品牌任務：品牌存在的理由是什麼？賦予品牌存在的意義。例如：全聯便宜有好貨。

(3) 品牌歷史：品牌的創始者、重要時點的里程碑。例如：標誌性商品的推出、創新技術的推出等。

(4) 品牌夢想/野心：對品牌而言做到什麼樣的程度才算是成功？

(5) 品牌價值：品牌相信什麼？品牌的理念是什麼？

(6) 品牌保證：提供給顧客什麼特別的體驗、價值、產品、各種附加價值。例如購買你的產品會有什麼售後服務、維修服務、保固等。

(7) 品牌定位：品牌希望給予顧客什麼樣的市場定位印象。

(8) 品牌個性：品牌的性格如何？親民的？領導者？專業的？

(9) 品牌密碼：能代表品牌的標誌性元素，例如符號、元素、顏色、形狀…等具體可見的標誌性元素。

(10) 品牌資產：商品、技術、專利、人力資源、專案計畫、投資者等。

透過這些品牌平台工具釐清品牌的目標和定位，再制定行銷策略及品牌營運計劃，才不會偏離品牌核心價值。

8-4 企業識別系統與店面識別系統

一、企業識別系統（CIS）

連鎖企業和一般企業的最大差異，在於其各分店（不論是直營店或加盟店）同質性很高，每一分店的服務、佈置、色彩及 SOP 運作等，均需維持一定的品質和步驟。因此，建立系統化制度和手冊化管理，是連鎖經營成功的要素，而手冊化管理和系統化制度的規劃，均離不開企業識別系統（CIS）的規範。

企業識別系統（Corporate Identity System，簡稱 CIS）是指透過有形的展示如商標、色彩、標準字，及無形的展示如精神標語、口號，而將企業的經營理念、企業精神及企業特性等傳達給周遭的利害關係人（Stakeholder），包括對內的員工及對外的消費者，使周遭利害關係人對企業能夠有所瞭解，對企業產生認同，進而達到行銷的目的。利害關係人是指企業內外受企業活動而影響其利害的個人或團體。

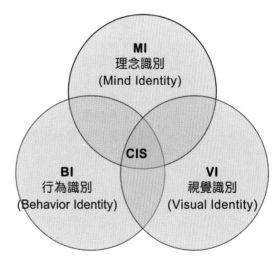

圖 8-9 企業識別系統（CIS）的
三個要素（子系統）

一般來說，企業識別系統（CIS）由三個要素（子系統）構成，即理念識別系統（Mind Identity System，簡稱 MI 或 MIS）、行為識別系統（Behavior Identity System，簡稱 BI 或 BIS）、視覺識別系統（Visual identity System，簡稱 VI 或 VIS）。

1. **理念識別（Mind Identity，簡稱 MI）**：是指一個企業具有獨到的經營哲學、企業宗旨、策略目標以及倫理道德等，而區別於其他企業的特徵。理念識別的目的，在於清楚界定企業的經營理念，使所有員工都能對其理念有所瞭解，進而實踐，作為企業識別的基礎。

理念識別	經營理念
	精神標語
	企業文化
	企業性格
	經營策略
	形象策略

圖 8-10 理念識別元素

2. **行為識別（Behavior Identity，簡稱 BI）**：是指對企業各項內外運行活動所作的規範，藉以統一全體員工的行動，以共同塑造企業的良好形象。例如，企業透過整體性、有系統的活動，將其經營理念、特色及其所欲傳達的內容加以表達，包括對內的教育訓練、管理制度及對外的行銷活動、公益活動等。

	對內	對外
行為識別	1.員工教育	1.市場調查
	2.幹部訓練	2.產品開發
	3.工作環境	3.公共關係
	4.員工福利	4.促銷活動
	5.銷售標準化	5.物流管理
	6.生產設備	6.形象廣告
	7.廢棄物處理公害對策	7.公益性、文化性活動
	8.研究發展	

圖 8-11 行為識別元素

3. **視覺識別**（Visual Identity，簡稱 VI）：是指以商標、標誌、標準字、標準色為核心展開具完整的、系統的視覺表達體系。視覺識別的項目最多，型式亦最廣，效果也最明顯。因此企業識別系統中，以視覺識別應用的傳播與感染力量最為具體而直接。

視覺識別	基本要素	應用要素
	1.企業名稱 2.品牌標誌 3.標準字、圖形標誌 4.企業標準色 5.企業造形 6.企業宣傳標語、口號	1.事物用品（名片、信封、信紙、表單、便條紙、公文夾） 2.辦公用品及設備 3.招牌、旗幟、標幟牌 4.建築外觀、櫥窗設計 5.員工制服 6.員工識別證、貴賓卡、認同卡 7.交通工具 8.商品包裝（包裝袋、包裝盒、包裝紙） 9.廣告、展示物、陳列、POP 廣告

圖 8-12 視覺識別元素

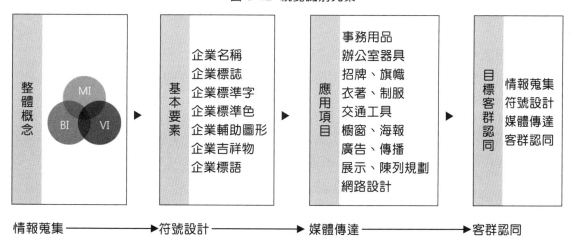

圖 8-13 CIS 的設計流程

二、連鎖店的店面識別系統（SIS）

連鎖經營體系的店面識別系統（Store Identity System，簡稱 SIS）與一般企業的企業識別系統（CIS）大同小異。但更重視平面設計的視覺識別系統與空間設計的室內識別系統兩部分，因此，學者賦予連鎖店的 CIS 一個專用名稱－店面識別（Store Identity，簡稱 SI）。店面識別（SI）通常用於連鎖品牌，目的是便於管理，保持連鎖品牌的形象統一。

1. 店面識別第一個特性，店面「Store」樹立並展示企業品牌的形象：在市場競爭日益激烈的今天，企業競爭已不僅僅是產品間的競爭，而是品牌與品牌之間的競爭。消費者的品牌意識已經逐步建立，象徵着品牌的時代已經到來。一個成功的企業品牌形象的塑造，能夠為品牌在市場上贏得更多商業契機與競爭優勢，能夠在消費者心中建立品牌地位。

2. 店面識別第二個特性，強化識別性「Identity」，讓店面形象、品牌形象具有鮮明特色：每間分店（不論是直營店或加盟店）都應有自己特定的品牌文化，只有當店面形成一定的品牌文化，並且以形象設計、陳列風格、行銷策略等方面進行展示時，才會在消費者心中形成對店面和品牌的特定認知。

3. 店面識別第三個特性，系統「System」（制度）：強調店面識別的完整性、系統性與制度性。這個特性是指店面識別的表現形式，通常會以 SI 設計手冊來呈現。一套完整的 SI 手冊內會將店面的區域規劃、裝修風格、燈光照明、陳列道具等等全部進行標準化管理，以有利於品牌推廣。

以店面識別為準則，店面裝修時需注意以下幾個部分，以凸顯品牌特色：

1. **商店門面的設計**：讓店面能在一定程度上反映其出售商品的檔次。商店門面的設計如果別具匠心，則能給客人帶來更直觀的感受，產生進店瀏覽的慾望。在台灣，就像星巴克常常有朝聖的新實體店。

2. **色彩的搭配**：色彩的合理搭配，豐富而厚實的造型，可刺激消費者感官，以產生讓人滿意的視覺效果，最好讓消費者有記憶性。

3. **商品分類格局**：商品分類展示是店鋪的心臟，店面內的佈置要結合逛商品的舒適度來設計，因為店面佈置格局影響消費者的心理，尤其是消費場景的實質體驗。這也是誠品書店與傳統書店的最大差別。

4. **裝修材料及施工團隊**：店鋪的裝潢應正確運用材料的質感、紋理和自然色彩。應選用一些堅固耐用，能抵抗住雨水侵襲，陽光曝曬及抗腐蝕材料。當然，施工團隊也是極其重要的，材料再好，如果沒有做工精細的施工團隊，也是徒勞。

行銷通路—
找好地點，開展事業

王永慶賣米的故事：主動上門配送米

王永慶早年因家裡貧困讀不起書，十五歲就去米店當起長工。16 歲時跟父親借 200 元，在嘉義開一間米店，當時小小的嘉義米店就超過 30 家，為了跟老米店競爭，他必須要想一些不一樣的做法。他的做法是，他不等客人來店裡才賣米，而是直接扛米上門，問對方缺米嗎？ 如果客人剛好缺米，開門讓他進來，他不是把米直接倒進米缸，而是把舊的米倒出來，米缸稍微清理一下，把新米倒上去，再把舊米放回去。

在當時普遍並沒有宅配到府（上門送米）的服務，王永慶這項服務在當時的真是創舉。買米這對年輕人來說不算什麼，但對一些真是老年人來說，就大大的不方便，而買米的顧客又以老年人居多。送米上門這一方便顧客的措施受到老年人大大的歡迎。

此外，送米並不是把米送到顧客家門口了事，還要將米倒進顧客家的米缸。如果米缸裡還有舊米，他會先將舊陳米倒出來，把米缸擦乾淨，再把新米倒進去，然後將舊米放回上層，這樣，舊米就不至於因存放過久而變質。這樣精細又貼心的服務，令顧客深受感動，贏得了很多回頭客（針對舊顧客）。

如果送米給新顧客，王永慶會細心地記下這戶人家米缸的容量，並且詳細詢問家裡有多少人吃飯，幾個大人、幾個小孩，每人飯量如何，依此估計該戶人家下次買米的大概時間，記在本子上。到時候，不等顧客上門，他就主動將相應數量的米送到顧客家裡（針對新顧客）。

在競爭激烈的商業環境中，企業想取得競爭優勢，若僅單靠行銷組合的 4P 策略中的產品（Product）、價格（Price）及推廣（Promotion）將愈來愈難，既使能取得優勢也極易被模仿，而在短期內被競爭對手趕上。相較於其他 3P 而言，第四種 P —配銷通路（Place）擁有較大之潛能來增加企業之競爭優勢，且其所構建之競爭優勢也較持久；主因配銷通路策略是長期的、結構性的，且須奠基於許多相互關係上。

9-1 通路思維

一、生產者角度 vs.消費者角度

表 9-1 是生產者角度 vs.消費者角度的不同觀念。對生產者來說，通路建立需要成本，對消費者愈便利的通路，成本自然愈高，必須取捨。

表 9-1 通路思維：生產者角度 vs.消費者角度

Place 通路	
生產者角度	消費者角度
通路的成本要花費多少？	什麼樣的管道對消費者最為便利？最快收到？
產品應使用什麼通路管道？	消費者常會出現在哪一些通路？
競品使用哪些通路？	目標客群出現在哪些通路？
生產者應選擇哪些配送方式？	消費者偏好哪些收貨方式？

二、通路長度

一般而言，若經過的中間商層級越多，則通路越長；層級越少，則通路越短。具有中間機構之通路稱為長通路或間接通路（Long or Indirect Channel），而製造商直接

銷售予最終消費者之通路稱為短通路或直接通路（Short or Direct Channel）。若以通路階層數目（Channel Level）表示通路長度，可分為下列四種：

1. **零階通路**（Zero-level Channel）：又稱直效行銷通路（Direct Marketing Channel），由生產者直接銷售到最終消費者。如郵購、電話行銷、生產者直營店等。

2. **一階通路**（One-level Channel）：透過一層銷售中間機構，如零售商。

3. **二階通路**（Two-level Channel）：透過兩層銷售中間機構，如批發商及零售商。

4. **三階通路**（Three-level Channel）：透過三層銷售中間機構，如批發商、中盤商及零售商。

隨著通路階層數增加，若要取得最終消費者的資訊與掌握通路控制權，通路成員將需要投注更多的努力於通路經營上。

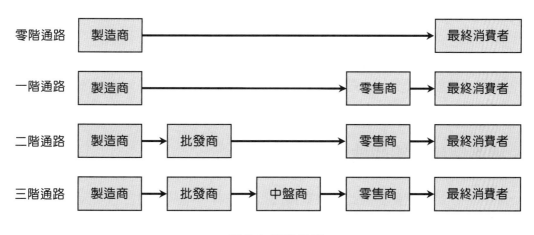

圖 9-1　通路長度

三、通路密度

行銷通路的密度決策就是配銷範圍決策，亦即在同一通路階層中，所選擇的通路成員合作夥伴數目多寡。行銷通路結構可分成下列三種：

1. **密集式配銷**（Intensive Distribution）：儘可能利用同一分配層次中所有的中間商，包括零售及批發商都一樣，以做到到處有售，使消費者獲得最大便利。

2. **選擇性配銷（Selective Distribution）**：謹慎選出同一層次的部份配銷商，為其經銷或新設想取得配銷商品之公司，在此策略下，對顧客而言，因非到處有售，故需付出較多時間及費用去採購。

3. **獨家配銷（Exclusive Distribution）**：與某中間商協議，在一定範圍內，其產品限由一家中間配銷商配銷，通常這家配銷商也會承諾不經銷其他競爭品牌。

四、通路衝突

通路衝突（Channel Conflict）是指通路成員間認知到其他成員採取抵制、阻撓、中傷等行動，或與其競逐相同利益的行為，而將對方視為麻煩製造者的情況。然而，通路衝突的本質不是對立，主要是成員間行銷功能上的相互依賴或對影響利益行為的未能理解和容忍而造成的。通路衝突有的是商業競爭環境中必要的摩擦，是無害的爭執；有的通路衝突反而有正面效果，可以迫使落伍或不合乎經濟的通路商有所改變，該通路成員不調整就會被淘汰；但也有一些通路衝突具有破壞性，會危及自身的經濟利益。

通路衝突在所難免，要有良好的通路管理，對衝突的來源與嚴重性有清楚了解。優秀的創業者能夠迅速分辨，哪些是有破壞性的通路衝突，然後重新思考通路對策，及早消弭衝突。

五、網路銷售通路的迷思

一般人會以為網路銷售通路，最直接面對消費者，這是一個迷思，因為其實網路銷售的通路鏈非常的長。根據人類記憶理論，一般人只能記 7±2 個網址，您認為您的企業網址會是那數千萬網址中，常被人們記憶的那 7 個嗎？我想可能很難！

從流量統計報表來看，不少企業網站的瀏覽人數並不多，甚至很少破千，因此有人想到網網相連可拉抬網站人潮，希望把其他網站的人潮流量導引到自己的網站上，這是網站策略聯盟的開始，但除非對方的網站流量真的很大，而其他的瀏覽者對您企業的商品或服務也有興趣，才能把人潮導引到您企業的網站，否則效果不彰，問題是對方如果流量很大，那為什麼要跟您這個流量小的企業網站交換連結？其次，不斷超連結的結果，消費者可能會迷失在網海之中，這可比傳統上三階或四階通路更嚴重，

「資訊通路」就經過太多層了，更別說還要加上「產品通路」，如此完全背離了縮短企業與消費者距離的理想。

六、宅配與退貨

發展電子商務網站，尤其是購物網站時，宅配（最後一哩）是最大的問題，必須要注意顧客「接觸點」的問題，這裡所謂的「接觸點」就是通路。企業若欲追求通路品質，就必須改善現有通路鏈的鬆散與昂貴之處。換句話說，網路行銷通路與傳統行銷通路都必須朝通路扁平化 — 縮短通路階層來努力，通路進化已成為企業成功與否的關鍵。目前常見的網路訂貨之配銷通路有：

1. 網路訂貨，送貨到府。

2. 網路訂貨，到店自取。

3. 網路訂貨，到店選購。

4. 網路訂貨，到日常必經之地取貨，如火車站、公車站、捷運站、高鐵站等。

七、配送速度成關鍵：愈晚送到退貨率就愈高

在「全通路」零售的趨勢下，多元通路可以滿足消費者的購物需求與習慣，有業者直接把實體據點當倉庫如同 Dark Store，燦坤主打 3 小時快速到貨。雖有條件限制，但網路購物平台為了爭搶市場商機，也開始思考應對之道；後發網路品牌如屈臣氏閃電送，官網下單最快 1 小時到貨，迫使 PChome 也不得不跟進。

快速到貨可以增加消費次數與營業額。PChome 之前推出 24 小時到貨服務，縮短了四分之一到貨時間，結果營業額在一年內從每月 200 萬元，衝上 2 億元；2013 年底台灣大哥大 myphone 購物，推出大台北地區最快 3 小時到貨，倉儲成本雖增加兩到三成，但單月下單量立即提升一倍。

綜觀台灣的網路零售業者，紛紛喊出 24 小時、6 小時，甚至是 3 小時到貨，多著重在「拚速度」方面，但「全通路」零售趨勢，未來更進一步的致勝關鍵仍將回歸多元通路 OMO 的「顧客便利」。

9-2 商圈立地評估

開一家實體店是許多創業者的夢想，想要創業開店，進入門檻不高，但經營門檻卻不低。如何立地選址，是一門大學問。研究商圈，首先要釐清三個要素，包括你的產品與服務、你的顧客是誰、你的競爭對手，接著才是立地選址。立地占實體店，尤其餐飲業開店成功的七成左右因素。商圈的價值在於，找到你的目標顧客群聚的地方，而且你能贏過該商圈的競爭對手。

一、商圈

商圈（Marketplace）是人們聚集、消費休閒娛樂購物的主要地點，通常交通便利。商圈主要有下列 7 個類型：

1. **都會型**：都市中人們休閒娛樂購物的主要地點，如台北市東區、信義計畫區和西門町等。

2. **社區型**：顧客大多為當地的社區居民，如台北市民生社區一帶。

3. **辦公型**：這類型商圈的主要客群為辦公區域的上班族，通常上班時間人潮多，晚上下班時間人潮變少。

4. **轉運型**：這類型商圈主要為火車站、捷運站／地鐵站、公車轉運站、高鐵站等周圍，人潮主要是由轉運所聚集，顧客停留時間較短。

5. **校園型**：這類型商圈的主要客群為學生與學校教職員為主，寒、暑假為淡季。

6. **觀光型**：這類型商圈的主要客群為觀光客，大多在觀光景點附近，人潮比較不穩定，如墾丁商圈。

7. **夜市型**：這類型商圈的主要客群有當地居民也有外來遊客，晚上的人潮較白天多。

二、立地：開店的地點

當「商圈」選擇完後，接著是找「立地」位置，也就是當你調查完一個地方確認有市場，人口結構可以接受我所提供的商品、服務後，接著要選擇的就是開店的地點。

立地是有關店鋪所在位置之商圈與立地條件。立地之優劣將決定開店的成敗。立地有三大原則，(1)立地地點的容易接近性、(2)是否為主要顧客的必經之地、(3)是否為消費者購物方便的業種業態聚集地。

三、商圈立地評估

創業者若想要了解商圈，要先「描繪消費者輪廓」。會造成目標顧客群聚的地方，才是商圈。有足夠多養活你這家店的目標顧客群，才可能開一家成功的店，所以先了解由人口結構組成的「市場」很重要。不同的年齡層、職業、性別，都會有不一樣的消費習性，將目標顧客群和他的消費場景、消費動機具象化，才能知道和你這家店的關聯性在哪裡。

表 9-2　商圈立地人口統計變項之評估表

商圈人口統計之變項	描述目標客層的背景資料、生活樣貌等等
商圈總人口數	
商圈市場規模大小	
商圈人口年齡層	
商圈人口職業結構	
商圈人口平均年收入	
商圈人口平均消費能力	
商圈人口消費習性	
主要目標顧客群	
商圈的顧客忠誠度	
顧客的購買時機	
對商品的需求	
對價格的敏感度	
對促銷活動的敏感度	

以開設一間實體門市來說，品牌通常會考量目標客群、店面類型、場域，這三大因素彼此關聯，需同時考量，「目標客群」代表目標消費族群；「店面類型」是實體通路要以哪一種方式經營；而「場域」是指你所開設店面的位置及其周遭。首先你可以先例出下列三個問題的答案，再進一步考量規劃：

1. 針對「**目標客群**」：品牌想要什麼樣的目標客群？要鎖定哪些客群？

2. 針對「**店面類型**」：品牌適合哪種店面類型？

3. 針對「**場域**」：哪裡是適合你開店的場域？也是你能負擔的場域？

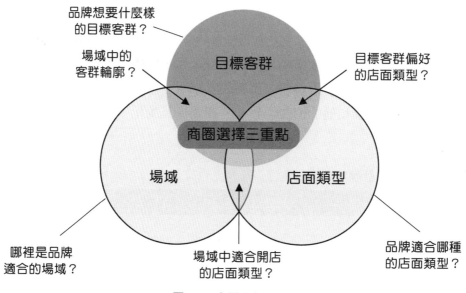

圖 9-2　商圈選擇三要素

四、商圈的競爭店分析

　　創業者評估是否要進入某一個商圈，必須先了解該商圈實際上有沒有市場。有沒有市場是指若我在這個商圈做生意，是否有潛在的消費族群可以養活我這家店。接著要考慮顧客為什麼選擇你這家店、而不選擇其他競爭者，所以在目標顧客活動的範圍裡面，只要是同性質的店家，就要去研究你憑什麼贏過他。

表 9-3　商圈的競爭店分析表

主要直接競爭對手有誰？	
次要直接競爭對手有誰？	
新的或潛在的競爭對手可能是誰？	
與競爭店的產品差異是什麼？	
與競爭店的服務差異是什麼？	
與競爭店的價格差異是什麼？	
與競爭店的門市立地（通路）差異是什麼？	地址及地點優勢劣勢說明？特殊立地條件說明？例如三角窗、捷運站進出口旁、離轉運站 100 公尺等

與競爭店的促銷（推廣）策略差異是什麼？	
與競爭店的市場佔有率差異是什麼？	
本門市商圈內的競合店有誰？	
本門市商圈內的互補店有誰？	
本門市特別服務客戶之設備	洗手間？ATM提款機？影印機？傳真機？手機充電機？電動汽車/機車充電樁？

五、無人商店

　　勞動力嚴重短缺，無人商店成了許多零售業者的解決方案。日本東京化妝品公司 Orbis Inc. 在 JR 立川站的購物中心內開設一家無人商店，店面不大，店內包含乳液、精華液等約 90 種化妝品項。當消費者拿起商品時，安裝在天花板上的攝影機和安裝在貨架上的重量感測器會立即識別該商品，結帳時消費者只要支付收銀機螢幕上顯示的金額就可以離開。消費者表示：「我不喜歡逛街的時候，有店員靠過來介紹，在無人商店我就可以不被打擾的逛。」

　　設置無人商店等同於將整個實體店面數位化，對零售品牌來說，能夠搜集更多大數據資訊，優化產品和消費體驗。此外，無人商店若結合導入智慧化的「庫存管理系統」，對企業來說更是一大競爭利器，藉由智慧庫存管理系統，無人商店可及時更新和預測商品的銷售。這可以有效減少庫存積壓和浪費，確保商品的新鮮度和品質。

9-3 賣場

一、賣場的構成要素

　　賣場是由人（員工與顧客）、空間（賣場內外、前場/內場/後場）、商品與服務（有形與無形）三者所組成。「人」是指光臨賣場的顧客和賣場內的員工（包括銷售人員、運營管理人員等），「空間」是指賣場的前場、內場和後場，而「商品」則包括有形的商品和無形的服務。

1. **人與空間關係**：會衍生為具體的賣場環境，也就是消費「場景」。賣場的外部環境，例如店鋪設置的位置、交通條件、商圈結構、消費層次、同業競爭、異業聯盟、上游廠商配合、賣場外觀、停車設施、廣告招牌和視覺引導等。

賣場的內部環境則包括店鋪的內部裝潢、公共設施（如化妝室、電梯、消防通道等）、收銀櫃檯、動線通道、陳列設備、生財器具（如冷凍櫃、咖啡機、食品機器等）、基本設備（如照明、空調、音響等）、管理設備等。

2. **商品與人關係**：商品與人之間的資訊傳遞，是靠著店鋪的陳列技巧和員工的服務作業流程，將商品資訊傳達給消費者/顧客，達到有效的店鋪展售效果。

3. **商品與空間關係**：商品在空間裡要展現出最好的展售效果，就必須依賴有形的空間環境。商品的質感與價值透過店鋪空間環境營造，直接展示在消費者眼前，觸動消費者的五感（眼、耳、鼻、口舌、皮膚），這是空間與商品所衍生的關係。

二、陳列設計

在實體店鋪門面吸引消費者的各種因素裡，視覺占比 85%左右；聽覺占比 7%左右；觸覺影響占比 3%左右；嗅覺占比 3%左右，因此店鋪商業空間設計和門店產品陳列佈局方面，成為是否能夠抓住消費者眼球、留住消費者停留時間長短的關鍵因素。

選定開店地點之後，店內裝潢與擺設也是影響消費者上門的一大重點。從客人踏入店鋪到結帳完成離開，這一系列的動線設計與商品陳列方式都會影響店鋪的營收及顧客回訪率。

1. 貨架位置是商品陳列的規劃基礎，主要有三種規劃方式：

   (1) 了解競爭者店鋪各商品類別在賣場空間的比例：留意每家競爭者店鋪的商品並針對其在各類別的占比進行了解，同時觀察其貨架的規格（長、寬、高），並針對各類的貨架櫃數進行統計。

   (2) 了解競爭者店鋪販售的商品品項，作為開店商品規劃依據：通常大型連鎖店的商品是經過一段長時間的測試，不斷調整所形成；不好賣的商品會經過淘汰選優的方式，調整到當下的最適狀態，可做為參考的依據。

   (3) 了解競爭者店鋪的空間規劃與功能建置：除了商品結構之外，也要針對其在功能上的建置進行了解。以藥局為例，是否有獨立醫美檢測區、用藥諮詢區或嬰幼兒專區等，這些考量都可以做為賣場規劃的重點。

2. **吸引消費者踏入店鋪的動線規劃**：建議先從店鋪大分類進行規劃，接著規劃中分類、小分類，最後才針對單一貨架進行陳列。規劃單一貨架時，要把相關聯的產品放在同一區，方便消費者產品比較與選擇。貨架彼此必須以關聯性來形成動線，一次串聯消費者行為、銷售行為、促銷活動。

3. **商品陳列的第一眼，決定消費者是否進入店鋪的意願**：

    (1) 商品陳列主題性：有主題性的商品陳列會使整個陳列產生生命力感，也會促銷銷售。

    (2) 商品陳列季節性：陳列在店門口的商品最好符合當季顧客的需求，以美妝店為例，夏天可擺放吸油面紙、防曬商品等相關季節商品；冬天可以陳列護唇膏、保濕乳液等商品。

    (3) 商品陳列話題性：以時下最流行的活動或主題，陳列話題性商品，例如有食安新聞時，可以擺放經過第三方公正單位檢測通過的商品，一方面吸引消費者目光，另一方面又可宣傳自身的商品是經過檢測嚴選的！

三、通路提案

一般而言，各連鎖通路都有自己的賣場管理制度，不是想上架就能上架。實體通路，與網路通路最大的區別在於，網路通路幾乎可以上架無限的商品品項，但實體通路卻有空間限制。因此在連鎖通路的實體通路上，對上架販售的商品選擇是相對嚴謹的，因為必須在有限的貨架架位空間上面，做出最大的利用，當採購人員同意讓你的商品上架時，也意味著有競爭者的商品要被下架。

對連鎖實體通路商來說，最希望每一個貨架位置賣的都是明星商品，每項商品的周轉率都超高，而不是濫竽充數。產品好，只是最基本的要素，連鎖實體通路的採購人員會讓你上架主要有三大考量：

1. **同樣價位商品，你的商品可以賣的更好**：你的商品可以在每單位的貨架上，比起競爭者為連鎖通路業者創造更多的盈收。

2. **同樣類型商品，你的商品可以賣的更貴**：因為你的商品差異性與獨特性，讓消費者願意掏多一些錢購買你的商品，而不是購買貨架上較便宜的其他同類型商品。

3. **你的商品有延伸性周邊商品，可以增加顧客的整體購物金額**：你的商品有延伸性周邊商品，可以增加連鎖通路業者的整體營業業績。

此外,連鎖實體通路對於下訂卻沒辦法即時交貨是有罰則的。如果你的產品製作週期長,或供應狀況不是很穩定,又沒辦法囤積適量的存貨,這表示你還沒有準備好,最好先不要上架到連鎖實體通路,以免被罰錢,又傷信譽。

很多新創業者有一個迷思,都想說我做出了一個好產品,要找大通路來幫我販售打出知名度。但現實是大通路不會幫你賣東西,更不會幫你打品牌,絕對不會去當你測試市場的白老鼠,他們只想在每一條走道、每一個貨架賺更多的錢。要想上到連鎖實體通路,你必須自己先證明自己能幫他們賺更多錢,他們才會讓你的商品上架。大通路最厲害的就是觀察市場各個新興品牌產品,等他們茁壯到一個程度之後(等市場這個試金石試出誰是金子之後),就開始利用他們的通路規模來收割。

四、距離經濟

在傳統經濟模式下,「距離」是商業經營的主要保護與障礙。若能利用網際網路的特性與優勢,解決「某些距離問題」,就能找到商機和盈利點,誰先發現到「距離」市場的空白,尋找到適合網路經濟發展的有效場域,誰就抓住美好的未來。

所謂的「距離」,包括實體世界和虛擬世界中時間、空間、文化、需求等方面的差異;距離的長短決定著市場需求的大小;新創事業在多大程度上縮短了距離,就能在多大程度上創造出經濟效益。

距離經濟理論的核心精神有三點:一要最大限度地發現並縮小網路與用戶需求之間的距離(如經營思維距離、信用距離、產品運輸距離);二要創造與傳統經濟模式不同的「距離」市場,找出目標市場的空白點;三要透過拉動「距離」建立穩固的全球合作範疇。實現這一切的根本在於最大限度地發揮網路優勢。

基本上,依據距離經濟理論可很容易找出網路公司業績不佳的原因,許多入口網站、搜索引擎的新聞板塊、搜索引擎的內容與設計幾乎一樣,與電視、報紙的內容大同小異,沒能真正解決傳統經濟模式下因「距離」問題而帶來的不同需要與慾望(needs and wants);許多電子商務公司沒有找到準確的市場需求和商業切入點。電子商務的開展,首先要從最容易產生「距離」的市場開始。回頭想想,你的新創事業真能縮短你與顧客的「距離」嗎?

五、5S 現場管理

　　5S 現場管理是一套由整理（Seili）、整頓（Seiton）、清掃（Seisoa）、清潔（Seiketu）、教養（Situke）所組成的管理措施。1986 年 5S 現場管理問世，源於日本，是指對現場中的人員、機器、材料、方法等生產要素進行有效管理。

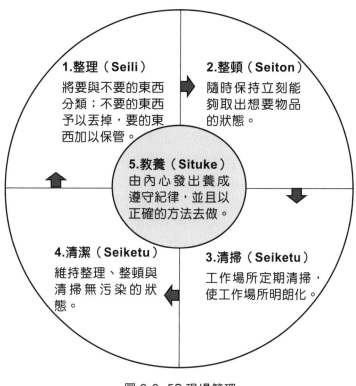

圖 9-3　5S 現場管理

1. **整理**：區分要與不要的東西，工作場所除了要的東西以外，其他都不可以放置。

2. **整頓**：任何人在想要什麼東西時，都可以隨時取到想要的東西。

3. **清掃**：將看得到與看不到的工作場所清掃乾淨，保持整潔。

4. **清潔**：貫徹整理、整頓、清掃的 3S，而使同仁工作效率提升。

5. **教養**：由內心發出養成遵守紀律，並且以正確的方法去做。

9-4 行銷通路發展

一、從單一通路到全通路

羅凱揚認為，行銷通路概念的發展從過去的「單一通路」，發展到虛實整合「多元通路」、「跨通路」，再進入到虛實融合「全通路」模式：

1. **多元通路（Multi-channel）**：企業發展多種通路，包括：實體店面、網路商店、行動購物等，與消費者進行交易。例如：一家公司同時擁有實體店面與網路商店。

2. **跨通路（Cross Channel）**：企業在多種通路之間，進行交叉銷售（Cross Selling）。例如：消費者在大潤發的實體商店進行消費，銷售人員同時介紹其購買大潤發網路商店上的產品。

3. **全通路（Omni Channel）**：以消費者為中心，透過實體通路與虛擬通路的融合（OMO），提供消費者多元接觸點無縫交易服務。例如：無論消費者曾經在企業的哪一種通路消費過，企業都能透過不同的通路或接觸點，提供消費者一致的購物訊息、協助消費者進行採購、並做好售後服務。

圖 9-4 行銷通路概念的發展

資料來源：修改自周晏汝

二、通路 1.0 到通路 4.0 的演變

1. **通路 1.0 時期**：單店經營（Single-Channel）的傳統通路。

2. **通路 2.0 時期**：多元通路（Multi-Channel）多店經營，其中大規模者形成連鎖企業。

3. 通路 3.0 時期：跨通路（Cross-Channel），例如虛實通路整合（O2O）。

4. 通路 4.0 時期：全通路（Omni-Channel），無所不在的通路/接觸點 OMO 無縫融合。

三、顧客接觸點融合也是行銷全通路的一環

注意，顧客接觸點（Contact point / Touch point）融合也是行銷全通路（Omni channel）策略的一環。很多企業誤認為網路行銷通路只有購物網站，其實任何與顧客接觸點都是一種行銷通路，必須 OMO 加以無縫融合。

四、通路共享與流量共享

《不捕魚了，我們養牛：從魚塘到牧場，整個世界的零售模式正在改變！》一書提出「通路共享」的概念，指用共享來替代過去的獨佔。例如：京東、阿里巴巴等電商平台總是希望能獨佔流量。但是，行動商務時代來臨，消費者破碎的時間空間解體了過去電商平台的流量，讓流量變得零碎化和小眾社群化，這樣就沒有電商平台可以獨佔流量。

要做到供應鏈、通路、流量的共享，就要把更多優質的供應鏈、通路、流量凝聚到通路鏈的服務平台，以虛擬空間與實體空間（O2O / OMO）的「共享」取代「獨佔」；以「透明」取代「封閉」；以「柔性通路鏈」取代「僵化通路鏈」；最後以「平台」取代「鏈」。因此，實體空間將由過去線下的核心要素：選址、銷售、B2C 物流、實體貨幣和管理，變成線上的核心要素：流量 / 導購、C2B 供應鏈、第三方物流、線上客服、數位貨幣 / 多元支付、運營 / 第三方代操，這將會是未來行銷與銷售的新模式。

五、通路不只是通路，也是商品商機的發掘地點

以通路挖掘消費者「需求意圖」，在「全通路」或「接觸點」中發現商品商機。藉由 OMO 全通路佈局，不只是把同樣的商品，放在不同的通路上，從「商品」做為定錨，比對消費者 Tag 標籤，可以進一步反推消費者的「需求意圖」，即便沒有會員帳號，仍能憑藉 OMO 全通路中比對「商品 Tag 標籤」、「消費者 Tag 標籤」、「接觸點」、「消費情境」、「使用情境」、「消費數據」，反向挖掘出消費者的潛在選購商品偏好，進而理解「消費意圖」、「需求意圖」，從中發掘商品商機。

常見做法是透過產品數據平台（Product Data Platform，簡稱 PDP）中的 AI 商品 Tag 標籤，結合商品數據與消費數據，將這些龐大數據交叉分析、相互驗證，反推消費者的消費意圖與需求意圖，協助創業者從中找出商品商機。

9-5 OMO 時代來臨線上線下融合正在加速

一、通路思維的演進

通路思維的演進，從最早的實體店等消費者主動上門消費；隨著網路興起開啟線上購物，消費者到線上購物；又隨著智慧手機與平板出現，開啟多元銷售通路，消費者會透過各種不同通路進行消費；現今 OMO 興起，開啟全通路佈局，消費者會透過各種接觸點與品牌互動與消費；未來隨著感知設備、邊緣運算、AI 優化，以及跨業商業生態圈或生態系的建立，將會出現以滿足消費者需求為中心的生態圈或生態系，不論消費者出現在什麼接觸點都能被滿足。如圖 9-5。

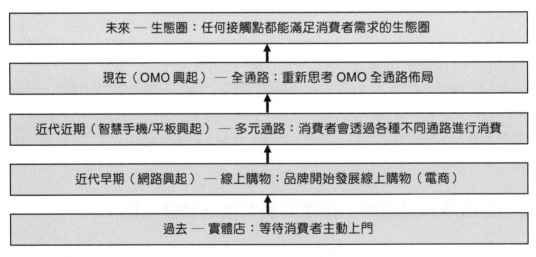

圖 9-5 通路思維的演進

二、O2O 代表虛實通路的進一步整合

O2O 是 Online to Offline 的英文縮寫，是指線上行銷線上購買帶動線下經營和線下消費。換句話說，就是「消費者是在線上購買、線上付費，再到實體商店取用商品或享受服務」。經過多年的發展 O2O 也出現許多變形，包括 O2O 的反向：Offline to

Online（線下到線上）。因此可將 O2O 廣義的定義為「將消費者從網路線上帶到線下實體商店」或是「將消費者從線下實體商店帶到網路線上消費」。

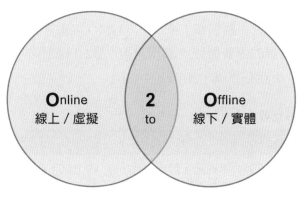

圖 9-6　O2O 概念圖

三、OMO 代表虛實通路的無縫融合

線上線下融合（OMO）是 Online-Merge-Offline 的英文縮寫，是線上線下的全面無縫融合，線上線下的邊界消失。

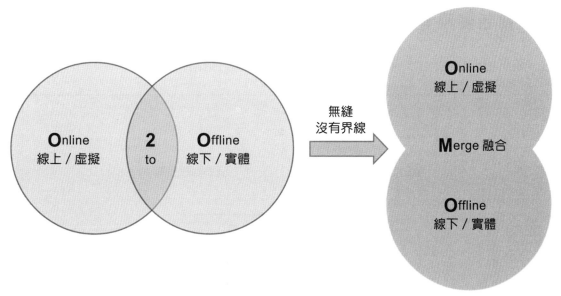

圖 9-7　OMO 概念圖

四、O2O 與 OMO

O2O 與 OMO 的差異在於，O2O 以「通路」為核之，強調線上活動引導到線下門市，增加線下門市的來客量和銷售額；或反之。OMO 以顧客為核心，是線上線下通路融合，讓消費者達到無縫的消費體驗。簡單來說，O2O 線上線下仍存在界線；反觀，OMO 線上線下融合，不存在界線。如表 9-4。

表 9-4 O2O 與 OMO 的比較

	O2O	OMO
定義	強調線上活動引導到線下門市，增加線下門市的來客量和銷售額；或反之。	線上線下通路融合，讓消費者達到無縫的消費體驗
焦點	以通路為核心	以消費者為核心
通路經營	跨通路經營 Cross Channel	全通路經營 Omni Channel
主要目標	轉化線上流量至線下，提高實體客流量與銷售量/額	實現全通路一致的顧客服務，提供無縫的消費體驗

五、重新審視全通路佈局

利用如圖 9-8 所示，新創業者應重新審視你的全通路佈局。

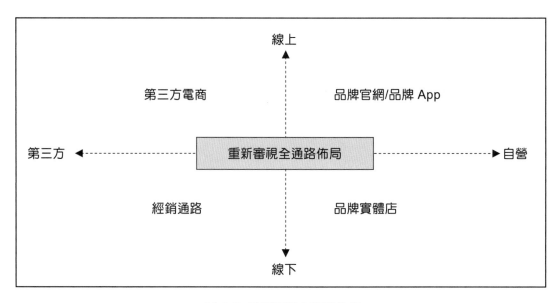

圖 9-8 重新審視全通路佈局

六、OMO 線上線下融合 ─ 系統面整合

如圖 9-9，創業者要想做到 OMO 線上線下融合，在系統面就要做到會員、商品、交易、流量、數據等資訊之整合。

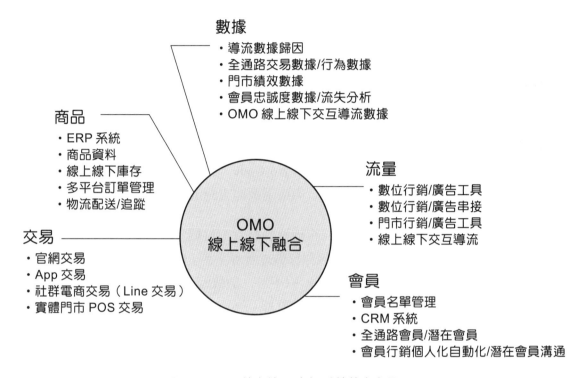

圖 9-9　OMO 線上線下融合-系統整合考量

七、以商品大數據，優化 OMO 全通路的消費者體驗

OMO 全通路（Omni-Channel）並不人是把同樣的商品，放在不同的通路上，而是利用 AI 商品 tag 標籤，以「商品」做為定錨，反推消費者的「需求意圖」，不僅能跨越平台的限制、也能不用再越發受限的使用者數據上打轉，即便沒有會員帳號，仍能憑藉商品 tag 標籤挖掘顧客的行為偏好、使用情境，進而理解消費意圖、滿足客戶購買需求，也等同優化了消費者的體驗。

9-6　跨通路消費與跨通路行銷

一、CDP 自動回應新常態跨通路消費習慣

2019 年「全聯」提出「實體電商」概念，全聯結合線下超市的通路密度及商品多樣性，與電商的數位化、即時性，經營「全支付」。這幾年來，他們陸續併購或合作多種線上線下通路，成為一個 OMO 品牌。

2023 年全聯開始籌備導入顧客數據平台（Customer Data Platform，簡稱 CDP），希望透過單一平台來整合不同 OMO 通路的數據，以發展出融合線上線下的高度個人化行銷模式，內建簡單易用的無程式碼（No-Code）分析工具，要讓第一線不懂資訊科技的業務團隊，人人都能數據分析，徹底用數據來驅動各種行銷決策。

顧客數據平台（CDP）主要功能包括資料整合、目標受眾圈選、數據視覺化分析以及行銷自動化。「顧客數據平台」類似於數據管理平台（Data Management Platform，簡稱 DMP），會整合不同來源的數據，只不過「數據管理平台」是以「第三方數據」為主，而「顧客數據平台」是以「第一方數據」為主，包含電子郵件、電子商務、社群媒體、通訊軟體，甚至顧客關係管理（Customer Relationship Management，簡稱 CRM）資料，因此更適合管理多元通路顧客數據。

顧客數據平台內建多種數據視覺化分析模組，讓企業能統一分析這些整合後的數據，從中尋找行銷、銷售、產品設計等領域的消費洞察。顧客數據平台通常具有自動化行銷功能，或能串接其他自動化行銷系統，讓行銷人員從分析結果直接圈選出目標受眾，或在決定行銷策略後，能在同一個系統中直接進行自動化行銷。

二、打造「流量閉環」，讓潛在消費者留下完整的消費行為足跡

一旦全通路（Omni-Channel）與線上線下融合（OMO）的商業生態系成形，企業接著會希望每次導流進來的潛在消費者，都能永遠留在自己的通路體系中，一方面「導流成本」越來越貴，另一方面希望潛在消費者能產生更多、更長久的顧客終生價值（LifeTime Value，簡稱 LTV），因此想打造「流量閉環」。

企業可透過直接面對消費者（Direct to Consumer，簡稱 DTC）來打造會員體系，利用體系內的會員帳號，追蹤顧客在自家不同通路上的搜尋、瀏覽、比價、購買行為，

一方面在 Cookieless 下為自己採集顧客的「第一方數據」，另一方面也直接對會員進行互動、溝通、行銷、促銷、銷售等措施。

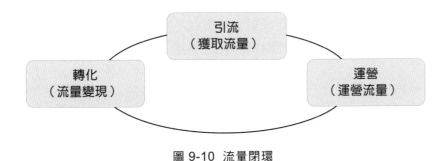

圖 9-10　流量閉環

三、跨通路銷售 ── 無頭商務

隨著「全通路」銷售需求發展，對賣家來說，增加不同的銷售通路帶來許多挑戰，導致營運管理困難，例如官網和各通路商品上架非常耗時、耗人力成本、庫存複雜、金流複雜、物流複雜、各通路的資料分散導致資訊不同步（資訊流複雜），這時就需要無頭商務的協助。

無頭商務（Headless Commerce）的核心概念是將「前端消費者購物介面」與「後端賣家後台系統」脫鉤，以較高的彈性架構讓賣家能快速在多個接觸點，為顧客帶來全通路購物體驗。無頭商務讓賣家可以串連不同的前端平台，而串連的關鍵，就是 API。API（Application Programming Interface，應用程式介面）是一傳遞資料的介面。

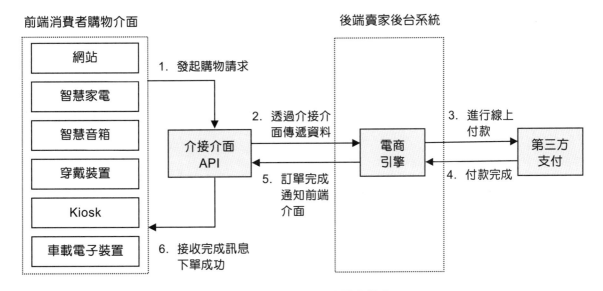

圖 9-11　無頭商務架構的電商模式

四、跨境電商通路

跨境電商（Cross Border E-Commerce）是以網路平台進行跨境電子商務交易的國際貿易行為。換句話說，跨境電商是買賣雙方在不同的關稅區域或國境，透過網路平台，進行電子商務交易，並藉由跨境物流遞送商品，完成買賣。

跨境電商物流的營運有三大驅勢：

1. 海外網購跨境電商盛行，「**空運快遞**」扮演重要角色。「空運快遞」速度快，但高成本。空運快遞公司以 DHL、FedEx、UPS 為代表。

2. 拼時效、降成本，「**海運快遞**」應運而生。由於低單價商品衍生的低 CP 值漸漸難以攤付高價的「空運快遞」成本，因此「海運快遞」的新興運輸概念興起，「海運快遞」的主角不是大噸數的大型貨櫃輪，而是以小型高速貨輪，用來處理「輕薄短小」的快遞貨物，例如往來台灣與中國之間的海峽號與麗娜輪快速輪，主要航線有「台北港 -平潭島」（航行時間 2.5~3 小時）與「台中港-平潭島」（航行時間約 2.5~3 小時）。「海運快遞」的兩地距離必須非常鄰近，越鄰近越好，航程最好不要超過 250 海浬，且最好使用快速輪或高速船多班次對開，雙方都要有快速通關系統對接辦理通關。至 2020 年 7 月，台灣共有四座海運快遞專區（台北港 3 座：台北港國際物流空公司、台灣港務物流公司、台北港貨櫃碼頭公司，以及高雄港 1 座：第一郵聯通運有限公司）、12 條通關線，每月平均清關能量約 10,400 噸。

3. 建「**海外倉**」整合服務，縮短發貨時間：若商品在當地具有相當市場潛力，就適合建海外倉。《MBA 智庫百科》定義，「海外倉」是指建立在海外的倉儲設施。在跨境電商中，海外倉是指國內企業將商品先透過大宗運輸的形式運往目標市場國家，在當地建立倉庫、儲存商品，然後再根據當地的線上銷售訂單，第一時間作出回應，即時從當地倉庫（海外倉）直接進行分揀、包裝和配送。

9-7　新通路趨勢

一、直運／一件代發

Dropshipping（直運）是電子商務領域的專有名詞，這種商業模式是投資最小、風險最低的商業模式，這對想跨入電商的新創業者來說，是一個門檻低、易操作的模式。

Dropshipping 是一種另類通路鏈管理方法。小賣家不需要囤積庫存，當有買家在你的電商平台上下單後，賣家將客戶訂單和裝運細節轉單給供應商，供應商就會把貨物直接發送給客戶。整個訂單完成過程中，小賣家不用實際接觸商品，只要做一件事，那就是轉單給供應商發貨即可。這有時稱為「一件代發」或「代銷」的商業模式。直運小賣家賺取由供應商議定支付的某百分比作為銷售佣金。不過，若遇到退貨會是一個問題，由於是從供應商直接發貨，品質問題而引起退貨時，就比較難處理。

二、P2P 銷售通路 — 社交電商

所謂社交電商（Social e-commerce）是結合電子商務（E-commerce）與社群媒體（Social Media）的銷售方式，不靠平台本身的廣告，改以社群軟體為媒介，例如 Line、WhatsApp、Facebook 等，透過使用者之間（P2P）的分享、評論及導購促成電商平台上的交易過程。

三、直播帶貨

2016 年「直播」興起，於 2018 年短視頻平台開始出現「購物車」功能。2020 年進入後電商時代，電商從「網路思維」（資訊流角度）向「零售思維」（商流角度）轉變。「直播＋電商」形成一種新的行銷通路，以「直播」為銷售通路，電商為基礎，重塑交易的人、貨與場（場景）。

1. **人**：直播保留人與人互動（P2P）的原始趣味，以及無修飾的真實，能更有效地傳達商品特色，直播主與粉絲形成的信任連結，也讓消費者從主動購物變為被動因人（直播主）帶貨。

2. **貨**：以往產品的製造商大多無法直接接觸到終端消費者，必須依賴通路的中間商進行銷售。直播帶貨讓消費得以跳過傳統中間商，有流量想要變現的直播主，與有產品卻無流量的製造商形成互補，拉近消費者與製造商的連結。

3. **場景**：有流量的地方就是通路，就是接觸點（銷售點）。消費場景不再局限於單一電商平台，而是跟著流量移動。

> 傳統通路：製造商➡傳統中間商➡終端消費者
> 直播帶貨：製造商➡直播主➡終端消費者

四、直銷電商

　　直銷是台灣相當常見的商業行為。印度網路新創公司 Meesho 將「直銷」結合「電子商務」，利用在家工作（Work From Home）就能賺大錢」的行銷技巧，觸及到印度當地真正的「庶民」市場，創造國際電商巨頭（Amazon、阿里巴巴、Flipkart）都難以達到的銷售成果。印度電商產業深具潛力，但礙於語言複雜、種族與階級多元的因素，國際企業難以打入印度市場。Meesho 沒有在主流媒體或電視廣告中出現過，只靠著口碑相傳在短短 2 年內迅速崛起。Meesho 成立短短 2 年內，就擁有 15,000 間供應商，並超過 200 萬個會員銷售通路。

　　Meesho 用戶透過社群軟體分享，像是 Line、WhatsApp、Facebook 等，直接分享 Meesho 平台的商品照片與商品資訊給群組內的親朋好友，詢問他們下單的意願，接著以代購的方式替親朋好友在 Meesho 的平台上訂貨，並賺取中間價差。不過，收到訊息的親朋好友不能直接透過你分享的連結到 Meesho 網站購買商品，分享到親朋好友群組的純粹只是商品圖片與商品介紹資訊，沒有直接購買的連結。

　　Meesho 營運模式有點像「多層次傳銷的電商版」，因為用戶的動機並不是降低商品價格，而是作為經銷商獲利。Meesho 提供工廠直營的批發價，用戶有點像是批發商可自由訂價，再透過 APP 向 Meesho 平台上的供應商訂貨，並銷售商品給親朋好友，從中獲取價差利潤，也可以推薦其他親朋好友加入 Meesho，成為 Meesho 的批發商會員，從被推薦人的銷售中抽成。Meesho 將傳統直銷中多層次傳銷的概念徹底與電子商務結合。

　　Meesho 的金流採取貨到付款（Cash on Deliver，簡稱 COD）模式，商品送達顧客住址時才由送貨人員以現金的方式收款，完成交貨後，錢會由 Meesho 計算後一併匯入該批發商會員的銀行帳號中。因為大部分的印度人沒有銀行帳戶，因此印度電子商務付款方式有高達 75% 是採用「貨到付款」。

Meesho 的下線推薦制度（Referral）讓會員人數爆增至 400%。單一使用者的銷售通路有限，為了擴寬更大的銷售網路，Meesho 採取推薦制度，也就是俗稱的「拉下線」，經銷商利用「推薦碼」邀請朋友一同成為經銷商。如果朋友成功加入，推薦者則可以獲得被推薦者前 5 筆訂單的 20% 銷售金額抽成；前 6 個月抽 5% 以及往後 18 個月 1% 的抽成，分潤可維持 2 年。

Meesho 平台的商品多半為女性相關商品，銷售主力為服飾、化妝品與鞋子，主要購買的客群多為女性。Meesho 的主要使用者是印度 3、4 線城市的全職家庭主婦，這個族群平日在家沒事做，或是需要照顧寶寶，但這個族群熱衷使用社群平台（例如 WhatsApp 及 Facebook）分享生活，累積大量的親朋好友群組，Meesho 這一款直銷電商平台正好提供她們賺取業外收入的機會。

Meesho 將這些人脈群組轉化成業外收入來源，加上口碑相傳與推薦制度，越來越多婆婆媽媽成為會員，使得會員快速增長，從 2018 年的 50 萬會員到 2019 年突破 200 萬會員。

五、D2C 直面消費者

D2C 是 Direct to Consumer 的縮寫，是指品牌不透過中間商，直接建立官方銷售管道。採用 D2C 可以讓創業者獲取第一手顧客數據、提供顧客個人化的品牌體驗，加速上線並測試新產品，進而帶動品牌整體成長。

D2C 的優點有四：1.品牌體驗一致性較高；2.第一手數據掌握性較高；3.可建立較深的顧客連結；4.應用第一手消費數據，有助研發新產品。

D2C 商業模式包含三大要素：

1. **自建品牌通路**：透過線上線下自營通路，直面消費者。針對新顧客，拓展新客流量，導引到品牌自營通路，轉換為會員，促成首購；針對舊顧客，喚回舊顧客流量，以專屬優惠和體驗活動吸引舊顧客，維繫與深化會員關係。

2. **獲取多元流量**：建立大數據應用模型，分析有效導流模式。

3. **分析與應用大數據**：從自營通路收集顧客的基本資料、常用接觸點（通路點）、商品偏好、消費行為、會員活躍度等數據，為品牌辨識出高價值客群，累積整合全通路數據，提升銷售轉換率。

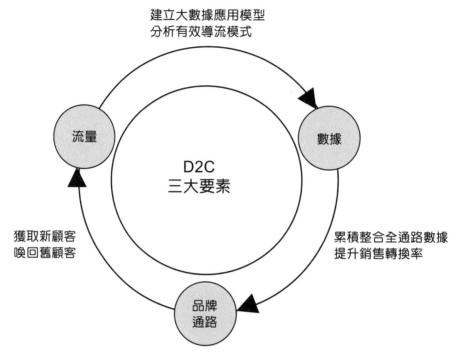

建立大數據應用模型
分析有效導流模式

流量

數據

D2C
三大要素

獲取新顧客
喚回舊顧客

累積整合全通路數據
提升銷售轉換率

品牌
通路

圖 9-12 D2C 三大要素

六、電商與零售決戰「超短鏈」配送能力

進入後疫情時代新通路需求只增不減，「超短鏈」物流的配送能力，成為電商業者與零售業者的致勝關鍵。在疫情之前，過去 24 小時、六小時到貨被認為是「短鏈」物流，但疫情衝擊之下，20~30 分鐘到貨的「超短鏈」物流將成為未來趨勢，尤其是生鮮蔬果與冷熱食商品。要做到「超短鏈」物流有兩大關鍵，一是物流中心（主倉）與衛星倉的鋪建，二是數據的掌握。即有的實體門市也可做為衛星倉或 Dark Store，加快出貨速度。

台灣電商龍頭富邦媒（momo）因中部地區訂單占全台訂單 25%，為加速完整短鏈物流布局，2023 年 11 月 8 日位於彰化縣的「中區物流中心」動土。該中心預計每日吞吐量 25 萬件、商品存量 540 萬件，總投資額約 76 億元。南區物流中心 2024 年第 1 季啟用，中部物流中心未來 2027 年完工啟用後，富邦媒將成為全台配送最快的電商業者。

電商超短鏈物流不只改變了「速度」，更改變了「產品組合」。一旦電商超短鏈物流佈局完成，各地衛星倉內可設置恆溫、低溫倉儲，配合短距離又深入小巷的機車快送，打通線上線下，20~30 分鐘內配送生鮮、蔬果與冷熱食商品也不成問題。

10

數位行銷與大數據行銷

2024 台灣行銷趨勢

DMA 協會發布 2024 台灣行銷六大趨勢：

趨勢 1： AI 生成（AIGC）大突破，新工作流程推動內容進化。

趨勢 2： 全球進入 Cookiesless 時代。2023 年 7 月 1 日起，Google 全面啟用新版 GA4，取代 Cookies 機制。

趨勢 3： 打造互聯互通的零售新媒體-第一方數據。

趨勢 4： 串流影音平台廣告規格大戰。Netflix 與 Disney+串流平台的內容製作成本越來越高，原本的訂閱制模式已經無法支持平台的發展，都將推出新的廣告付費方案。

趨勢 5： 娛樂短影音創造導購流量。進入破碎化時代，消費者的注意力越來越薄弱，比起圖文或長影音等形式，30 秒左右節奏快速、內容精簡的短影音，有著更高的觀看率與互動率。

趨勢 6： ESG 的焦點，從原本「E」著重「環境減碳」，現朝向「S」著重「社會價值」的取向推進。

10-1 數位行銷興起

一、傳統行銷是數位行銷的基石

傳統行銷是數位行銷的基石,傳統行銷基本上有四大步驟:

1. 傳統的「環境分析」:採 PESTEL 分析與 SWOT 分析。

2. 傳統的「策略擬定」:從行銷策略 STP 決定行銷組合 4P 決策。

3. 傳統的「策略執行」:用市場測試,以驗證假設。

4. 傳統的「策略管理」:將產品與服務引入市場後,仍持續驗證假設。

二、數位行銷是傳統行銷的進化

數位行銷是傳統行銷的進化,主要有五大進化點:

1. 環境分析:從傳統的 PESTEL 分析與 SWOT 分析,變成定義未來的 FOA(Future-Oriented Analysis)「未來導向分析」。

2. 了解消費者:從傳統的 AIDMA 進化成活用 AISAS、ZMOT。

3. 市場區隔:不再是只是將市場整體進行細分化,而是透過數據直接以單一「消費者」為個體,進行市場區隔並進行分析。亦即,針對個人進行微區隔一對一行銷。

4. 通路:進化成「全通路」與 OMO,將品牌與消費者的所有接觸點加以整合與融合,在任何通路的接觸點都能提供給消費者一致性的消費體驗。

5. 精準廣告與促銷:精準針對單一消費者做到真正的一對一即時行銷與自動化行銷。

三、打破數據孤島

數據孤島(Data Silos)是指在不同系統、不同部門或不同組織間,數據間無法有效的共享和整合的現象。在大數據時代中,數據也是一種競爭性資源。要做到全通路精準行銷,品牌就必須打破數據孤島現象,才能達到消費者各接觸點的數據整合與融

合。「整合」是數據間仍存有某種界限；而「融合」是所有數據間不在存有某種界限，達到無縫的境界。

四、數據驅動決策

數據驅動（Data Driven）是透過「大數據」了解消費者、接近消費者與消費者互動。數位化時代，需要數位化管理。新創事業的各類資料必須數據化與可視化，並確保數據的真實性，才能進一步「數據驅動」決策。數據驅動決策（Data Driven Decision Making，簡稱 DDDM）是指不經由人的主客觀分析進行決策，而是經由系統大數據分析後，自行產生商業決策方法。

五、數位時代消費者行為的改變

傳統行銷在了解消費者「為何想要」的「心理」與「購買」的「行為」。對於消費者行為，傳統行銷主要是透過實體店鋪的 POS 數據來分析與了解消費者。POS 數據只能了解消費者購買的「行為」，卻無法了解消費者行為背後的「心理」。數位行銷透過全通路數據整合與融合，追蹤消費者全通路的購買「前中後」「行為」。在數位時代，新創業者要思考的是你的改變的幅度與速度，是不是也能跟上消費者？

10-2 數據行銷

新創事業可應用的消費者數據，分為：自己蒐集整理的（第一方數據）、合作夥伴蒐集來的（第二方數據）與到市場上購買或交換來的（第三方數據）。過去主流是透過瀏覽器「Cookie」蒐集數據，然而因為保護隱私權，2023 年起逐漸減少使用 Cookie 蒐集用戶數據。

一、零方數據

「零方數據」（Zero-Party Data）是消費者自願、有意識地提供給你企業的資料。例如，消費者自行註冊訂閱，填寫測驗或調查，提交表單或參與任何互動式數位體驗時，所自願留下的數據。這些數據對企業來說，存在價值交換，其中消費者透過提供這些數據獲得一些利益，可能是商品折扣、禮品或點數等。

二、第一方數據

第一方數據（First-Party Data）又稱「1P 數據」，是指企業第一手（直接）自己蒐集的數據。例如，企業透過 LINE 官方帳號蒐集消費者數位足跡，或品牌官網蒐集消費者的會員資料、交易資料、參與行銷活動資料，這些都是第一方數據的蒐集。

第一方 Cookie 是指企業從官網或官方 App 收集數據的方式。Cookie 實際上是由網路瀏覽器儲存的數據檔，它會記錄使用者登錄網站的數據。它還收集使用者瀏覽行為數據，並將其與收集的有關該使用者的現有資訊進行匹配。

三、第二方數據

第二方數據（Second-Party Data）是指由第一方數據擁有者開放給第二間機構使用的數據。例如，Facebook 提供給廣告主或品牌主的數據。也就是說，第二方數據並不是自己公司收集的，而是合作夥伴第一手收集，分享給你使用的數據，對合作夥伴來說是第一方數據，但對你來說是第二方數據。

四、第三方數據

第三方數據（Third-Party Data）是指由和消費者沒有直接關係的第三方所蒐集的數據。最常見的就是各類公開資料，也有可能是向專業數據供應商所購買的，這些來自其他企業的數據。第三方數據能幫助新創事業洞察消費者行為、找出潛在的市場趨勢，甚至是進行精準行銷等。

第三方數據與第二方數據不同的是，數據的買主不一定與數據來源的企業有直接業務往來，但仍可經由第三方取得特定類型、符合需求的數據，不過因為這些數據通常都經過去識別化處理，所以購買方也不具有完全的掌握權。

Google 從 2024 年 1 月 4 日開始在 Chrome 推出追蹤保護（Tracking Protection）功能，限制第三方 Cookies 的使用，全球將進入 Cookieless 時代。Cookieless 意味著用戶的跨網站行為無法被第三方 Cookie 追蹤，這會影響過去利用 Cookies 數據進行精準行銷的廣告投放精準度。

10-3 精準行銷

一、精準行銷

精準行銷（Precision Marketing）是指透過數據分析市場現況，幫助企業更準確的篩選出潛在目標客群，針對所選定的目標客群進行「再行銷」（Retargeting），期望能運用最低的行銷成本達到最高的行銷效益，減少行銷預算的浪費。

精準行銷主要針對兩個方面：促使「老客戶」回購和開發「新客戶」新購。消費者對產品有興趣時，常常不會立即採取行動，而是先上網搜尋調查，很多時候久久未能下購買決定，而暫時丟下購買的念頭，這時可使用「再行銷」（Remarketing）提醒目標客戶，或拋出一些誘因，誘使目標客戶不再多想，立即採取購買行動。

二、大規模個人化

個人化（Personalization）和大規模個人化（Personalization at scale）差別在於大規模個人化分析和使用客戶的大數據。過去「個人化」，僅是客製化行為，但「大規模個人化」，需要由三大要素「大數據、行銷科技工具、分析和應用於顧客行為」所組成的個人化作為。要低成本的應付不同顧客的訊息需求，首先就是要蒐集夠多、夠豐富的顧客（用戶）大數據，並使用能整合各方（第一方、第二方、第三方）的顧客數據，才能更全面了解顧客（用戶）。但只有「大數據」不夠，企業必須分析顧客的行為軌跡，給予對應的個人化訊息，才能轉換成銷售成績，因此也需要「行銷科技工具」以利「分析和應用於顧客行為」。

麥肯錫（Mckinsey）顧問公司認為推行「大規模個人化」有四大步驟：

1. 以「大數據」與「行銷科技工具」為根基，讓所有員工都知道顧客是誰、想做什麼。顧客大數據不只是年齡、性別等基本資料，還要有他們各別對推播訊息和廣告的反應回饋；大數據也需要從銷售部門串聯到行銷與銷售部門，這樣推播個人化行銷方案才有所依據。

2. 檢視顧客旅程，找出顧客在不同階段的痛點和意圖，以產生數千或數萬個「微區隔」的目標客群數據。企業先將有相似行為和需求的目標顧客分群，不同需求、不同組別，再拆解每一組的顧客旅程，從最初考慮、購買、使用，到再次購買，進而創建出數千甚至數萬個微區隔目標客群。Netflix 能讓每位用

戶的首頁都長得完全不一樣,就是它做了「微區隔」客群。例如「喜歡某部影片」或「喜歡某位演員」就可以是一個微區隔客群,系統自動就會投放該演員影片列表,甚至連電影都換上該演員為焦點的劇照海報,吸引該「微區隔」客群的注意力。

3. 針對不同「微區隔」目標客群測試不同的個人化體驗,如果成功觸發觀看或消費,就進行自動化偵測,再持續提供的個人化體驗。

4. 堅持到底:不停循環,重覆地做。對企業來說,做一次「大規模個人化」體驗的行銷專案或許容易,但難的是,要堅持並擴大規模又不停地做。

三、顧客旅程路徑行銷活動

典型的顧客旅程路徑行銷活動如下:

1. **顧客進站造訪**:找尋相似顧客輪廓進行推薦。

2. **數據採集**:全自動化數據採集、分類分群、分析、管理。

3. **顧客進站行為貼標(Tag)**:分類分群行銷 Tag 貼標,快速找出目標客群。

4. **顧客數位足跡分析**:找出最佳溝通時機與接觸點。

5. **投其所好**:引導顧客完成購買。

6. **離站再行銷(Retargeting)**:發送提醒或優惠,吸引再次造訪。

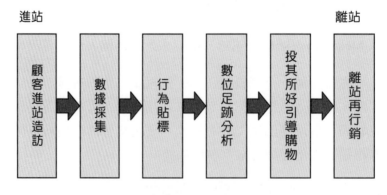

圖 10-1 典型的顧客旅程路徑行銷活動

四、新的拓客模型：天地人網

1. **天網**：天網做內容、做傳播，運用網際網路媒體效率，儘可能儘快把品牌做大。

2. **地網**：地網做轉化，做成交，實現用戶體驗升級。

3. **人網**：人網做人際傳播、人際互動，促使「客戶裂變」，藉由顧客自願的口碑推薦，帶來新顧客，替代高額行銷費用。客戶裂變就是企業利用客戶的感染力與轉介力，把產品及服務帶入客戶的人脈圈，繼而為企業帶來新的客戶。

五、老板的品味是流量的敵人

很多創業老闆為什麼企業做不大，就是你特別喜歡用你的認知去做這個事業，當你用你的品味去做生意就完了，因為哪絕對只有小眾市場，很難踏入大眾市場。創業者絕對不要說「我」，那會變成自嗨型創業者，自嗨型創業者是最危險的創業者，最容易失敗。用自己的喜好、偏好去做生意是很危險的，因為你會用你的眼光看市場，而不是以市場的眼光看市場。最常見的創業失敗是，可能你的品味太高了，但市場上的老百姓可能達不到你的品味標準。

10-4 社群行銷

人與人群聚在一起就形成「社群」。從人與人相聚在一起的那一刻，「社群」就已經存在，而不是有網路才有社群。大多人都無法遠離社群，這是因為人難以離群索居單獨生活。

一、社群行銷可以做什麼？

那問題是社群行銷可以做什麼？網路聲量有助於品牌曝光，網路評價有助於品牌拉抬聲望，口碑（Word-of-Mouth，簡稱 WOM）有助於形塑品牌，社群導購有助於帶動銷售。

圖 10-2 社群行銷可以做什麼？

　　社群媒體是品牌溝通的橋樑。透過社群媒體，將企業的品牌價值主張、品牌定位與品牌設計，與消費者進行溝通，進而影響消費者的品牌印象、品牌認知與品牌感受。

圖 10-3 社群媒體是品牌溝通的橋樑

　　社群內容決定社群媒體的發展方向，而社群媒體一開始所規定的內容呈現樣態，也決定未來使用者如何透過社群內容產生各式各樣的互動。

二、自媒體

　　2003 年 7 月，由夏恩‧波曼（Shayne Bowman）與克里斯‧威力斯（Chris Willis）在美國新聞學會的研究報告中，對「We Media」如此定義：「自媒體是普通大眾經由強化數位科技、與全球知識體系相連之後，一種開始理解普通大眾如何提供與分享他們本身的事實和新聞的途徑。」

　　「自媒體」一詞來自於英文的 self-media 或 We Media，又被稱為「草根媒體」。在網際網路興起後，由於部落格、微網誌／微博、共享協作平台、社群平台的興起，使得個人本身就具有媒體、傳媒的功能，也就是人人都是「自媒體」。此外，「自媒體」也有「公民新聞」之意。即相對傳統新聞方式的表述方式，具有傳統媒體功能，卻不具有傳統媒體運作架構的個人網路媒體，又稱為「公民媒體」或「個人媒體」。

三、自有媒體、付費媒體、贏得的媒體

企業應該整合自有媒體（Owned Media）、付費媒體（Paid Media）與贏得的媒體（Earned Media）／口碑媒體這三者，讓它們協同發揮更大的作用，而不是社會化媒體熱，只跟著熱門媒體起舞。

1. **自有媒體**：是指品牌自己創建和控制的媒體管道，例如，品牌官網、品牌部落格、品牌微網誌、品牌 YouTube 頻道、品牌 Facebook 粉絲頁、品牌電子報（EDM）等。

2. **付費媒體**：是指品牌付費買來的媒體管道，例如，電視廣告、報紙廣告、雜誌廣告、電台廣告、Google 廣告、Facebook 廣告、付費關鍵字搜尋等。

3. **贏得的媒體／口碑媒體**：是指客戶、新聞或公眾主動分享品牌內容，透過口碑傳播、談論您的品牌，例如，Facebook、Instagram、X、Threads、Google+、Line 這類社群媒體。這是品牌做出各種努力後，由消費者或網友自己「主動」將話題或訊息分享出去，所吸引到的目光或關注。換句話說，贏得的媒體是他人主動給予的。

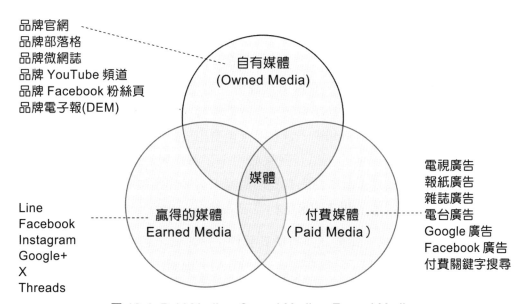

圖 10-4　Paid Media、Owned Media、Earned Media

品牌要好好思考如何利用各種行銷管道接觸顧客，梳理你的數位資產有哪些：自有媒體（品牌官網、購物官網、自營部落格、自營論壇）、付費媒體（簡訊、EDM、LINE@）和「贏得的媒體」，藉由社群力量宣傳，請老客戶和忠實粉絲幫你做宣傳導

購。若要借重老顧客的口碑行銷，要先做好「自有媒體」與「付費媒體」，才能談到後面「贏得的媒體」。

四、小群效應

當所有社群平台，都出現「大社群鬆散沉默，小社群緊密活絡」的特徵時，與其在大社群中盲目亂竄，不如學會找出「能病毒擴散、可變現」的關鍵小社群。

關鍵小社群利用四步驟，找到最關鍵的「連結者」：

1. 建立一個工作小組（市場部門和商務部門經常扮演這個角色），在微信和微博上找到真實用戶（或目標用戶），這個數量通常在 500～5,000，將他們一一添加為好友。

2. 閱讀目標顧客近半年來的朋友圈或微博貼文，將細節記錄到一張工作表格中，需要留意的細節包括：

   (1) 他／她關注了哪些帳號和關鍵意見領袖（Key Opinion Leader，簡稱 KOL），又被哪些人所關注？在朋友圈和微博中經常討論什麼話題？曾經分享了什麼連結網址？這些連結網址來自哪些內容帳號或 APP、企業？這些連結網址和其他發文所顯示出的語言風格是什麼樣的？貼文屬什麼類型？標題是什麼？經常在什麼時間段發文？

   (2) 他／她還參與過什麼線上或線下活動？活動是由哪家企業舉辦的？通常一些成功的活動結束後，企業都會發布新聞稿宣傳這次活動。搜尋這家企業發布的新聞稿，看看這家企業出於什麼原因舉辦這次活動，是如何策畫和思考的，以及效果如何。了解這家企業處在什麼樣的發展階段、前後是否還舉辦過其他活動等。更多問題還能不斷窮舉出來，需以經營團隊當下關注的重點和需求為準。

3. 觀察粉絲討論文，這些訊息有助於我們了解，當下目標顧客期待什麼類型和主題的活動，他們又聚集在哪些帳號或 APP 周圍，以及採用什麼樣的風格表達自己的訴求等。利用這些訊息可以製作成一張工作表格，包括連結者們、關鍵意見領袖（KOL）、目標合作 APP 或企業、用戶活躍時段、興趣喜好、語言風格、閱讀習慣，及不同行業的活動／傳播資料庫等。

4. 大數據分析強化對這些關鍵訊息的掌握，形成不一樣的理解深度，幫助品牌更加了解目標顧客群。

　　有時候你認為的忠實客戶，並不是你所想的那個族群。當這些結論被搜集整理在多張工作表格中，並不斷被更新、完善時，有助經營團隊理解目標顧客，也幫助團隊率先找到一些可以扮演「連結者」角色的客戶。這和做客戶訪談、用戶田野調查的本質類似，只是由「聽」客戶說變成了「看」客戶說。由此，品牌能知道哪些名人、明星是影響目標顧客的關鍵意見領袖（KOL），更重要的是，發現真正能影響他們的「連結者」和「局部意見領袖」，可能就是他們身邊的朋友。

10-5 創業者的網路行銷工具

一、關鍵字行銷／搜尋行銷

　　關鍵字行銷的特色在於精準、效率與低預算門檻。關鍵字行銷最大的特點就是：廣告主可「隨時操控」的廣告。廣告主可依據當日最新「廣告成效報表」，隨時決定廣告是否繼續、暫停、修正、重啟或調整支出預算高低等等。也就是說，雖然已經預付一筆廣告費用，但費用未「被點完」用盡前，廣告主可以隨時針對已經進行的廣告進行檢討、修正，讓廣告效益發揮最大化。

　　如圖 10-5，基本上，關鍵字行銷包括四個構成要素：

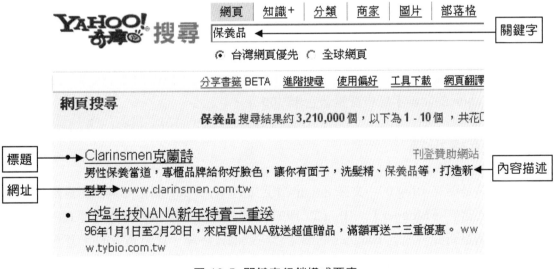

圖 10-5　關鍵字行銷構成要素

1. **關鍵字（Keywords）**：任何有關促進商品銷售的文字詞組，包括商品介紹或促銷活動的內容，預先將消費者會查詢的字詞設定在搜尋引擎內，這些字詞通稱為「關鍵字」。例如：保養品、化妝品、婚紗、美白等。

2. **標題**：以公司市場定位及競爭優勢為核心，包括公司形象、品牌核心、行銷通路等，並且使用目標客群熟悉之語言用詞來描述。例如：葛洛莉 SPA 美學館、英國泰勒花卉香氛生活館，或陳怡安天然手工香皂概念館等。

3. **內容描述**：包括所設定之關鍵字（詞），在描述公司特色避免使浮誇用詞，再順勢帶入相關周邊以增加豐富感。例如：加拿大天然保養品、心曠神怡乳油木果油、甜蜜溫馨的感覺，同時保護潤澤肌膚等。

4. **網址**：設定關鍵字（詞）欲讓消費者，實際連結的網站網頁。

關鍵字行銷收費方式主要有二種：

1. **競價排序**：讓企業對關鍵字的價格有更多主導權。若是有甲、乙、丙三家公司都選擇關鍵字「手機」，則出價最高的「關鍵字廣告」排在最上方，每個關鍵字的最低出價是新台幣 3 元，最低增幅是 0.5 元。例如：最高出價者乙公司出價 10 元，丙公司出價 5 元，甲公司出價 3 元，最高出價的乙公司雖然出價 10 元，但是僅需支付比第二高的出價丙公司之 5 元多一個增幅 0.5 元的費用，所以乙公司的單次點閱費用為 5.5 元。

2. **點閱計費**：每一塊錢都花在引導到您公司網站的流量上。點閱制（Cost Per Click, CPC）的收費方式，是只有當網友點閱到您刊登的「關鍵字廣告」時，您的公司才需要付費。例如：甲公司在 Yahoo 上，對關鍵字「手機」出價 3 元，今天共有 100 人 點閱甲公司的「關鍵字廣告」，所以甲公司今天的應付給 Yahoo 的關鍵字廣告費是新台幣 300 元。

二、部落格行銷

部落格是英文 Blog 的中文譯名，是由英文的 Web Log 簡化而來，而寫部落格的人被稱為部落客（Blogger）。Blog 於 1997 年開始在美國以線上日誌的型式出現，通常超連結網路新聞再加上 Blogger 的簡短介紹或個人評論，以及讀者的回應。Blog 其實是一個網站，只是這個網站是將資訊或新聞依日期新舊順序排列，而且 Blogger 通常會提供相關的超連結；與一般網站不同的是，讀者看完 Blog 上的內容後，可以加以

回應或加入討論。部落格（Blog）是繼 BBS、E-mail、即時通後，第四個改變世界的網路殺手級應用。

基本上，部落格可以協助創業者從事四個方面的行銷工作：

1. **網路事件行銷**：這有點像是傳統行銷人員在操作「事件行銷」一般，透過 Blog 可以對一群有特殊同好的網路社群進行線上事件行銷，例如，日產汽車（Nissan）2005 年重量級新車 Tiida，就成立部落格（http://blog.nissan.co.jp/TIIDA/），邀請車主上來分享駕駛心得、開車旅遊經驗、試駕會活動感想、車隊活動照片等各種文字、照片、影片，讓車主或潛在消費者彼此互動，部落格上的討論也可直接反映給日產參考。

2. **線上服務重度使用者**：一般來說，對您企業商品有高度好感的這些人，都是您的免費宣傳者，也是您企業商品的死忠派。基本上，這群人對您的商品也最有話說，因此如果在網路上為他們建立一個特區，讓他們有機會為您發聲，對他們來說是一種線上服務，對您企業來說則是一種免費的宣傳。

3. **深耕社群**：以書商為例，可以在 Blog 張貼新書書評、排行榜、得獎書單，邀請讀者參與式寫作，分享書評或閱讀心得。建立線上讀書會，請讀者推薦導讀等等。

4. **支援與連結社群**：Blog 可以為各類網路社群量身訂做，也為特定網路社群提供特殊服務。以民宿業者來，可以為該地方建立觀光部落格張貼該地相關美美的旅遊照片或相關旅遊服務資訊，這都有利於該地區整體的民宿發展。

三、X 社群行銷 ─ 網路大聲公

Twitter 以其「推文」和標籤而聞名，用戶利用推特來分享和傳播他們喜歡的任何貼文。創業者可透過 Twitter 發布「推文」來推廣其產品或服務。2022 年底馬斯克以 440 億美元收購 Twitter，並在 2023 年 7 月宣布將 Twitter 改名為 X。

X 比起其他社群媒體能與消費者進行更多的對話。然而要注意瞭解轉推（Retweets）、回覆（Replies）與直接訊息（Direct Messages）之間的差異。

1. **轉推**：能讓你分享其他人的推文，並能選擇是否要寫評論；選擇「引用推文」（Quote Tweet）代表你在某人的貼文上加了留言，若只是按下「轉推」則代表你只是想將它發給你的追蹤者觀看，而不留下任何評論。

2. **回覆**：是公開顯示你想對某人推文的回覆，後面也能讓追蹤者繼續看下面的對話。

3. **直接訊息**：是讓你私訊某人；如果你想私訊某人的話，他必須要追蹤你，或他有在設定中調整能讓任何人私訊自己。群組對話則是方便你在群組中溝通的方法。

X 社群行銷工具的特性：

1. X 具有強大的新聞傳播性，用戶也更願意透過 X 搜尋資訊。在其他社交平台用戶期待的是「Look at me.」，讓家人或親朋好友知道「我做了什麼事」，而 X 則是「Look at this.」，X 讓世界各地的用戶知道「有什麼事正在發生」。X 用戶的使用心態非常不同，用戶更專注於吸收新資訊或新訊息。

2. X 有點像大聲公，極適合即時訊息發布，用戶不會錯過即時資訊。因此很多品牌選擇 X 進行新品發表、重要資訊發布。

3. X 是匿名制，用戶更會表達真實想法。品牌可利用 X 的社群傾聽（social listening）瞭解消費者心聲。X 是公開的對話平台，使用者不需要追蹤、關注就可以展開對話，可以看到更多不一樣的聲音。

4. X 是高度對話性的平台。X 有許多與用戶直接對話直接互動的功能，用戶期待最新資訊、即時性、用戶願意傳達真實想法等 X 特性，更讓 X 成為高度對話性的平台。

四、Instagram 社群行銷 — 重視覺美感

Instagram 有超過 10 億用戶，功能主要圍繞著照片、影片、標題和標籤而建立，如果你的品牌是以吸引消費者視覺美感為導向，Instagram 應該是不錯的選擇。網路流傳一句話，「FB 留給老人用，IG 才是王道」，Instagram 廣受年輕族群喜愛。Instagram 社群行銷手法：

1. **洞悉使用者並了解受眾**：經營 Instagram 社群必須先剖析使用者與受眾，才能為品牌帶來最大的價值。根據 Nielsen Media Research 的調查，Instagram 是個比較能展現自我並尋找靈感的平台，其中有 40% 的使用者指出視覺的美感，在貼文中是相當重要的，因此切記視覺語言對經營 Instagram 社群的重要性。不過，不同的地區，其特性又有些許不同，以台灣而言，18-34 歲的女性

使用者是最活躍於該平台的使用者。在主題上，不管是美術、設計、旅遊、汽車、甚至是動物，你都可以輕易在 Instagram 中找到擁有相同興趣的使用者，進而展開共同話題，增加互動機會。

2. **確立品牌風格，Instagram 主頁就像品牌第二官網**：在過去，當網友接觸一家新的品牌，也許會先從 Google 搜尋開始。但對於年輕族群而言，認識品牌的第一步是由 Instagram 社群軟體下手。在經營 Instagram 時，品牌可以利用 Instagram 行銷平台 Later 提供調動主頁照片的功能，藉此讓整體品牌調性一致。此外，Instagram 的「Stories Highlight」功能，能讓限時動態能出現在主頁上。企業可將特殊、有意義的限時動態儲存至「Highlight」資料夾中，這些精選限時動態便會出現在 Instagram 主頁上，使整個頁面看起來更豐富且活潑，也讓品牌更有機會將新的用戶導入官網，創造更多流量。

3. **具創意的呈現方式**：成功的案例如 Mazda，該品牌透過 Instagram 獨有的九宮格貼文呈現模式，打造令人耳目一新的「The Long Drive Home」系列貼文。

4. **貼文內容呈現前後一致**：最簡單的方法就是讓保持真實性，讓你的貼文圖像內容、文字語氣都具有一致性，主題風格連貫不突兀，才是品牌長久經營 Instagram 社群歷久不衰的重要原則。

Instagram 標籤工具的行銷操作。Instagram 的一則貼文大約可放 30 個標籤（Tags），建議品牌放好放滿，才容易被搜尋到，也更能衝上熱門榜。hashtag 不是想到什麼就放什麼，而要有結構與策略才能有效增加曝光度。「hashtag 三階層金字塔」的概念，分為大眾標籤、中眾標籤、小眾標籤三個階層。

1. **大眾標籤**：範圍最大，概念涵蓋最廣，例如：「#台灣必吃」、「#台灣美食」。

2. **中眾標籤**：比大眾再小一點範圍，但較小眾標籤再擴大一些範圍，例如「#台北必吃」、「#台北美食」。

3. **小眾標籤**：用量、範圍較小的標籤，但最貼近使用者，像是「#萬華必吃」、「#萬華美食」。

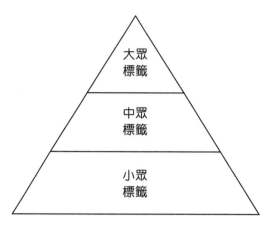

圖 10-6 Hashtags 三階段金字塔
資料來源：電商人妻

　　Instagram 標籤排名機制的運作方式，是標籤彼此相互影響。若你的小眾標籤吸引粉絲互動，排名往前，就會拉拔該篇貼文的中眾標籤、大眾標籤往熱門榜推進。由於小眾標籤進入熱門榜需要的互動數，比中型標籤和大眾標籤少，能以小力達到大效益。因此建議在同一篇貼文內，放上以上 3 種 hashtag。

　　學會 Instagram 標籤的排名行銷技巧後，還需要回過頭檢視發文內容的品質。由於 Instagram 的演算法著重在「互動率」，愈能引起粉絲留言、分享互動的貼文，愈能衝上熱門榜，不妨多多朝這個方向努力，勢必能為品牌提高行銷曝光度。

五、Facebook 粉絲專頁（粉絲團）

　　「Facebook 粉絲專頁」的設立是為了建立獨立風格內容的個人品牌或企業品牌，Facebook 粉絲專頁可以有多個人共同管理，任何人都可以在 Facebook 搜尋到你的粉絲專頁，到你的粉絲專頁看你的貼文內容並給予回應，而你也可以下廣告推廣你的貼文或是商品、服務。

　　「Facebook 社團」可以邀請使用者「加入」，它設立的主要目的大部分是因為這群成員他們有共同的偏好、興趣或身份，比方說，主婦購物社團、日本代購團、二手拍賣團、食譜分享團、xxx 大學校友會。你可以設定社團的隱私性、管理員身份，並設定成員回應的規範，不過不能針對 Facebook 社團下廣告。

表 10-1　Facebook 粉絲專頁跟 Facebook 社團的差別

功能	Facebook 粉絲專頁	Facebook 社團
隱私	**無隱私設定** Facebook 粉絲專頁資訊與貼文屬於公開性質，一般而言，Facebook 的所有用戶都看得到。	**有隱私設定** 除了公開設定外，Facebook 社團更多隱私設定可以使用。在私密與不公開社團中，只有社團成員才能看見貼文。
廣告受眾	**不下廣告幾乎沒人看** 任何人都可以對 Facebook 粉絲專頁按讚並與其聯繫，取得動態消息更新，而且沒有限制對 Facebook 粉絲專頁按讚的人數。	**不可下廣告** 您可以調整 Facebook 社團隱私，以要求必須由管理員來批准或新增成員。當社團達到某個規模時，部份功能會有所限制。
溝通	**預設情況下，社團成員都會收到通知** 管理 Facebook 粉絲專頁的用戶，可以代表識粉絲專頁發佈貼文。粉絲專頁貼文會出現在對專頁按讚用戶的動態消息中。粉絲專頁擁有者也可以替粉絲專頁建立自訂應用程式，並查看粉絲專頁洞察報告，以追蹤粉絲專頁的成長情形及活動紀錄。	**可能僅 10%按讚用戶看得到，內容決定解及高低** 在 Facebook 社團，當任何成員在社團中貼文，在預設情況下，所有成員都會收到通知。社團成員可參與聊天、上傳相片到共享相簿、一起協作社團文件，以及邀請身為成員的網友參加社團活動。

　　通常，「Facebook 社團」的涉入程度比「Facebook 粉絲專頁」來得高。若你是 Facebook 的重度使用者，又沒有特別設定關閉提醒通知，應該會發現，每當有人在「Facebook 社團」裡更新貼文時，你就會自動收到 Facebook 的通知；相較之下，「Facebook 粉絲專頁」的貼文則是根據演算法出現在使用者的動態牆上。因此，如果你的「Facebook 粉絲專頁」人氣不是特別高，發佈的內容不是屬於與粉絲會與你有高度互動或是涉入，也不是被粉絲設為「搶先看」、沒有下廣告，那麼「Facebook 粉絲專頁」的涉入程度勢必會比起「Facebook 社團」來得低，因為使用者是「相對被動」在接收資訊的。因此，因為「Facebook 社團」通常有較高的主題專一性，因此使用者大多都是針對該主題具有高度興趣的愛好者，又或者他們共享同樣的某種性質，這群加入「Facebook 社團」的人大多都是對這些事情有熱枕的。

　　許多品牌將「Facebook 粉絲數」「月流量」當作 KPI（關鍵績效指標），但若只是追求粉絲數，卻沒有照顧到粉絲品質和效度，將難以變現、缺乏品牌忠誠度。

六、Facebook 直播

　　直播最早起源於電視轉播，直播或實況（Live），是指電視、電台等傳播媒體節目的錄影與廣播同步進行的動作。可分為電視直播與電台直播。自 YouTube 開放直播以來，不斷出現自稱「實況」的視訊，不少上傳者自稱「實況主」。而實際上這些實況主進行的是「線上直播」，非媒體術語之「現場直播」。

　　直播與影片不同的地方：

1. 直播是現場的實況轉播不能後製剪接。

2. 直播更有臨場感和時效性，並且可與訪客互動。

3. 觀眾和直播現場相隔兩地卻能同步所有訊息，增加討論的話題性。

　　直播跟一般影片最大差別在於即時分享，讓朋友或粉絲們能零距離感受現場氣氛，就好比新聞或運動賽事 LIVE 轉播，而觀賞直播的網友也能夠留言。直播比影片更加真實。就因為沒有時間去後製，所以更能讓觀眾感到興奮！

　　《GEMarketing》Wendy 提出，Facebook 直播五大要點：

1. **內容要有料**：是指要有「明確主題」，並非要有艱深的內容，主題從閒聊到活動都可以，但要讓粉絲在看到直播後能馬上進入狀況，知道你今天想分享些什麼內容。

2. **讓粉絲有參與感**：直播最大的好處之一就是能拉近與粉絲的距離，適時的詢問粉絲意見、開放提問、轉述粉絲留言、回應粉絲等可以讓粉絲有參與感，進而加深粉絲的好感與黏著度。

3. **事先預告 & 事後提醒**：事先預告很重要，簡單的在粉絲頁上告知粉絲什麼時候預計要開直播，可避免有興趣的粉絲因不知情而錯過直播，如果是一段時間會固定直播的內容，也可以在每次直播結束前跟粉絲約好下回見，就算時間還不確定也沒關係，重點是讓粉絲知道並有期待感。

4. **展現自然但不隨便**：直播時要展現最自然的一面，但這個自然並不是真的要你什麼都不準備，事前的主題規劃、鏡頭角度、網路狀況等都必須先確認好，就好比化妝中的裸妝，看似脂粉未施實際上所有步驟一應俱全，粉絲喜愛你「猶如日常」的自然展現，但如果真的隨便，恐怕粉絲會失望而去。

5. **確保隱私**：其實不僅在臉書實況時，平時在網路上就必須留意避免隱私外洩，以免遭受有心人士利用。有大批追蹤者的明星藝人在保護隱私時都有一套方法，在粉絲頁中常見利用延遲發文時間來避免有心人士跟蹤，但臉書實況講究時效性，無法使用延遲發文，因此在分享時更需要留意隱私外洩的危險。

Facebook 直播長度很重要，直播時間如果太短，很多人會來不及加入，理想的長度為 15- 30 分鐘，這樣即使你的粉絲們沒有從頭開始也能中途加入，當然如果你的內容媲美電視節目，高潮迭起，一個小時也不嫌長，但 Facebook 限制一次直播最長 90 分鐘。

七、Line 官方帳號 2.0 分眾行銷

Line 是台灣人最愛用的通訊軟體，台灣用戶數已超過 2,200 萬，涵蓋老中青少各個年齡層，用戶每日平均使用時間超過 1 小時，且官方帳號數量達 160 萬戶。

注意，Line 官方帳號 2.0 著重「精準的分眾行銷」，與 Facebook 進行廣度行銷有所不同。Line 官方帳號 2.0 的「分眾+」自動化標籤功能，可協助創業者進行分眾行銷，搭配不同的標籤、分群，創業者便可以針對適合的目標受眾進行高關聯性的推播。

常見 Line 行銷手法：

1. 運用多元誘因吸引消費者加入 Line 好友。

2. 後台設定「標籤」，提供不同客戶合適的推播訊息，進行精準分眾行銷。

3. 針對關鍵字，設定 AI 自動即時回覆訊息。

4. Line 官方帳號與客戶一對一的私訊對話，可以放置圖文訊息，提高點擊與閱讀意願。

5. 借助 Line 多元小功能（投票、拉霸機、刮刮樂、大輪盤...等）舉辦行銷或促銷活動。

6. 後台設定 Line 的追蹤碼，向潛在顧客再行銷。

7. 持續且週期性發佈優質內容於 Line 貼文串，提升品牌知名度與信賴感。

八、YouTube 行銷

YouTube 是全球最大的線上影音平台，每月超過 10 億人次造訪，YouTube 也是台灣網友首選的線上影音平台，是品牌進行溝通的重要管道。

Google 提出五個觸動人心的 YouTube 廣告策略：

1. 透過消費者需求分析，打造專屬的 YouTube 影音內容。

2. 以策略性又有創意的故事激發目標受眾注意力，並強化廣告內容傳遞的訊息。

3. 以多元素材接觸更多不同的目標受眾，擴大觸及率與觀看率，提升行銷成效。

4. 針對不同的目標受眾，鎖定目標受眾感興趣的主題，製作要投放的 YouTube 影音內容，以極大化廣告成效。

5. 利用 YouTube 的搜尋特性，反向設計消費者與品牌對話的 YouTube 影音內容，解答目標受眾常問的疑問。

此外，也要了解 YouTube 集客式行銷手法：

1. **要有吸引力的 YouTube 縮圖（Thumbnail）**：每一部 YouTube 影片上面，都會有一個可以點擊的小縮圖，縮圖就是影片精華的截圖。它就像你在 YouTube 上面刊登的免費小廣告，透過吸睛的小圖片來引誘訪客進去觀看你的 YouTube 影片。

2. **要有吸引力的 YouTube 標題**：YouTube 的影片標題也是值得下功夫的地方，標題的寫法，可參考報章雜誌或其他知名 YouTuber 的寫法，基本上，只要是和文章的內容相吻合，能成功吸引訪客點擊的標題，就是好標題。

3. **優化 YouTube 影片的 SEO**：搜尋引擎所帶來的自然流量，不但免費，而且含金量較高，因此為你的 YouTube 影片做 SEO 搜尋引擎優化，提高網路上的排名。要做好 YouTube 影片的 SEO 優化，可從四地方著手：

   (1) 影片標題要吸引人外，也可在標題內安插想要的關鍵字詞。

   (2) 多多利用影片下方的介紹欄位，能夠寫一段 2~3 百字的影片介紹，並且適時的加入一些流量大的關鍵字詞及它的同義字詞。此外，YouTube 的搜尋結果，只會露出前 80 個字（160 個英文字元）的影片描述，因此，在設定影片描述時，要確認一下，一開始的前幾句內容是否完整地將影片重點表達出來。

(3) 加入高搜尋聲量的標籤（Tag），除了使用關鍵字詞之外，也不妨引用其他同類型的高人氣影片所使用的 Tag。

(4) 多做外部連結：在官網、其他網站、Facebook、Instagram、X、Threads 等社群媒體平台上面多多介紹，並分享自己的 YouTube 影片。事實上，超過 50%的影片其瀏覽量不超過 1,000 次，因此，YouTube 影片放上去後，還是需要進行一些行銷推廣。

九、Tiktok 短影音行銷

消費者對影音內容的偏好已超越文字呈現，短影音更蔚為風潮。Tiktok「抖音」，母公司是中國的「字節跳動」，於 2016 年推出 Tiktok。TikTok 的主要特點是讓用戶可以創作和分享長度約為 15 秒到 60 秒的短影音。這些短影音通常包含有音樂、舞蹈、喜劇，或者是各種創意內容。

TikTok 的主力族群是 18 到 34 歲的消費者。TikTok 平台的特色在於快速、精準、洗腦式地吸引目標受眾目光。Tiktok 短影音具有不可忽視的導購力，TikTok 用戶有很強大的購買力，其中，「衝動購物比例」尤其高。Tiktok 短影音具有如下的行銷優勢：

1. Tiktok 短影音行銷可根據目標受眾的特徵，例如年齡、性別、地理位置等，進行定向投放，確保廣告觸達到最具潛在價值的目標受眾群體。

2. 藉助 TikTok 網紅或 KOL 的業配或代言，增加品牌曝光或商品曝光，提高知名度。

3. 發起某主題的 TikTok 挑戰賽，吸引用戶積極參與，讓品牌知名度在用戶間迅速擴散。

創業者入門 TikTok 行銷的步驟：

1. **建立品牌帳戶**：創業者先註冊一個 TikTok 帳戶，並將其設定為公開的行銷帳戶。確保你的用戶名、頭像和簡介清晰地傳達了公司品牌的核心訊息和個性。

2. **了解你的目標受眾**：分析你的目標市場與目標受眾，了解這些消費者在 TikTok 上的活動習慣。這包括他們喜歡的 TikTok 短影音內容類型、活躍的時間段以及他們參與互動的方式。

3. **從小活動開始**：不要企圖一開始就做大規模的活動。先從小規模的活動開始，例如分享幕後故事或展示產品特點，這些內容製作較容易，但也有可能引起消費者共鳴。

4. **制定短影音內容發佈計畫**：制定一個實際可行的 TikTok 內容發佈計畫，決定每週要發布幾次，然後根據目標受眾的回饋，逐漸調整內容發佈頻率和內容類型。

5. **優化內容**：確保內容訊息與你的品牌形象一致。

6. **發起某主題的 TikTok 挑戰**：發起相關的挑戰賽主題，提高品牌曝光度，同時嘗試創造自己的品牌挑戰，鼓勵用戶生成內容。

7. **建立社群連結**：與目標受眾建立真實的連結。回覆評論，追蹤粉絲，參與對話，讓目標受眾感覺被重視。

8. **追蹤效果**：利用 TikTok 內建的分析工具追蹤進度與成效。注意哪些類型的影片獲得最多觀看和互動，並根據這些資訊調整做法。

動態定價與金融創新

酷澎浮動價格戰

酷澎進入台灣市場，鎖定價格敏感度較高的目標客群祭出價格折扣，先養成這群顧客使用酷澎的習慣，再慢慢擴展至其他目標客群，更藉由向同業買貨，再以更低的價格賣給顧客，先全力做大電商市場。

酷澎有「韓國亞馬遜」之稱，挾華爾街資金進入台灣市場大打價格補貼戰，2024 年酷澎資本額相當於台灣電商龍頭 momo 的 2 倍。2023 年酷澎台灣轉虧為盈，大賺 14 億美元（約 452 億新台幣），讓台灣兩大本土電商 momo 與 PChome 備感壓力。

酷澎的商品售價是台灣三大電商（momo、PChome、酷澎）中最低，且價格也會隨著對手推出優惠活動而浮動，24 小時內同一件商品也可能有不同售價。酷澎浮動價格策略確實讓酷澎業績成長，2023 年雙 11 檔期，酷澎訂單數更超越 PChome。

酷澎因為價格太低，品牌供應商與盤商擔心其他通路有意見，不願供貨給酷澎，造成酷澎貨源不足，只好向同業買貨，撕下條碼重新貼標，再以相同、甚至更低的價格賣給消費者。酷澎這種策略，實是傷敵一千、自損八百的做生意方式。酷澎「負毛利戰法」定出來的商品價格，就連商品本身的供應商自己都做不到，當然消費者會去酷澎購物。以 momo 和 PChome 而言，能做的最多就是只能選擇某些商品價格去跟價。

定價是一門整合評估成本、價值、競爭（市場）和消費者心理的學問。「薄利多銷」低價力拼營業額已經落伍了！新創業者更追求「可持續的利潤」，不然無法支應未來的研發與成長。

11-1 定價基礎

價格決定了商品在市場上的競爭力。美國行銷會（AMA）對價格（Price）所下的定義是：每單位商品或服務所收付的價款。

一、定價時應考慮的因素

定價決定著你的公司是否賺錢。但定價過高，消費者不買帳；定價過低－企業沒利潤。產品「成本」是定價的下限，「消費者對產品價值的感受」是定價的上限，如圖 11-1。

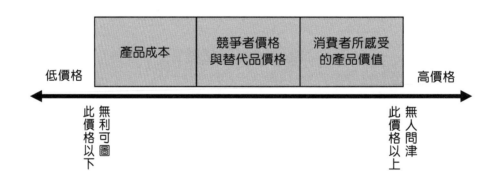

圖 11-1 定價光譜

「行銷之父」科特勒曾說：「顧客買單是在追求能給予其最大價值的商品」。因此，愈是讓消費者感到物超所值，就愈能握有價格主導權。一般而言，消費者所感受的商品價值（認知到的價值）會決定價格的上限，也就決定消費者願付價格的極限。

1. 當消費者的「知覺利益」＜「知覺犧牲」，則消費者不願購買。

2. 當消費者的「知覺利益」＞「知覺犧牲」，則消費者才有購買意願。

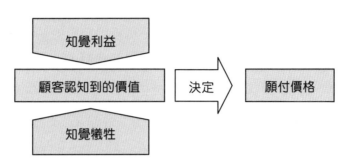

圖 11-2 消費者的願付價格

二、成本導向定價法（Cost-based Pricing）

1. **成本加成定價法（Cost-plus Pricing）**：大部份企業最常用的定價方法是「成本加成定價法」，即依據產品的單位成本加上某一標準比例或成數而制定價格，而加成幅度則視產業傳統或是經驗法則而定。但要注意的是，消費者願意支付的價款，並不是按照產品的單位成本來決定的，而是依照產品效能及其對消費者所產生的價值而定。

2. **損益平衡分析與目標利潤定價法（Breakeven Analysis and Target Pricing）**：係依據某一目標利潤來訂定其產品價格。

三、購買者導向定價法（Buyer-based Pricing）

購買者導向定價又稱為消費者感受定價法（Perceived-value Pricing），是依購買者的感受價值，而非產品的成本來定價。當商品同質性高無法產生明顯差異時，就可利用高度行銷包裝及廣告，塑造商品在消費者心目中的特殊認同感與定位，並且利用附加的品牌價值提高產品價格，所以有時又稱為「品牌價值訂價法」。

四、競爭者導向定價法（Competition-based Pricing）

1. **現行價格定價法（Going Rate Pricing）**：係指依據競爭者的價格來定價，較不考慮成本或市場需求，它的價格或許與主要競爭者的價格一樣，也可能稍高或稍低。

2. **投標定價法（Sealed-bid Pricing）**：採投標定價法的公司考慮的重點是競爭者會報出何種價格，而不拘泥於成本或市場需求。就大公司而言，它所投的

標很多，並不靠其中任何一個特別的標來維持生計，故用期望利潤的準則來選擇投標是合理的，它不必靠運氣，即可獲得公司的長期最大利益。然而對某些只是偶而投標或急需獲取合同來週轉的公司，期望利潤的準則也許不太適合。

五、創業的成本控管七大要點

1. **養成記帳習慣**：許多新創業者，由於創業初期資金並不充裕，在人手不足的情形下，需要一人身兼多職「校長兼撞鐘」，往往對於公司帳務疏於記錄，因而造成資金使用不明，形成現金流失而不自覺；若能養成記帳習慣，不僅能瞭解資金去處與用途，也能對成本做有效控制與檢討。

2. **凡事親力親為**：資本不足，創業者最好凡事親力親為。創業初期要有「起得比雞早、睡得比狗晚、吃得比豬差、做得比驢多」的心理準備，因為從找尋貨源、採購、製造、行銷、銷售、收款、顧客服務與支援，創業者必須親自參與，瞭解每一階段所產生成本與費用，這樣若未來有任何一個環節出問題，才知道如何解決。

3. **制定標準作業流程（SOP）**：不論公司大小，若能制定 SOP 能為企業省去許多無形浪費，若有 SOP 也更容易追查造成成本費用浪費的原因。此外，企業若能將技術、經驗記錄在標準作業文件中，也可避免因人員流動造成技術流失；而新進人員經過短期培訓，也能快速掌握 SOP 操作技巧。

4. **成本管控應由產品流程設計做起**：產品由原料採購至商品銷售，每個階段都與成本有關，產品製作所需的原物料、人工、費用皆會反映在成本上，所以設計產品時要注意原物料、人力與費用的波動。

5. **採購貨比三家不吃虧**：原物料採購應多方比較，除了價格與品質的考量外，數量亦是決定價格的重要因素，因此隨時了解市場原物料相關資訊是必要的。

6. **嚴格管控存貨成本**：大量採購雖較便宜，但過度採購可能會造成存貨過多，成本反而增加；但若採購數量太少，單價不僅較高，又可能缺貨不利生產，因此先建立安全存量，若能與供應商合作，簽訂長期採購合約，但只有在需要時才即時供貨，嚴格控制存貨成本。

7. **嚴格管控人事成本**：員工若訓練不足，自然工作效率不高，生產率也無法以提升；疲憊不堪的員工，生產品質也會降低，而這些都會影響人事費用支出。控制人事成本最佳方法是有效分配工作時間與工作量，並適時予以培訓。

總結來說，降低成本是由細節一點一滴累積出來的，創業主如能多花點心思在本業選對產品與服務，選對時間，選對通路，成本管控得當，自然就有利潤。

11-2 產品組合定價策略

假如該產品是屬於某產品組合的一部分時，定價就需要修正。在這情況下，產品的定價是在求整個產品組合的利潤最大，而不是單一產品的局部利潤最大。

1. **產品線定價（Product-line Pricing）**：在決定價格差距時，必須考慮同一產品線各型產品的成本差距、顧客對不同功能的評價，以及競爭者的價格等。然後為其產品線精心設定幾個不同等級的價格點（Price Point）。賣方必須使買方感受到不同等級間，產品確實有所不同，進而讓買方認同不同等級的產品有不同的價格是合理的。

2. **備選產品定價（Optional Product Pricing）**：例如顧客除了購買汽車之外，可能同時訂購衛星導航系統、自動駕駛輔助系統等，公司必須決定哪些該包含在汽車售價？哪些應另行銷售與定價？

3. **後續產品定價（Captive Product Pricing）**：公司通常將主產品（剃刀、噴墨印表機、電射印表機）的價格訂低，利用後續產品（剃刀片、墨水匣、碳粉匣）的高額加成來增加利潤。

4. **副產品定價（By-product Pricing）**：製造商會想辦法找尋副產品的市場，只要價格高於儲存與運輸成本，就可以出售，這樣有助於降低主產品的價格，加強競爭能力。

11-3 新產品的定價策略

一、市場榨取定價

市場榨取定價（Market-skimming Pricing）是將新創產品訂定較高的價格，以先從此市場「榨取」相當的收入。市場榨取定價法適用於：

1. 有相當多的顧客對該產品有高度需求。

2. 生產較少量的產品時，其單位生產及配銷成本並不會高出許多，因此大量生產所獲得的好處並不重要。

3. 高價格不致吸引更多競爭者。

4. 高價格可製造高品質的產品形象。

二、市場滲透定價

市場滲透定價（Market-penetration Pricing）是將新創產品訂定略低的價格，以吸引大量的購買者與使用者，強佔市場佔有率。在下列情況下採取市場滲透定價策略是有利的：

1. 當市場對價格相當敏感，低價可刺激市場快速成長。

2. 累積的生產經驗足以使生產與配銷的單位成本降低。當廠商因低價策略而導致銷售量大增，每單位固定及變動成本下降，而且如果成本下降速度大於價格下降速度，就算降價，銷貨毛利仍然會上升。

3. 低價格可以打擊現有與潛在的競爭者，以及替代品。如果競爭者實力不強，例如它們的成本結構過高，或受制於現有的通路合約，不能任意調降價格等，就可以考慮以低價策略打擊現有及潛在競爭者。

11-4 價格調整策略

　　新創業者要想降低價格很簡單，但要想提高價格卻很困難。降價不需要理由，漲價卻需要可以被消費者買單的理由。一旦曾經降價，就很難恢復為原價。因此，企業應該要避免輕易降價，並思考是否有辦法能增加商品或服務價值而漲價？

　　那企業什麼時候應該調整價格？價格應該在市場需求變化、成本變化、新的競爭對手進入市場、產品升級或是法律法規變更時進行調整。此外，如果原先的價格策略未能達到預期目標，也應考慮調整。

一、折扣與折讓定價

1. **現金折扣（Cash Discount）**：對即時付現的顧客，給予現金折扣。

2. **數量折扣（Quantity Discount）**：係指顧客大量購買時，公司通常會給予價格的減少。

3. **功能折扣（Function Discount）**：亦稱為中間商折扣，係指給予執行行銷功能之配銷通路成員的折扣。

4. **季節折扣（Seasonal Discount）**：對在非旺季購買產品的顧客，公司通常會提供季節折扣。

5. **折讓（Allowance）**：折讓亦是減價的一種形式。例如：

   (1) **抵換折讓（Trade-in Allowance）**：顧客在購買新型產品時，可用舊型產品抵換。抵換折讓多見於舊換新活動。

   (2) **促銷折讓（Promotional Allowance）**：係指給參與廣告或促銷活動之經銷商的一種報酬。

二、差別定價

　　差別定價係以兩種以上的價格出售同一產品或勞務，而這價格不一定完全反應成本上的差異。其有下列幾種方式：依顧客不同而不同、依產品形式不同而不同、依地點不同而不同、依時間不同而不同。

三、心理定價

個別顧客的付款意願是各不相同的。只有在認知價值（若以金錢來衡量）高於定價的時候，顧客才會掏出腰包。面對多重選擇時，顧客會選擇淨值（認知價值超出價格的部份）最高的商品。例如：異常的貴就顯得與眾不同。心理折扣術（Psychological Discounting）銷售者事先將產品價格提高，再打折扣。

畸零定價法（Odd Pricing）是將商品定價為略低於整數的價格，例如$299而不是$300。有些消費者心理上認為299還在200多元的範圍，而非300元範圍。消費者會將$299視為明顯低於$300的價格，即使實際金額差異很小。

四、促銷定價

例如：公司以某些產品為「犧牲打」（Loss Leader），以吸引消費者。公司在某些季節舉辦「大特賣」或「週年慶」，以吸引消費者。

五、地理性定價

1. **統一交運價格定價法（Uniformed Delivered Pricing）**：不論位居何處，公司均收取一樣的價格和運費。

2. **分區價格定價法（Zone Pricing）**：即公司劃定兩個以上的地區，同一地區的價格統一，地區愈遠價格愈高。

3. **基準點價格定價法（Basing-point Pricing）**：係選定其所在城市為基準點，向所有顧客收取自此至目的地的運費，不考慮實際上由何處交運。距工廠愈近的顧客愈是多付了一些運費，愈遠的則反之。

4. **不計運費定價法（Freight Absorption Pricing）**：有時公司為了急於爭取某一位或某一地區顧客，可能會負擔一部分甚至全部的運費，此乃認為銷售量增加所降低的成本，足以彌補所負擔的運費。常見於採市場滲透策略，或在競爭日趨劇烈的市場中想維持佔有率的公司。

六、三欄式定價法

三欄式定價法（Goldilocks Pricing）又稱為「戈迪洛克定價法」，是指企業提供三種不同價位的產品版本，這三個版本通常會是基本版、標準版以及高級版。這種定價法利用消費者心理，消費者往往會避免選擇最便宜或最昂貴的選項，而傾向選擇看起來性價比較高的中間選項，因此它的目的是引導消費者選擇中間價位的「標準版」。

七、搭售

以往，所有的產品服務都會搭售在具有實體的產品或服務上面。但是網際網路興起，漸漸地企業將搭售的商品延伸到虛擬產品或網路服務。此外，過去的搭售重點，大多集中在企業內的商品或服務，但網際網路的興起，促使企業間的資訊交流更為方便，也逐漸興起所謂的跨企業搭售（Tie-in Sale）風潮。例如旅遊網站上的一大堆套裝行程，就是常見的搭售行為。

就 4C 中的顧客成本而言，某些搭售對企業而言只是成本，但成本與售價之間一定存在利潤，因此對顧客而言，若搭售的商品具有顧客認知價值，其會覺得搭售絕對會比單買便宜許多。也因此，在所有價格調整策略中，搭售是最不傷及企業利潤，相對較具有成效的策略。

搭售策略可以提高商品的整體銷量，同時降低庫存壓力。此外，搭售定價也能夠創造額外的價值感，促使消費者覺得他們得到了更好的交易。

八、犧牲打定價

犧牲打定價（Loss-leader Pricing）是指將某一商品的價格定得極低，甚至低於成本價，目的是吸引消費者光顧，然後希望他們在購買該犧牲品時，會同時購買其他正常價格的商品。這種策略常見於零售業，尤其是超市、超商或量販店。雖然賣犧牲品可能本身會造成虧損，但是透過帶動其他商品的銷量以彌補犧牲品損失，並提高整體利潤。

11-5 動態定價：實現利潤最大化

一、什麼是動態定價

動態定價其價格會根據需求、供給、趨勢和競爭情況變更。動態定價（Dynamic Pricing）是一種回應式定價策略，是根據當前市場需求、供給、時間、競品售價、顧客行為數據（瀏覽＆購買紀錄）、事件等因素即時調整產品或服務價格的策略。例如，飯店或航空公司常會使用動態定價來優化整體收益。

創業者若採取動態定價，在定價策略上要特別慎重注意，以避免遭顧客質疑是趁火打劫，造成反效果。

二、定價必須留意法律問題

公司的定價策略要遵守法律法規，需要了解和遵循當地的消費者保護法、反壟斷法、反傾銷法等相關法律。創業者最好先咨詢法律專家以避免定價行為引起的法律問題。

三、案例：亞馬遜根據即時數據，每 10 分鐘更改產品定價

許多消費者在知名電商平台「亞馬遜」（Amazon）購物時，都不難發現商品價位會隨著時間點而有所變動，即時反應當下市場價格。隨著科技的進步使動態定價對企業來說執行起來更便宜、更實用。現今在演算法和 AI 推波助瀾下，亞馬遜引入動態定價，其利用數百萬個即時數據點、與競爭對手基準比對、追蹤需求增勢，平均每 10 分鐘便更改一次產品定價。AI 動態定價是不可抗拒的潮流，因為它可以提高企業獲利率，也符合消費者最佳利益。

經濟學家認為，在完全競爭的環境中，商品和服務的價格會自動調整到供求平衡點。簡單來說，如果商品和服務需求高（或供不應求），價格就可能上漲。如果一款商品過多或不受歡迎，價格就可能會下降，完全符合經濟學原理。

過去在線下交易這種情況不太可能發生，因為頻繁調整價格所需的成本太高，光是價格標籤就得重做重貼。但線上交易就沒有這種問題，透過 AI 演算法就可以直接修改商品價格。

2020 年亞馬遜推出一款 Amazon Shopper Panel App，用以邀請特定消費者分享在亞馬遜網站外的消費資料，比如雜貨店、百貨公司、藥妝店等。受邀的消費者每月僅需透過該 App 拍照、上傳 10 張收據，即可獲得 10 美元的 Amazon 禮券或選擇將款項作為慈善捐贈，至於未收到邀請的消費者則可下載 App 進入候補名單。這樣做才是真正以消費者為中心，不僅可以收蒐消費者站外消費資訊，也可了解競爭對手的價格資訊，有利於 AI 動態比價，自動調整價格。

亞馬遜「動態定價」系統會評估消費者購買意願、競爭者定價，以及預估庫存量等資訊來即時調整售價。亞馬遜每日約更改價格 250 萬次，換句話說，大約每件商品每 10 分鐘就會更動一次售價。採用動態定價讓亞馬遜的盈利平均增長了 26%，無時無刻的市場價格監控更讓亞馬遜保有商品價格競爭力。

11-6 價格的改變

產品的價格並非一成不變。但要如何改變，就是非常重要的課題。許多企業拋棄了定價的責任，讓「市場」決定價格，要不就是「和競爭者同步」的態度，或輕率行事，將成本以某個百分比加成進行定價，這些企業正不經意地讓一分一毫的小錢給溜走，聚沙成塔，有時候流失的可能數以千萬計。

消費者對價格相當敏感，若想要消費者付出比市場更高的價格，那麼你的商品或服務必須有所「差異化」。

一、主動改變價格：主動提高價格

只要將某個平均單位價格為 10 元的商品，漲價一毛錢，也就是調漲成 10.1 元，便等於平均單價高了 1%，創造更高的獲利。實務上，不一定每一項商品的定價都調高 1%，有些多收 2%，有些則多收 5%，只要平均值是 1% 即可。當然，這必須建立在原有銷售量不變的前提之上。

過去的案例如果在可口可樂公司，定價調高 1% 會讓公司的純利增加 6.4%；雀巢食品公司，17.5%；福特汽車公司，26%；飛利浦公司，28.7%。這對某些企業而言，甚至可能是獲利與虧損的差別。

就單位毛利率低的產品而言，銷售量的增加無法有效提升利潤，在這種情況下，應該以降低成本或調高價格或是雙管齊下來提高毛利。

1. 主動提高價格主要原因可能是通貨膨脹 —— 應付通貨膨脹的策略：

    (1) 採取延後報價：公司在產品完工或出貨之後，才決定最後的價格。適用於生產前置時間長的行業。

    (2) 載時伸縮條款：公司要求顧客除了支付現金價格之外，在交貨前若物價上漲，也必須負擔全部或一部份的差價。適用於期限長的合約。

    (3) 將商品與服務分開，分別定價。

    (4) 減少折扣或贈品。

    (5) 取消低利潤的產品、訂單、顧客。

    (6) 降低產品品質、功能特色、服務。

2. 使價格上漲的另一個原因是過度的需求。

二、主動改變價格：主動降低價格

1. 當產能過剩時。

2. 當想利用降價來增加銷售量，以增加市場佔有率。

不過要注意的是，就短期而言，廠商以為降價可以改善其市場佔有率，但如果競爭對手也跟進的話，就有可能變成紅海市場。一般而言，變動成本較高的商品價格調降時，銷售量必須巨幅增加，才能抵銷因降價所產生的負面效果。但有時為了抵銷單位貢獻減少所必須增加的銷售量，往往會超過企業產能極限。

「降價影響的不對稱現象」是價格較高、品質較高的品牌會奪取同一品質，以及次一等級品質之其他品牌商品的市場佔有率；價格較低、品質較差的品牌會奪取相同等級，以及次一等級品牌之市場佔有率，但是不會對高於其等級品質的市場造成重大影響。

市場研究顯示，一旦產品打 8 折，賣出的數量至少要達降價前的 3 倍以上，否則就會虧本。相對地，價格若能上調 1%，利潤就能提高 10% 以上。降價不須理由，漲價卻要理由，不然消費者不會買單，創業者得先從心態上改變。

三、購買者對價格改變的反應：購買者對價格上升的看法

1. 該商品一定是熱門貨，要趕快買下，否則將來買不到。

2. 該商品或服務的品價值非比尋常。

3. 商人貪心，趁著大家搶購，抬高價格。

四、購買者對價格改變的反應：購買者對價格下降的看法

1. **產品改款**：此項產品可能會被稍後將出現的某種新款樣式所取代。

2. **產品瑕疵**：此項產品有瑕疵，銷路不好。

3. **產品即將停產**：該公司未來不再製造這類產品，以後維修可能困難。

4. **產品價格還會再跌**：價格可能還會再降得更低，過一陣子再買會更有利。

5. **產品品質變差**：此項產品的品質可能變差了。

五、對競爭者價格改變的反應

對於競爭者的價格改變，企業應有周密的反擊計畫。首先應考慮以下問題：

1. 競爭者為何改變價格？它的意圖為何？

2. 競爭者的價格變動是暫時性的？還是永久性的？

3. 如果公司不理會競爭者的價格變動呢？會怎樣嗎？

4. 其他同業對價格的改變又會採取怎樣的反應呢？

競爭者對該公司價格下降的看法：

1. 該公司想要奪取市場。

2. 該公司經營情況不好，需要增加銷貨量。

3. 該公司希望引起同行降價，以刺激總需求。

11-7 電子支付金融創新

導讀

有多少錢刷多少，台灣年輕人愛用「簽帳金融卡」

萬事達卡調查發現，台灣 18 歲至 25 歲年輕族群在日常消費時，8 成會使用「簽帳金融卡」進行支付。主要是因為是台灣年輕人希望不超過自己能力範圍的消費。相較於信用卡，使用「簽帳金融卡」時會受到銀行帳戶內的資金額度限制，可以避免超額支出。

萬事達卡調查也發現，有超過 4 成年輕人認為，「簽帳金融卡直接連結個人帳戶有助於有效控管資產。也有超過 4 成尚未擁有信用卡的年輕人認為，即使未來申辦信用卡，消費時仍會以簽帳金融卡為主。同時，隨著台灣行動支付與數位支付的普及，也愈來愈多年輕消費者願意綁定「簽帳金融卡」進行使用。

一、第三方支付

第三方支付（Third-Party Payment）是指由第三方業者居中於買家與賣家之間進行收付款作業的交易方式。當進行交易時，買家先把錢交給第三人，等收到貨物沒問題後，第三人才將貨款給賣家。這時候的第三人指的就是「第三方支付」。例如第三方支付的始祖 Paypal，1988 年成立於美國，目前全球超過 190 個國家可以使用 Paypal 支付。

在台灣，第三方支付是由「經濟部」管轄，是指甲與乙的交易行為，會先透過一個「公正的第三方」來做「代收付服務」，在商品寄送無誤後，才會由第三方統一處理款項的發放，以確保整個交易的安全性。

二、行動支付

維基百科定義，行動支付（Mobile Payment）是指使用行動裝置進行付款的服務。簡單來說，行動支付是指將行動裝置（手機、平板電腦等）作為載具，以取代現金、實體信用卡來付款的行為，無論消費者使用什麼 App 服務，只要是以行動裝置完成付款動作，就可稱為「行動支付」。

　　常見的兩大支付方式為「NFC 感應支付」與「QR Code 掃碼支付」，前者是將用戶的信用卡（Credit Card）、金融卡（Debit Card）或悠遊卡等資訊綁入用戶的智慧型手機，再透過 NFC 感應方式完成付款，例如：Apple Pay、Google Pay 與 Samsung Pay 等；後者則是當用戶結帳時，會出示像 LINE Pay、台灣 Pay、街口支付等 App 顯現的 QR Code 或二維條碼給店家，掃描後即可完成付款。

三、電子支付

　　電子支付的主管機關為「金管會」，可以選擇綁定信用卡或綁定銀行儲值帳戶方式，做為平時交易或是轉帳的支付工具。電子支付透過電子通訊設備與網路進行交易，其中交易的方式包含收款、付款、轉帳（款項轉移）及儲值。

　　電子支付是第三方支付延伸而來的。電子支付也是行動支付中的一種。單從「代收付行為」來看，「第三方支付」與「電子支付」相當類似，但兩者最大不同在於「第三方支付」只能進行代收付服務，無法做到帳戶上直接轉帳與儲值功能。

　　財金公司依 EMV 國際通用掃碼支付規格，推出台灣 QR Code 支付共通標準「電支跨機構共用平台-TWQR」，2024 年 9 月 1 日起即串連全台灣電子支付業者，包含街口支付、全盈+PAY、全支付、icash pay、ipass MONEY、橘子支付、歐付寶、悠遊付與簡單付 ezPAY，以及參與台灣 Pay 的銀行業者。因此，「TWQR」可說是「Taiwan QR Code」的概念，消費者掃描「TWQR」的 QR Code 就能用台灣市面上各種電子支付方式結帳！對商家來說，也只需和一家電子支付機構簽約就能收受各家電子支付方式，還能單一系統記帳，更是省時省事。

四、企業金融創新典範案例：全聯+金支付

　　在全聯推出「全支付」之前，全聯先推出「PX Pay」電子支付系統，為消費者提供更便利的支付方式。全聯還推出「PX Go!」服務，結合實體店面與線上購物，允許消費者線上購買並在就近門市取貨。這些創新服務大大提升消費者體驗，並增強全聯的市場競爭力。

　　為了解決耗時的結帳流程（請支援收銀），全聯於 2019 年 5 月下旬推出行動支付 PX Pay，2023 年「PX Pay」累積註冊會員數已達 700 多萬；2024 年「PX Pay」累積註冊會員數突破 800 萬。

全聯先藉由「PX Pay」行動支付提升結帳效率、解決消費者痛點，在累積龐大的「PX Pay」會員後，全聯於 2020 年 10 月底推出「PX Go!全聯線上購」App，會員可採分批取貨、咖啡寄杯、利用 App 查詢門市庫存，參加線上結合線下的促銷活動，於商品優惠期間線上購買，當需要時再到門市取貨，或利用全聯「PX Go!」外送服務。

2022 年 9 月 1 日全聯轉投資的電子支付「全支付」正式上線，其跨通路支付，範圍涵蓋連鎖餐飲、遊樂園、電影院、交通、商圈、夜市等，並包含百大品牌，全國電子、台灣大車隊、環球購物中心、秀泰影城、錢櫃、義大世界、嘟嘟房等，並且透過「全支付」的點數的兌換活動，讓全聯的 PX Pay 用戶，可以使用全聯福利點作為現金折抵。首波 10 萬個支付據點皆可全支付。2024 年全聯全支付會員已突破 460 萬人，目前國內可使用「全支付」的據點約有 22 萬家。

2024 年全支付積極拓展海外市場，2024 年 3 月 29 日全聯全支付跨境支付服務首站日本，29 日起全面開通，首波開放合作對象為軟銀集團行動支付品牌 PayPay。日本軟銀 PayPay 在日本國內用戶突破 6,000 萬人，擁有超過上百萬支付據點，包含日本 7-ELEVEN、全家便利商店、Bic CAMERA 等，29 日起使用全支付台灣消費者，在全日本 PayPay 合作店均可使用「全支付」掃碼付款，不需額外負擔 1.5％海外交易手續費，若「全支付」綁定「國泰世華卡」消費最高回饋達 30％。

市場變化快速，創業者在制定定價策略時必須保持靈活和敏感，才不會被市場拋棄。本章討論多種定價因素與方法，從成本加成到價值定價，從市場滲透到心理定價。然而，沒有一個永恆不變的定價公式能適應所有情況。創業者必須持續監控市場動態，收集消費者反饋，並適時調整定價策略，才能始終保持競爭優勢。此外，隨著金融創新服務的出現，也要了解消費者付款方式的改變，要跟得上時代。

顧客關係管理與
顧客體驗創新

消費者到底（希望）在星巴克買到什麼？

星巴克創辦人霍華德‧舒爾茲曾說：「當有人們提到星巴克是一種人人買得起的奢侈品時，比較正確的說法應該是：『星巴克體驗』，也就是人際交流經驗，是人人都買得起的必需品。」這是星巴克創業以來一直引以為傲的最大特色。

單純以一杯咖啡而言，135 元的確是奢侈的「慾求」（Want），而不只是「需要」（Need）。但若以在一個舒適自在的午後時光，一段美好的人際交流而言，這個價格卻還在消費者可接受的範圍，重視美式人際交流經驗的「星巴克體驗」成為許多台灣人的「需求」（Demand）。

在台灣，儘管咖啡明明有更便宜的選擇，例如路易莎或城市咖啡（City Café），但許多消費者還是樂於上門體驗昂貴的星巴克，甚至就連星巴克調漲價格，客流量也沒有太大的負面影響。明明都是賣咖啡，為何唯獨星巴克沒陷於同業價格競爭，而能在百家爭鳴的咖啡市場中獨樹一幟呢？

星巴克賣的不是咖啡，而是「體驗」，滿足消費者所需的情感。星巴克與其他同業最大的不同在於，它並非只是將咖啡視為單純的飲品，而是賦予咖啡背後更深層的顧客體驗價值，這有點像是英國維多利亞時代賦予茶飲悠閒的意涵，讓紅茶成為貴族們打發下午時光的絕佳伴侶。

霍華德‧舒爾茲是最早提出「第三生活空間」（Third Place）概念的人，他希望藉由咖啡的氣味和環境讓消費者將星巴克當成「家」和「公司」之外的第三個去處。香味，激發顧客情感共鳴。霍華德‧舒爾茲道：「香味也許是星巴克品牌中，最容易被顧客感知的一面，它同樣也增強了星巴克的核心價值觀：提供世界上最高品質的咖啡。」

跟上潮流，網路時代的星巴克顧客體驗創新。在台灣星巴克的官網，有個專屬的第四生活空間網頁，上面寫著「第四生活空間：在生活的每個角落，我們總是期待透過一杯咖啡，一個互動，給你最美好的體驗；致力於延伸第四生活空間，從線上到門市，讓你有一致溫暖熱情的感受」。其主要內涵有星巴克行動 App、星巴克社群、咖啡訂閱服務、星巴克外送服務、星消息電子報、咖啡星聞。

星巴克打造的第三生活空間，是讓顧客在「家」（第一生活空間）或「工作場所」（第二生活空間）之外，有個可以在那裡完成未完成的工作、談生意、放鬆、親朋好友聚會的場所，而實際上許多人的生活也是如此，把星巴克當作他的第三生活空間。人無法離群索居，至於第四生活空間，就是「社群」，是星巴克積極想要拓展的社群文化，讓星巴克更像是一種社群生活。

12-1 顧客關係管理的定義與內涵

一、顧客關係管理的定義

顧客關係管理的英文全名為「Customer Relationship Management」，簡稱「CRM」，也有學者翻譯成「客戶關係管理」。

NCR 安迅資訊系統公司(1999)認為，「顧客關係管理」是指企業為了獲取新顧客，鞏固保有既有顧客，以及增進顧客利潤貢獻度，而不斷地溝通，以了解並影響顧客行為的方法。

McKinsey 麥肯錫公司(1999)認為，「顧客關係管理」是持續的關係行銷。其強調的重點是：尋找對企業最有價值的顧客，以微區隔（Micro-Segmentation）的概念，界定出不同價值的顧客群。企業以不同的產品，不同的通路，不同的價格帶，滿足不同區隔顧客的個別需求，並在關鍵時刻，持續的與不同區隔的顧客溝通，強化顧客的價

值貢獻。同時還必須持續進行反覆測試，進而隨著顧客消費行為的改變調整行銷與銷售策略，甚至是更動組織結構。

Anil Bhatia (1999)認為，「顧客關係管理」是利用資通訊科技（ICT）的支援，針對行銷、銷售、顧客服務與支援等範疇，以自動化的方式，改善企業流程。同時，顧客關係管理的應用軟體不僅協調了多種企業功能，亦整合了多重的顧客溝通管道，包含面對面、電話中心、網際網路等，使組織可依情境與顧客偏好，選擇互動方式。

Swift (2000)認為，所謂「顧客關係管理是企業藉由與顧客充分地互動，來瞭解及影響顧客的行為，以提升顧客獲取率（Customer Acquisition）、顧客保留率（Customer Retention）、顧客忠誠度（Customer Loyalty）、顧客滿意度（Customer Satisfaction）及顧客獲利率（Customer Profitability）的一種經營模式」，如圖 12-1。

圖 12-1 顧客關係管理是一種以顧客為中心的經營模式

1. **顧客獲取率**：是指企業尋找、發掘有潛力的消費者，並將其吸引轉換成顧客的過程。

2. **顧客保留率**：是指顧客持續向企業購買而未流失或轉移到其他廠商的程度（或時間的長久）。

3. **顧客忠誠度**：是指顧客對企業的認同感、涉入程度、歸屬感、一體感及想要貢獻的意願高低程度。

4. **顧客滿意度**：是指顧客比較其對產品／服務品質的期望與實際感受後，所感受到的一種愉悅或失望的程度。

5. **顧客獲利率**：是指顧客終生對企業所貢獻的利潤，亦即其終生的採購金額扣除企業花在其身上的行銷與管理成本。

以技術的角度來看，顧客關係管理是一種將「資料驅動決策」（Data-driven Decisions）轉換為商業活動，目的在於回應顧客需求。

以策略的角度來看，顧客關係管理代表一種過程，用來評估、分配組織資源，以用在那些能帶給企業最大價值的顧客身上。因此由上述的定義中，我們可以瞭解到顧客關係管理並非僅為一資通訊科技，而是利用資通訊科技達到落實「持續性關係行銷」，創造顧客價值的程序，故應以持續關係行銷的角度出發，配合資通訊科技，創造顧客價值，強化客服流程的改善。

事實上，顧客關係管理就是以顧客想要的條件，找出各種方式來增加顧客關係價值的一種流程。如圖 12-2，顧客關係管理係由下列 9 點以「蒐集顧客資料、資料倉儲、資料探勘及分析顧客相關資料」為核心。

1. 確認所定義之微區隔中顧客的需求與需要為起點。

2. 培養與發展顧客興趣、信任、慾望。

3. 獲取顧客並建立關係。

4. 產品與服務個人化或量身訂做。

5. 定價個人化或量身訂做。

6. 推廣個人化或量身訂做。

7. 通路個人化或量身訂做。

8. 銷售個人化或量身訂做。

9. 顧客服務與支援個人化或量身訂做。

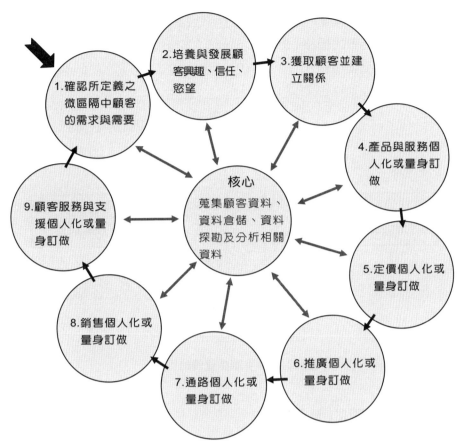

圖 12-2 以流程角度來看顧客關係管理

資料來源：修改自劉文良（2004）

此外，不管顧客關係管理被定義為一種管理方式、實施程序、模式或是資訊系統，都是基於相同的目的之下，都是為了促進顧客關係，進而達成企業利潤極大化之目的，所以完整的顧客關係管理是三者皆具備的，如圖 12-3，三者也是不可分的，在顧客關係管理的實行上，這些方式、程序或模式是指導的方針，而資訊系統是執行上的重要工具。

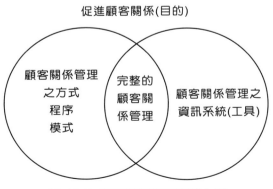

圖 12-3 顧客關係管理定義內涵

簡單來說，顧客關係管理的目的，就是探索出對的顧客（Right Customer）、在對的時間（Right Time）、對的通路（Right Channel）、提供對的產品或服務（Right Offer）－顧客內心想要的產品或服務。

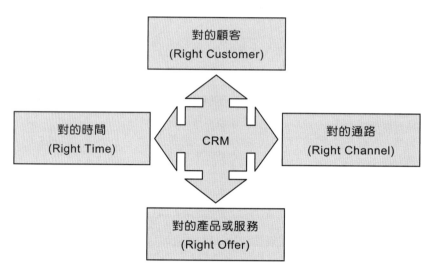

圖 12-4　顧客關係管理的目的

二、顧客關係管理的內涵

藤田憲一(2004)認為，「顧客關係管理是一個創造、維繫和擴大顧客關係的全面性做法」。這個說法包括了三個主要的關鍵意涵：

1. **全面性**：這三個字表示，顧客關係管理不只屬於行銷與銷售範疇，也不只是客服人員的責任，也絕非只是資訊中心的科技結晶而已，而是與整個企業所有部門與人員都十分相關，也是所有部門與人員的共同職責。

2. **做法**：是指處理或解決某事的方法，也就是說顧客關係管理是思考和處理與顧客關係相關事物的方法，用來「創造、維繫和擴大」顧客關係。

3. **創造、維繫和擴大**：這幾個字說明了顧客關係管理所思考的是整個顧客的生命週期（Customer Life Cycle），而不是交易關係而已。

由上述的關鍵意涵，可以瞭解到顧客關係管理是具有策略性的，而不只是科技而已。而這也告訴了我們三個重要真理：

1. **銷售不等於關係**：銷售只是您和顧客關係的開始，這是一種有如婚姻般的關係，而不只是一夜情。

2. **關心的對象不只是買家**：這指的是，企業不應只是關心買東西付錢或刷卡的那個人，企業必須考慮到所有接觸到您的產品或服務的每一個人或組織。

3. **行銷、銷售、顧客服務與支援必須同在一條船上**：長久以來專業分工的結果，在企業體中行銷、銷售、顧客服務與支援，一般都分屬三個不同的部門，但在顧客關係管理思維下，這三個部門最好對顧客有一致的看法與做法。

面對數量越來越多的顧客、日趨多樣化的顧客需求，企業必須重新思考與顧客間的互動關係，並建立以顧客重心的經營理念，以提昇企業營業額、降低成本、吸收更多顧客並鞏固顧客忠誠度。在今天高度競爭的電子商業環境中，不同的顧客帶給企業的價值可能有非常大的不同。

12-2 顧客關係管理的基本概念

一、為什麼要做顧客關係管理？

由於網路快速發展，伴隨著各式應用與資料來源的建置－包括企業資源規劃（ERP）系統、行銷自動化（MA）與銷售自動化（SFA）應用，改變了企業與顧客互動、蒐集顧客資訊的作法。然而，在此同時，卻也大幅地增加了決策者進行決策時所需的資訊量。如何善用這些資訊，將其轉換成有效的策略與行動，以保有舊顧客、增加新顧客，是現今各企業所面臨的最大挑戰。

根據美國的經驗，與現有的顧客做生意，成本只有開發新顧客的五分之一至八分之一；80/20 法則，則告訴我們企業 80%的利潤來自 20%的顧客；在過去非網路經濟時代，一個不滿意的顧客會讓平均九個人知道其不愉快的經驗，而在現今網路經濟時代，他可以把這些經驗讓全世界都知道；1 位抱怨顧客背後，還有 20 位相同抱怨的顧客；要消弭 1 個負面印象，需要至少 12 個正面印象才能彌補；補救服務品質欠佳，通常要多花 25%至 50%的成本；如果事後補救得當，70%不滿意的顧客仍會與該公司來往；100 位滿意的顧客，將衍生出 15 位新顧客；多留住 5%的現有顧客，可提高 85%的獲利率。此外，也有研究顯示，20%的好顧客貢獻了利潤的 150%，但最差的 40%顧客卻又使利潤縮減了 50%。

企業經常把焦點放在「獲取新顧客」上，卻往往忽略了本身原有的顧客群，如此一來，便造成了所謂的「旋轉門效應」（Revolving-door Effect），亦即費盡心思地將新顧客拉進來時，舊的顧客卻出走了。研究顯示，必須以六到八倍於留住舊顧客的代價，才能拉進一個新的顧客。這些說明都顯示著，當顧客忠誠度不高或資訊取得不足時，企業的獲利狀況就會面臨威脅，而顧客關係管理便是為了解決企業面臨網路與相關資訊科技的衝擊，及缺乏堅強擁護的顧客群危機。

二、顧客關係管理的根基

Kutner & Cripps (1997)認為，顧客關係管理是根基於四個基本教條：

1. 顧客應被視為重要資產來管理。

2. 並非所有的顧客都要一視同仁。

3. 每位顧客都是不一樣的，顧客的需要、喜好與購買決策行為各有所不同。

4. 藉著更瞭解顧客，企業可以客製化供給物，以極大化整體價值。

三、顧客關係管理的起源

顧客關係管理（Customer Relationship Management，簡稱 CRM）最早發源於美國，在 1980 年代初期，就有所謂的接觸管理（Contact Management），專門蒐集顧客與企業連繫的所有資訊，並應用於資料庫行銷，這便是顧客關係管理的前身。到了 1990 年代初期，則演變為關係行銷（Relationship Marketing），主要包括電話客服中心（Call Center）與支援資料分析的顧客關懷（Customer Care）。由上述顧客關係管理的起源可知，其促成力量主要來自兩方面：一是接觸管理與關係行銷的觀念發展；另一是科技的演進。如圖 12-5。

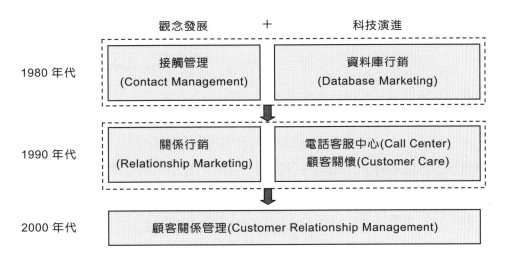

圖 12-5　顧客關係管理的起源

　　Kotler & Armstrong (1998)認為，顧客關係管理源自於關係行銷的概念，先了解顧客價值所在，然後再傳送顧客期望的價值，進而影響顧客滿意度及再次購買的行為。而「關係行銷」係藉由與顧客間的互動關係之建立，發展出了解顧客需求，而進行顧客服務，創造最高顧客滿意度與顧客利潤貢獻度的行銷模式。關係行銷其主要關切的活動如下：

1. 互動 → 留下顧客資料

2. 分析 → 預測顧客需求

3. 行銷 → 產品/服務

4. 客製化 → 量身訂做

5. 回饋 → 增加利潤貢獻度

6. 持續 → 建立忠誠會員

　　顧客關係管理企業藉由與顧客的溝通過程中，進一步瞭解並影響顧客的行為，以增加新顧客、留住舊顧客、增加顧客忠誠度與利潤貢獻度的管理方式。而顧客關係管理可進一步將其解釋為顧客關係行銷，也就是持續的關係行銷（Continuous Relationship Marketing）。因此從原本的關係行銷演化至顧客關係管理其最大的差異點，就在於顧客關係管理將顧客關係的「獲取」、「維繫」和「增強」視為一種持續性的行動。

四、顧客關係管理的運作流程

Winer (2001)提出一個包括七個基本運作流程的顧客關係管理模式：建立顧客活動資料庫、資料庫分析、決定目標顧客群、獲取目標顧客群、與目標顧客群建立關係、隱私權考量、建立衡量指標，如圖 12-6。Winer (2001)認為，顧客關係管理是從建立顧客的活動資料庫開始，包括所有與顧客接觸的互動資料，以及顧客基本資料等，接著進一步分析資料庫，找出目標顧客群，並利用各種方法或工具來獲取顧客與保留顧客，更進一步與顧客建立長期的良好關係。由於過程中對顧客資料進行蒐集，此時隱私權是必須關注的議題，為尊重顧客，應在不侵犯顧客隱私的情況下與之互動與提供服務，最後建立衡量指標，以衡量是否有效達到顧客關係管理的目標。

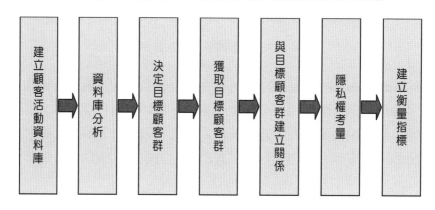

圖 12-6 顧客關係管理的運作流程

五、顧客關係管理的四大運作循環

CRM 是一種反覆的過程，不斷地將新的、即時的顧客資訊轉化為顧客關係。從建立顧客知識開始，到建立所謂的顧客互動管道與接觸點（是企業與顧客或潛在顧客接觸的點），乃至於協助企業建立深具利潤貢獻度的長期顧客關係，都是顧客關係管理執行的必經過程。因此，NCR 公司助理副總裁 Ronald S. Swift (2000)認為 CRM 可以說是一套包括知識發現（Knowledge Discovery）、市場規劃（Market Planning）、顧客互動（Customer Interaction）、分析與修正（Analysis and Refinement）而循環不已的過程。如圖 12-7。

1. **知識發現**：是指分析顧客資訊，以確認特定的市場商機與投資策略。這個過程包括顧客確認、顧客區隔以及顧客預測。這個階段讓企業得以使用詳細的顧客資料，以便做出更佳的決策。

2. **市場規劃**：是指定義特定的產品、提供通路（溝通管道與接觸點）、時程、以及從屬關係。在發展策略性的顧客溝通計劃時，市場規劃能協助企業先行定義特定的活動種類、顧客通路偏好、行銷計劃以及事件／門檻誘因（Event / Threshold Trigger）。

3. **顧客互動**：是指運用相關即時的資訊和產品，透過各種互動管理和辦公室前端應用軟體（Front Office Application）－包括行銷自動化軟體、業務自動化軟體、顧客服務與支援應用軟體、顧客互動應用軟體等，以執行與管理企業與顧客間的溝通。

4. **分析與修正**：是指利用來自顧客互動的資料，加以分析並持續學習，也就是以分析結果為基礎，持續修正和顧客關係互動與管理的手法。

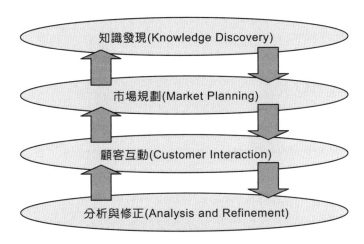

圖 12-7 顧客關係管理的四大循環過程
資料來源：修改自 Swift (2000)

此外，SEQUENT 公司在其所提出的 CRM 解決方案中也認為，CRM 應分為評估（Assessment）、規劃（Planning）及執行（Execution）三階段（參見圖 12-8）來進行，各階段之描述如下：

1. **評估**：整理企業所蒐集到和顧客相關的資料，資料要詳盡完整，如記錄顧客曾經購買了什麼，其習性、偏好和需求為何等等。

2. **規劃**：企業如何規劃以及分析顧客資料找出目標顧客群，並選擇規劃適當的方法。

3. **執行**：顧客如何和企業接觸，如透過電話服務中心；這樣的接觸，應如何對顧客提供該有的服務？

圖 12-8 SEQUENT 公司的 CRM 循環

資料來源：SEQUENT 公司

　　無論是 NCR 公司 Swift (2000)的四大循環，或是 SEQUENT 公司的 CRM 三大循環，都說明了 CRM 是從企業和顧客進行互動的過程中，取得顧客的相關活動的訊息，並經過分析以及瞭解規劃，再回饋到和顧客產生互動，從而加強彼此之間的關係。

六、關係長（CRO）

　　商業是一種十分注重「接觸」的行業，在接觸的過程當中，常常涉及關係的建立，而企業內外所建立起來的關係，包括企業與企業、企業與客戶、企業與政府、企業與媒體、企業與銀行、企業與社區，甚至企業與競爭對手等，都是極其綿密複雜的關係網絡，關係長（Chief Relationship Officer，簡稱 CRO）的角色，就是協助企業扮演好在每一個關係網絡裡的角色；簡單來說，就是協助企業做好「關係資產」的管理工作。

12-3 系統整合－善用資訊科技落實顧客關係管理

一、CRM 系統的運用範疇

　　CRM 系統的運用範疇可分對應到企業與顧客互動的前、中、後等三個時期，由這三個時期的運用分析（如圖 12-9），可說明顧客關係管理運用資訊科技於的方法。

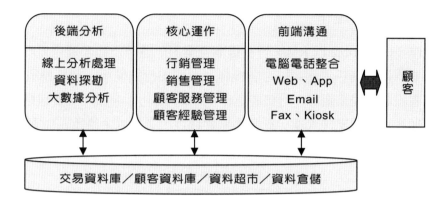

圖 12-9 顧客關係管理系統運用範疇

（一）互動前：前端溝通

前端溝通（Communicational CRM）旨在提高和顧客的接觸、互動的有效性。「前端溝通 CRM」的主要工具包括「電腦電話整合」（CTI）、網站（Web）、手機應用程式（App）、電子郵件（Email）、Fax 傳真、自助服務資訊亭（Kiosk）等。

電腦電話整合（Computer Telephony Integration，簡稱 CTI），是一種電信系統與資料庫的整合性系統，以提供更精確、即時的、完整的顧客服務，為目前客服中心建置之主流。藉由電話客服中心直接與顧客進行互動，適時反應消費者的狀況，掌握顧客對產品、服務的滿意度。諸如：互動語音回應系統（Interactive Voice Response，簡稱 IVR）、網路驅動服務中心（Web Enabled Call Center，簡稱 WECC）、同步網頁導引（Co-Browsing）、外撥系統（Outbound System）等，均為 CTI 的運用範疇。

Kiosk（自助服務資訊亭）是一部電腦終端機，提供使用者透過操作觸控面板，以自助方式取得所需服務或資訊。Kiosk 通常會搭配多媒體動態介面以及語音或音效，提供人性化的使用者介面，拉近使用者與 Kiosk 設備的距離。

「前端溝通 CRM」的落實之道在於提供顧客多重的溝通管道，即時提供顧客所需的資訊與服務，並以資訊、通訊之科技運用，節省人力資源。例如：自動話務系統，經由系統控制，使主管了解第一線電話客服人員的服務內容，以控制客服品質，亦可進一步避免「網路翹班」，提供客服效率。

（二）互動中：核心運作

核心運作（Operational CRM）旨在提高企業內部運作及顧客關係管理的有效性。其主要工具為「顧客關係管理系統之各模組」，例如行銷模組、銷售模組、客服與支援模組、顧客經驗管理模組等。「核心運作 CRM」的功能頗多，主要包括行銷管理、銷售管理、顧客服務與支援管理、顧客經驗管理等，必須以企業所需而定。

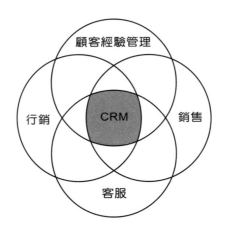

圖 12-10　核心運作 CRM 的基本功能

（三）互動後：後端分析

後端分析（Analytic CRM）旨在針對交易、活動等資料加以分析，以期進一步了解顧客的消費活動、購買行為、偏好、趨勢等，藉以有效回饋前端溝通及核心運作之修正與改善。其主要工具為資料倉儲（Data Warehouse）與資料探勘（Data Mining）。圖 12-11 係以知識資產的流程觀念形成的顧客關係管理，配合資料倉儲技術之概念圖，行銷人員可利用資料視覺化（Data Visualization）工具，例如「線上分析處理」（OLAP），進行不定向思考的條件輸入，藉由這些條件進行「資料探勘」的工作，其結果可幫助行銷人員獲得啟發解（Heuristic Solutions），以利訂定更精確的行銷策略，甚至拓展企業業務。

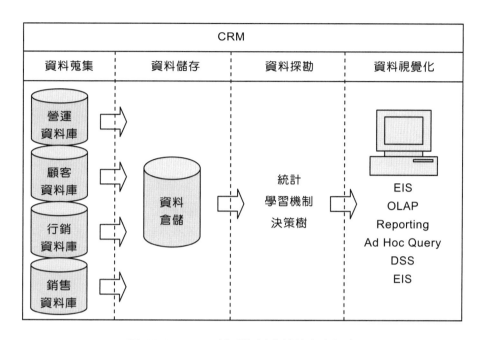

圖 12-11 CRM 輔以資料倉儲技術之概念

　　由使用者分析的過程來看，必須從成堆的資料中，獲取所需的支援決策資訊，而資料倉儲正符合其所需。使用者將條件藉由資料視覺化（Data Visualization）介面輸入，此時將啟動資料探勘，進行多維的複雜查詢，所用及之技術可包含統計、決策樹、學習機制、人工智慧…等，以挖掘出使用者所需之條件。而進行資料探勘的地方，即稱之為「資料倉儲」。

　　在資料倉儲中的「歷史資料」，絕非無中生有地平白產生，它是由企業中的各種「即時資料」，即第一階段的資料蒐集（Data Collection），如：營運資料、問卷資料…等匯集而成的，在上述的四個階段中，第一階段的「資料蒐集」變的相對重要，若蒐集、整合的資料不齊，則最後產出則定有偏差，形成垃圾進垃圾出（Garbage in, Garbage out）的窘境。不斷的累積顧客的相關資料，則必須依靠組織平日「知識管理」之落實；唯多數企業對此不甚了解，而認為「導入顧客關係管理績效不彰」，此時乃導入初期之資料累積不足所致。當結果挖掘出來後，將傳至資料視覺化（Data Visualization）工具的介面上，形成一「啟發解」，以提供使用者進行進一步的分析，決定未來策略制定之參考。

其顧客關係管理之落實之道在於，落實顧客知識管理（Customer Knowledge Management，簡稱 CKM），累積顧客相關智識，進而利用資料倉儲、資料探勘等技術，尋找出不同變數間的關係，形成一啟發解，以利行銷人員訂定更好的行銷策略，回應市場所需。Leavitt 曾言：「銷售僅僅是求愛時期的結束，然後才是婚姻關係的開始。婚姻生活的幸福與否在於雙方經營彼此關係的績效如何。」在銷售完成後，雙方互動或關係並不因此終止，反而是持續不斷。企業若能擅用顧客關係管理，落實關係行銷之真意，才是讓企業與消費者永處幸福美滿，不致婚變的重要關鍵。

二、一對一行銷角度下的 CRM 系統架構

若從一對一行銷的角度來看，顧客關係管理架構主要包括兩大部分：顧客關係維繫平台與顧客知識發掘平台，如圖 12-12。

1. **顧客關係維繫平台（Customer Interaction Platform）**：其功能是讓企業和顧客能持續接觸和溝通，此溝通是雙向的，一方面透過網路、電話行銷等行銷通路，使企業可以執行行銷或銷售活動，一方面企業同時也透過這些管道，蒐集到和顧客有關的種種資訊，包括靜態的銷售紀錄和動態的的顧客回應等等，以做為分析的原始資料。

2. **顧客知識發掘平台（Customer Knowledge Platform）**：主要是牽涉資訊技術面的應用，包括資料倉儲的建置與資料分析。將蒐集回來的顧客相關資料，應用各種分析方法，找出隱藏的資料背後的知識，此程序又稱為資料庫知識發現（Knowledge Development in Database，簡稱 KDD）。

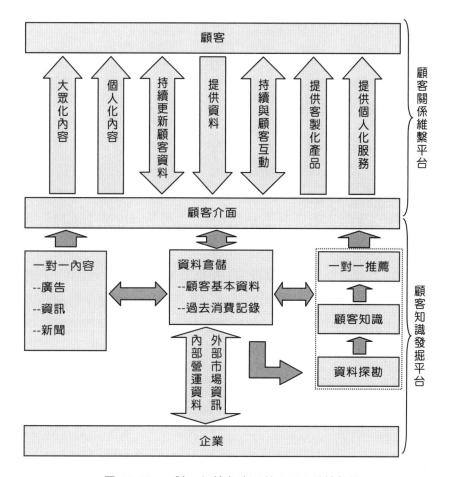

圖 12-12　一對一行銷角度下的 CRM 系統架構

12-4　顧客體驗管理

一、什麼是顧客體驗

顧客體驗（Customer Experience）是指顧客在購買決策過程（包括購前、消費和購後）中，對於每個與品牌溝通、互動環節的自我體驗感受，包括認知、情緒、感官和行為反應的總和。

二、顧客體驗的五大構面

顧客體驗行銷學者伯德‧施密特（Bernd H. Schmitt）提出顧客體驗的五大構面，包含：感官（Sense）、情緒（Feel）、思考（Think）、行動（Act）、關聯（Relate），其目的在於為顧客創造不同的體驗形式。

1. **感官**：包含視覺、聽覺、觸覺、味覺與嗅覺等感官訴求。有了感官，才能帶來「情感」、「思考」等其他體驗構面，因此它扮演顧客體驗形成的火車頭。顧客透過視覺、聽覺、觸覺、味覺與嗅覺等感官，接觸企業實體（例如實體店面、服務人員等）與虛擬（企業網站、企業 Facebook 等）所形成的各種接觸點，從而感覺企業的風格，並形成對該企業的整體印象。

2. **情緒**：是指消費者內在的情緒訴求，包括心情與情感等。人的天性避免痛苦、尋求歡樂，因此如何引發正面的情緒、避免負面的情緒是形塑顧客體驗的重要課題。然而，弔詭的是，有時候某些刻意營造的負面情緒服務情境下，反而可以誘發正面的情緒，例如溪頭妖怪村、劍湖山鬼屋等。

3. **思考**：所訴求的是智力，目標是用創意的方式使消費者創造認知與解決問題的體驗，期待可以鼓勵消費者從事較費心與較具創意的思考，促使他們對產品或服務進行評估。

4. **行動**：藉由身體的行動體驗，創造與生活型態相關的互動行為模式。

5. **關聯**：讓顧客透過「體驗」，與理想中的自我、某個角色、某種文化價值、某種情境、或是某種群體產生關聯與影響。例如，哈雷機車。

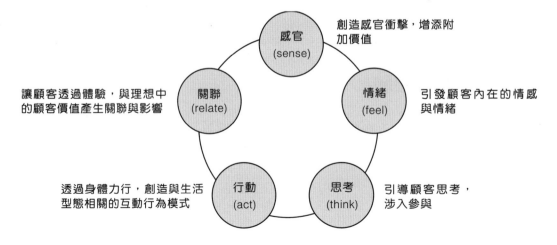

圖 12-13　顧客體驗的五大構面

三、顧客體驗管理的意義

顧客體驗管理（Customer Experience Management，簡稱 CEM）是指策略性管理顧客對某產品或某品牌的整體流程經驗。顧客經驗管理的目的，在創造一種獨特的競爭優勢。

顧客體驗管理（CEM）是顧客至上的「管理」概念而非「行銷」概念，它是以「流程」為導向，而非以「產品或結果」為導向的顧客滿意度概念。其實顧客體驗並不是什麼新鮮的玩意。從有商業行為開始，企業就不停地創造出各種顧客體驗。只不過都是零零散散而已，也不太瞭解顧客體驗對企業想要創造出的顧客價值有多麼重要。如今，愈來愈多企業試著要去瞭解、利用顧客體驗所創造出來的價值。

四、顧客體驗管理的五個步驟

顧客體驗管理有五個步驟（如圖 12-14）。

步驟 1 -「分析步驟」：分析顧客經驗世界。

步驟 2 -「策略步驟」：建立顧客體經驗平台。

步驟 3～5 -「執行步驟」：包括設計品牌經驗、建構顧客體驗介面、持續地進行顧客體驗創新。

管理者在執行這些步驟時，順序可以彈性。

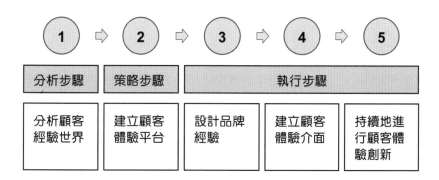

圖 12-14 顧客體驗管理的五個步驟

五、顧客體驗管理與品牌管理不同

　　顧客體驗管理與品牌管理有直接關聯性，卻又截然不同。顧客體驗管理是透過體驗來創造顧客價值，主要在改變顧客在商品或服務體驗中的自我感受；而品牌管理是透過品牌活動改變顧客認知的品牌印象。

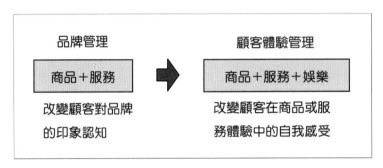

圖 12-15　顧客體驗管理與品牌管理的目的不同

資金規劃與財務稅務管理

創業失敗最常見的理由：錢不夠燒

缺乏足夠資金，一直是許多新創業者最頭痛的問題。募集資金的時間總是比你預期的要長，花費更多的時間和精力，即使你已經認識一些投資者，明智的做法是預留出至少三個月的時間；而對於那些從頭開始的人，請準備大約需要六個月的時間。展示你的吸引力和成長性，以及你獨特的價值主張，才能吸引投資者。

調查報告顯示創業失敗最常見的理由，後續資金不足（55.8%）、缺乏客源（51.9%）、虧損速度超乎預期（47.7%）、辦公室或店面租金太高（40%）。

其實創業並不輕鬆，創業者除了要跳脫「舒適圈」外，也避免不了要「過勞」。

13-1 創業財務規劃

一、財務規劃 ── 預編財務報表

財務報表是一家公司的財務體檢報告。最重要的三張財務報表是損益表、資產負債表、現金流量表，表達這家公司一段期間的營運狀況。建議財務報表要預編五年，預估財務報表（共五張表）包括五年損益表、五年資產負債表、五年現金流量表、五年業主權益變動表、收入預估（含假設條件）與成本預估（含假設條件），並依最樂觀、最悲觀、最可能分別編一份，總共 15 張表，加一張匯總表。

但建議預編的財務報表以簡式為宜，收入會計科目以 6 個以內；成本會計科目以 10 個以內；非例行性的收支則不用估計（利息、匯兌損益等）。

二、創業資金規劃三大類別

一般來說，創業資金規劃可分為三大基本類別：

1. **第一類：開辦資金**。開辦資金是創業初期的必要花費。以餐飲業為例，需要包含店面租金、押金、設備器材、裝潢費、管理費、瓦斯費押金等等，若是加盟型創業則還需準備加盟金，這些關於創業地點和生產所需的花費，均屬開辦資金。

2. **第二類：營運資金**。
   (1) 固定成本：固定成本是指營運一家企業的固定花費。包含人事開銷、水電瓦斯費、每月店面租金等，因為創業前期多處於虧損階段，但這些開銷是一定必須支出的項目，這部份建議準備大約 3~6 個月的固定成本備用金非常重要。
   (2) 變動成本：變動成本是隨著環境改變或銷售增減而衍生的花費，包含原料採購、包裝材料費、交通油料和運費等。這些都可能因為氣候、政策或國際情勢而有所變化，因此在推估總資金需求時，變動成本都建議多準備一些，以維持企業穩定營運。

3. **第三類：預備週轉金**。是為了因應資金缺口所需調度的預備資金，以及支付一些意料之外的費用，例如：颱風讓食材費高漲、器具損壞必須更新，或遇到客戶貨款延遲給付時，可能會造成無法順利營運，因此建議準備 6 個月以

上的預備週轉金，以備在公司在突發狀況出現時，或是現金流突然斷鏈時，可以即時補充並確保業務的順利推動。

三、備用週轉資金

備用週轉資金是指除了初期開業費用外，還需另外準備一筆資金做為備用週轉金，建議是最少準備六個月，以固定費用為主，例如：租金、人事費用、水電瓦斯費用等，全部加起來乘以六個月，因為現實總是比悲觀還悲觀，最好估出來後再多加 50% 比較保險，也就是再乘以 1.5 倍。

備用週轉資金 ≥ (月租金＋月人事費用＋月水電瓦斯費用) ×6 個月×1.5 倍

注意，月人事費用最好抓每月薪資額的 1.5 倍到 2 倍，因為台灣有勞保、健保、勞退，這些加起來就快 20%，加上可能還有福利或獎金的開銷。

四、創業財務管理的重要觀念

觀念 1： 不要以短期資金來支應長期用途，以避免資金周轉困難：把短期資金（例如因民間標會、銀行短期信用貸款而來的資金 ），投入在長期用途（例如店面裝潢、購置機器設備等）上，會迫使在還沒完全回收長期投資之前，就得開始支付短期資金的本金與利息。最好的資金運用方式，還是以長期資金支應長期用途；短期資金支應短期用途，以避免資金周轉困難。

觀念 2： 營收、獲利不等於「現金」：大多數創業失敗是因為「資金周轉不靈」，才導致許多營收表現不錯的公司「黑字倒閉」。「黑字倒閉」是指財報上並沒有出現赤字，營收、獲利都是正數，卻因「現金流量」不足而宣告倒閉。切記，公司不賺錢不一定會倒閉，但公司沒有現金才會倒閉。

觀念 3： 儘快達到損益平衡點：創業前一定要先估算營業後的損益平衡點，也就是營業額必須達到多少之後，收入與成本相等，營運才能不賺不賠？對於創業者來說，愈快達到損益兩平點愈好，財務壓力才不會過大。但要如何降低損益兩平點？最快的方式，就是降低「不管賣出多少東西，費用都不會改變」的固定成本。另外，提高「客單價」也是一個方式，例如許多商家常用的「加價購」，或是餐廳加價升級（附甜點與飲料）成套餐的方式。

觀念 4： 快快賣、快快收、慢慢付：以一般商家來說，每個月都得向上游供應商進貨
原物料，加工成商品後，再出貨給下游通路或出售給消費者。表面上來看，
只有進貨、加工、銷售、出貨這幾個主要步驟；但仔細分析，進貨之後必須
支付的「應付帳款」，以及出貨之後隔一段時間才能收到的「應收帳款」，
這兩者期間的長短、以及存貨的存庫期間長短，都會影響商家營運資金週轉
的狀況。對於商家來說，應收帳款愈快收到愈好，應付帳款愈晚支付愈好，
但要如何達到「收快付慢」，就要憑藉商家的談判能力跟巧思了。

13-2 創業資金募集

一、新創投資者最關注的五件事

1. 產品與服務的市場性（導入期、成長期、成熟期、衰退期）。

2. 經營管理團隊（規劃、組織、用人、領導、控制）。

3. 財務報表與財務規劃（損益表、資產負債表、現金流量表）。

4. 行銷計劃（PESTEL、SWOT、STP、4P）。

5. 風險評估（政策風險、市場風險、企業風險…）。

二、創業募資平台

台灣證券交易所定義，群眾募資（Crowdfunding）是透過多數社會大眾的小額資
金，發揮群體集結的力量，支持個人、法人或組織使其目標或專案得以完成。群眾募
資主要分為回饋及預購式、債權式、股權式等三種類型。

1. **回饋及預購式群眾募資（Reward Based Crowdfunding）**：臺灣最常見的群
眾募資方式。募資者先取得群眾資金，事後再提供回饋或是產品給出資者。
這樣的募資方式不但能解決創業初期的資金問題，也能有效降低募資者的經
營風險，不會因為先期投入大筆資金用以開發產品，最終卻賣不出去，而產
生大量庫存，造成資金積壓或營運資金不足等問題。這類型群眾募資平台如：
噴噴 zeczec、flyingV、WaBay 挖貝、Pinkoi、MYFEEL 等。

2. **債權式群眾募資（Peer-to-Peer lending）**：出資者將金錢借給募資者，在約定期限內募資者需定期償還本金與約定利息。債權式群眾募資平台主要媒合借貸雙方，出資者可以在平台上尋找有資金需求的人，平台上先行約定借款幣種、資金用途、借款金額、還款利率、還款期限、還款方式、違約責任等內容，而出資者也可以藉由借出資金獲得債息報酬。這類型群眾募資平台如：夢想銀號、TPE 台灣資金交易所、BZNK 必可企業募資等。

3. **股權式群眾募資（Equity Based Crowdfunding）**：協助未公開發行（Private company）的公司且實收資本額在三仟萬元新台幣以下取得資金，並以公司股權釋出作為交換，出資者取得其股權，成為公司股東並擁有盈餘利益的分配權，而部分平台業者除了提供募資功能之外，還提供財會及內稽內控的輔導功能，及協助宣傳行銷。國際知名的股權式群眾募資平台如：AngelList、OurCrowd 等。

三、群眾募資運作流程

群眾募資（Crowdfunding）概念是利用網路平台快速散播計劃內容或創意作品訊息，獲得眾多支持者的資金，最後得以實踐計劃或完成作品。知名群眾募資平台：Kickstarter、flyingV、嘖嘖。群眾募資運作流程，如圖 13-1：

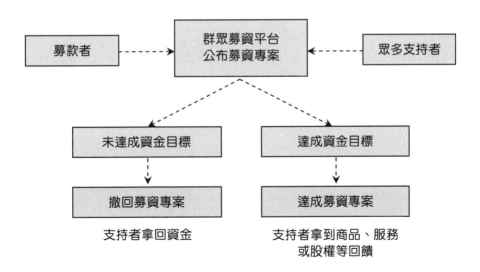

圖 13-1　群眾募資運作流程

四、創櫃板

台灣約有七成以上的企業，其公司資本額介於 100 萬至 5,000 萬元之間，可見台灣有為數眾多的中小微型創新企業，雖然公司資本額、營業規模很小且缺乏資金，但具有創意且未來發展潛力無窮，亟須扶植其成長茁壯，同時亦可成就創新創意創業有較多成分的產業發展，進一步擴展台灣經濟發展中小企業的角色及貢獻，政府因而設立「創櫃板」。

台灣櫃買中心在主管機關支持下籌設「創櫃板」。主要是取其「創意櫃檯」之意涵為命名，定位為提供具創新、創意構想之非公開發行微型企業「創業輔導籌資機制」，提供「股權籌資」功能但不具交易功能。「創櫃板」採差異化管理及統籌輔導策略，以戮力協助扶植台灣微型創新企業之成長茁壯，俾厚植台灣經濟未來發展之基石、利於國家未來產業發展，達成政策目標，創造多贏局面。

受輔導新創公司或新創籌備處辦理登錄創櫃板前之現金增資或募集設立，提出透過創櫃板供投資人認購之股本金額不得逾新臺幣 3,000 萬元。但受輔導公司或籌備處於申請登錄創櫃板時已取具推薦單位之推薦函或「公司具創新創意意見書」者，不受上開不得逾新臺幣 3,000 萬元之限制。

五、建立停損點退場機制

勞動部勞動力發展署建議，欲創業者不論是合夥或獨資，都要設定資金停損點，「微型企業」建議以六個月到一年為計算範圍，如果連續六個月虧損，建議新創業者應考慮結束營業或增資，不要硬撐影響家計生活，並建議至少要保留三到六個月的家中生活固定開支費用。

13-3 創業資源

一、政府機構的創業資源 ─ 經濟部中小及新創企業署

經濟部中小及新創企業署積極投入資源扶持創新創業發展，特創設「新創圓夢網」作為一站式創業資源整合平台，整合從中央到地方政府及民間創業資源，是台灣最大的創業資源一站式入口平臺，並搭配實體新創基地、創業諮詢服務、新創事業獎、及各地創育機構等，扮演協助新創業者順利創業、活絡臺灣新創生態圈的重要角色。

經濟部「新創圓夢網」，主要提供的服務如下：

1. **資金快搜專區**：收錄政府政策資金介紹，包含融資貸款、補助補貼、創投資金分類，若有資金上的需求，可透過本專區來查詢，協助為創業者找到資金解決方案。

2. **創育機構專區**：彙整《加速器》、《共同工作空間》、《育成中心》《協會或社群》、《園區或基地》、《在地創育坊》分類的新創場域，幫助創業者快速搜索，找到適合創業者加入的創業支援與服務場域。

3. **近期活動專區**：匯集國內外創業講座/課程/競賽等活動資訊，若創業者想要獲取更多創業新知與產業趨勢，認識到更多不同領域人士來進行交流。

4. **創業補給站專區**：擁有淺顯易懂的創業圖文懶人包，透過圖文、簡報等形式，白話演繹相關創業知識。

5. **創業 QA 專區**：蒐集最熱門的創業問題與解答，創業過程中可能會碰到的工商登記、勞健保、財會稅務、行政法規或經營管理等問題與解答。

6. **預約諮詢專區**：若想找業師顧問討論，可透過預約諮詢專區，或撥打創業諮詢服務專線 0800-589-168 向客服預約。

7. **新創基地**：是經濟部的新創驗證場域，每年招收具潛力的新創團隊，運用陪伴輔導機制，幫助新創走得更遠。

二、政府機構的創業資源 ── 勞動部勞動力發展署

勞動部勞動力發展署自 2007 年起推動創業諮詢輔導服務計畫，協助民眾創業，提供多元化創業課程、政策性低利率貸款，包括微型創業鳳凰貸款、就業保險失業者創業貸款及失業中高齡及高齡者創業貸款，並輔以陪伴輔導，從課堂上培養新創業者基礎創業先備知識，另也讓新創業者有機會前往鳳凰店家見習交流，透過學長姊的經驗分享，使新創業者在創業前能實際體驗創業過程，在草創階段也提供專業顧問陪伴輔導，更提供實質性貸款協助，一路幫助民眾站穩創業腳步。

勞動部勞動力發展署撰寫實用的微型創業資源手冊工具書，讓新創業者了解創業的申辦流程、創業前的相關準備事項、創業計畫書撰寫與實際應用、各項政府創業資源，及創業相關法規等重要資訊，將所有新創業者在創業路上會遇到的問題都收錄在手冊裡面，以解答可能的創業問題。

此外，勞動部勞動力發展署以鳳凰幫鳳凰精神，結合鳳凰商家資源，提供欲創業者見習機會，降低其創業失敗的風險。透過已成功創業的鳳凰企業提供見習場地、設施，並指導產品技術、成本控管、經營管理等事項，讓欲創業者能學習鳳凰業者實務操作及經營管理方式，體驗、分享與交流彼此的創業甘苦，相互勉勵成長，降低創業失敗風險。並舉辦「鳳凰小聚活動」，媒合欲創業者交流更多創業朋友。

☑　勞動部勞動力發展署創業諮詢免付費專線：0800-092-957

☑　微型創業鳳凰網站：https://beboss.wda.gov.tw

三、政府機構的創業資源 — 教育部青年發展署

教育部青年發展署為提升校園創新創業文化，鼓勵大專校院優化校園創業環境，以培育具創業家精神之人才。結合學校育成輔導資源，提供青年創業實驗場域與資源，協助青年學生創業實踐。

教育部青年發展署的「U-start 創新創業計畫」是結合大學育成輔導資源，提供青年創業實驗場域與第一桶金，並設有創業門診、實地訪視服務及創業社群連結，提升青年創業知能及實戰能力，進而帶動校園創新創業氛圍。

創業團隊應至少 3 人組成，2/3 以上成員為具本國籍之大專校院近 5 學年度（包含應屆）畢業生或在校生（含專科四年級以上、在職專班學生），再與設有育成單位之公私立大專校院結合，每校所提申請計畫以 15 案為限，由各校院育成單位檢具「創業團隊營運計畫書」及「育成輔導計畫書」，提出申請。依創業計畫完整評比，由教育部青年發展署補助學校育成輔導費及創業團隊創業基本開辦費。獲補助基本開辦費之團隊，經參與第 2 階段續優創業團隊評選，且成績績優者，可再獲 25 萬元至 100 萬元創業獎勵金。

教育部青年發展署為點燃校園創業星火、捲動青年初創風氣，推動「創創大學堂」計畫，建構串聯校園、社群、社會、產業及國際創業氛圍與訊息之機制，培育臺灣青年創業知能，辦理各式培訓及交流活動，提供青年相互交流機會，協助青年獲得相關創新創業資訊，培育青年做好創業第一步。

「創創大學堂」計畫，以創意啟發及創新培力為核心，辦理「創業座談沙龍」，啟發青年創意構想，舉辦「創業火箭營工作坊」培養青年學生發現、解決問題的行動能力，並協助完善行動構想，提出可行商業提案，以銜接「U-start 創新創業計畫」，同

時營運「創業點火器交流平臺」，提供青年最新創新創業資訊，並結合外部資源辦理「創業展示會」，協助串聯新創網絡，行銷新創培育成果。

四、銀行審核貸款的 5P 原則

銀行或金融機構通常會以五大項目做為貸款審核標準，簡稱 5P 原則，撰寫創業貸款計畫書須時時檢視此五大項目是否交代完善，才能提高獲貸機會與獲貸金額。

1. **借款人（People）**：借款人的信用狀況、獲利能力、銀行往來情形等進行評估。

2. **資金用途（Purpose）**：貸款真正的使用目的。瞭解貸款資金是否用於營運公司等正當用途。

3. **還款來源（Payment）**：由貸款計畫書估算實際創業後的收入，銀行會分析還款來源的可信度。

4. **債權保障（Protection）**：是否需要擔保品、抵押品或保證人。為了確保資金借出後能順利償還，大多數銀行或金融機構會要求提供擔保品或保證人作為保障。

5. **授信展望（Perspective）**：一般由創業計畫書、創業現場實地勘查評估。銀行也會評估未來的經濟情勢，以及借款人的未來收入發展性來衡量是否核貸。

13-4 常見財務獲利評估方法

一般常用來評估投資計畫獲益性之指標包括淨現值法、內部報酬率法、回收期法及成本效益比。

一、淨現值法（NPV）

淨現值法（Net Present Value，簡稱 NPV）通常指評估未來一段時間內，預計可產生的現金流出和流入的詳細計畫，並評估該方案所帶來的風險，據以評估各期的資金成本，然後以資金成本將該投資計畫在各期所產生的現金流量折現，最後加總各期的現金流量折現值，即得到淨現值，如果淨現值為正，就應進行此方案，否則就應放

棄。簡單來說,淨現值是指將「未來期望收入」的錢換算成「現在」的錢。經過累加再減去「投資成本」得到「累計淨現值」,累計淨現值愈大愈好,理論上淨現值只要大於 0(淨現值為正),即表示該方案能夠獲利。

淨現值的計算公式:「淨現值=總預期未來產生的現金流量折現值-投資成本」

1. 若淨現值>0,代表值得投資。

2. 若淨現值≦0,代表不值得投資。

$$NPV = \sum_{t=0}^{n} \frac{CF_t}{(1+r)^t}$$

NPV:淨現值

CF_t:第 t 年的淨現金流

r:折現率

t:年份

表 13-1 某創業投資案的 Excel 現金流量表

	A	B	C	D	E	F	G
1	年份	2020	2021	2022	2023	2024	2025
2	淨現金流	-1,000	100	200	300	400	500
3	折現率	5%					
4	=NPV(B3,C2:G2)+B2	257					
5	=IRR(B2:G2)	12%					

假設一件為期 6 年的創業投資案,2020 年投入 1,000 萬資金,預計 2021 年開始有收益,收益至 2025 年,投資案目標報酬率 (目標折現率) 為 5%。若要計算目前 (2020 年) 的淨現值,計算時直接帶入 Excel 公式「NPV=(B4,C2:G2)+B2」=257。

$$NPV = -1000 + \frac{100}{(1+5\%)^1} + \frac{200}{(1+5\%)^1} + \frac{300}{(1+5\%)^1} + \frac{400}{(1+5\%)^1} + \frac{500}{(1+5\%)^1} = 257$$

二、內部報酬率法（IRR）

內部報酬率法（Internal Rate of Return，簡稱 IRR）：又稱為「年化報酬率」，是指使現金流量之淨現值為零之折現率，只要內部報酬率大於可接受的合理報酬率則表示本計畫值得進行。簡單來說，內部報酬率是考慮時間因素，再評估資產潛在的報酬率。內部報酬率是「投資收益的照妖鏡」，若能善用，就不會被各種表面宣傳收益率所迷惑。內部報酬率的計算公式如下：

$$IRR = \left(\frac{本利和}{本金}\right)^{\frac{1}{時間（年）}} - 1$$

IRR 就是假設 NPV=0 (無損益)之下，利率是多少？也就是 IRR 的值是多少，NPV才會等於零。同上例，若要計算目前 (2020 年)的 IRR 值，計算時直接帶入 Excel 公式「IRR=(B2:G2)」求得 12%。

三、回收期間法

回收期間法（Payback Period，簡稱 PP）主要用以分析投資總成本於何時能回收，回收期越短表示該方案可行性越高。常用以衡量某一投資專案現金流量從期初投入到回收原始成本所需要的時間。

表 13-2 某創業投資案的 Excel 現金流量表

	A	B	C	D	E	F	G
1	年份	2020	2021	2022	2023	2024	2025
2	淨現金流	-1,000	100	200	300	400	500

同一案例，假設第一年投資 1000 萬，第二年收益 100 萬，第 3 年收益 200 萬，第3 年收益 300 萬，第 4 年收益 400 萬，第 5 年收益，則預估回收期間是 4 年。

四、投資資本報酬率

投資資本報酬率（Return on Invested Capital，簡稱 ROIC）是公司投入資本後所獲得的報酬率。投資資本報酬率可以讓投資者了解公司使用其資金產生收益的程度。ROIC 的值愈大，代表投資資本報酬率愈高。稅前息前利潤（Earnings Before Interest and Taxes，簡稱 EBIT）是扣除利息、所得稅之前的利潤。稅後淨營業利潤（Net Operating

Profit After Tax，簡稱 NOPAT）是指將公司不包括利息收支的營業利潤，扣除實付所得稅稅金之後的數額，加上折舊及攤銷等非現金支出，再減去營運資本的追加和物業廠房設備及其他資產的投資。

> 稅後淨營業利潤 (NOPAT) = 稅前息前利潤 EBIT × (1 － 稅率)
>
> 稅前息前利潤 (EBIT) = 營業收入 － 營業成本 － 營業費用 + 營業外收入支出(或是稅前淨利 + 利息費用)
>
> 投資資本報酬率 ROIC = 稅前息前利潤 EBIT × (1 － 稅率) ÷ 投入資本

注意，沒有哪一種 ROIC 的計算法比較好，因為一切都只是在估計，有些比較保守，有些比較樂觀而已。

五、效益成本比（BCR）

效益成本比（Benefit-Cost Ratio，簡稱 BCR）是表示擬投資項目的效益與成本之間關係的指標，以貨幣形式表示。是指一投資項目在預計使用期間內的預期收益及其預計成本間的比率。如果投資項目的 BCR 大於 1.0，則該項目預計將為投資者帶來正的淨現值。如果一個投資項目的 BCR 小於 1.0，則該項目的成本大於收益，不應該被考慮。

13-5 創業稅務

一、什麼是稅籍登記

所謂「稅籍登記」是營業人向國稅局申請營業稅稅籍，可供報繳營業稅之用。營業人除公司、獨資、合夥及有限合夥組織，且業於公司、商業或有限合夥登記主管機關辦妥登記，依稅籍登記規則規定視為已申請辦理稅籍登記外，應於開始營業前，填寫設立登記申請書並檢具相關附件，向所在地主管稽徵機關，辦理稅籍登記。

經營初期，銷售貨物平均每月營業額未達 8 萬元，或銷售勞務平均每月營業額未達 4 萬元，可暫免向國稅局辦理稅籍登記，免徵營業稅。

二、辦理稅籍登記的流程

步驟 1： 要帶下列物品或文件，向國稅局申請營業登記。

> (1) 營業人設立登記申請書。
>
> (2) 負責人國民身分證。
>
> (3) 負責人印章。
>
> (4) 營業人印章（若營業人同負責人則免）。
>
> (5) 營業地證明。

步驟 2： 國稅局書面資料審查/實地勘查

步驟 3： 取得核定使用統一發票（大店戶）或查定課稅（小店戶）

三、設立公司或行號後，對房屋稅、地價稅、水電費的影響

原為住宅用途之房屋若辦理營業登記，所在地稅捐稽徵處將主動調整房屋稅、地價稅及土地增值稅為營業用稅率。但若僅有部份面積為營業用，可申請部份面積課徵營業用。

1. 地價稅：0.2%增加為 1%-5.5%（依累進起點地價）

2. 房屋稅：由 1.2%增加為 2%或 3%。

3. 電費方面：房屋改營業用後，原則上其用電亦應改為營業用電費率。非營業用電由 2.1 元/度起，增加為營業用電每度 2.87 或 3.61 元/度起。注意這是寫書時的示意價格，但電費可能上漲，要記得重新評估。

但台灣電力公司認定是否為營業用，是以實際營業行為為基準，而非以營業登記為基準。亦即辦理營業登記後電費不一定會有調整；相對的，若您有營業行為卻沒有辦理營業登記，台電仍然有可能調整電費。若電費要申報公司費用並扣抵營業稅，應先向台電申請調整費率。

四、設立公司或行號後，要繳哪些稅

設立公司後，營業稅申報（每二個月申報 1 次，每年 1、3、5、7、9、11 月申報，營業稅稅金＝開立發票的銷項稅額-取得進項憑證的進項稅額）、扣繳申報（每年 1 月

申報，開立扣繳憑單給納稅義務人）、個人綜合所得稅申報（負責人及合夥人每年 5 月應辦理綜所稅申報，應將所賺取之營利所得併入個人綜合所得稅申報），獨資、合夥組織之營利事業不需繳納營利事業所得稅。

五、網路交易型態與稅務

網路交易要不要開辦公司或繳稅，要是你網路每月銷售額根本不到 8 萬元，或是勞務在 4 萬元以下，根本就不需要辦理營業登記，如表 13-3。

表 13-3 網路交易型態與稅務

網路交易型態	每月銷售額	營業登記	營業稅	所得稅
以營利為目的，採進、銷貨方式經營，透過網路銷售貨物或勞務者	貨物 8 萬元以下 勞務 4 萬元以下	免登記	免營業稅	併入個人年度綜合所得稅
	貨物 8 萬元以上 勞務 4 萬元以上 但未達 20 萬元者	須向國稅局辦理營業登記	1%	併入個人年度綜合所得稅
	20 萬元以上者	須向國稅局辦理營業登記	使用統一發票 5%	17%（營業事業所得稅）

若是透過拍賣網站出售自己使用過後的二手商品，或買來尚未使用就因為不適用而出售，或他人贈送的物品，自己認為不實用而出售，均不屬於必須課稅的範圍。但若是專門經由其他管道收購二手商品，再透過網路拍賣賣掉，賺取利潤，就必須要課稅。

六、網拍稅籍登記

網拍申請稅籍登記，應準備下列資料，向國稅局提出申請：

1. 檢附網路賣家的國民身分證及印章，由納稅人（網拍賣家）選擇前往戶籍所在地或居住所在地的財政部各地區國稅局所屬分局、稽徵所辦理。

2. 填寫「營業人設立（變更）登記申請書」，申辦稅籍登記。

3. 營業人名稱欄填寫網拍賣家的姓名。若網拍賣家已在網路上設有商號名稱，可自行選擇填寫商號名稱，但填寫商號名稱者須再附上營業人印章，即所謂的「大章」。

4. 營業（稅籍）登記地址欄填寫網拍賣家所選擇的戶籍地或居住地（可免附房屋稅稅單或租賃契約影本）作為國稅局送達稅單之用，因此，資料務必正確，以免日後稅單沒有送達形成欠稅問題。另外，可免填列「營業（稅籍）登記地址房屋稅籍編號管理代號」欄資料，因為國稅局並不會因為網路拍賣賣家將其戶籍地或居住地所登記在「營業（稅籍）登記地址」欄即認定在該址有銷售貨物或勞務之行為。

5. 營業項目欄應填寫「網路購物」並註明拍賣網站網址及會員編號，但務必不要填上個人密碼。個人在網站上申請的拍賣密碼與課稅無關，網拍賣家甚至也無須將個人密碼告訴國稅局人員。

七、「商行」還是「公司」

設立「商行」還是「公司」的差別：

1. **負債清償責任**：「商行」經營上所產生的債務商行之負責人或合夥人要負完全責任。「公司組織」之負責人（董事長或董事）對外必須與公司負連帶責任，特別是公司開立票據時（一般公司申請支票，銀行會要求蓋公司與負責人之大小章），若跳票時，將會影響到負責人的債信。而公司之其他股東則僅就出資額部份負擔營運風險，若公司經營負債時也不會牽連到個人的財產。所以對於單純投資的股東，設立公司比商行更有保障。

2. **名稱效力**：「商行」的名稱限在同一縣市內使用，所以在其他縣市可能有商號與您的同名。「公司組織」是全國性的，由商業司查名；是唯一的，沒人會與您相同。所以，如果有一天行號名稱打響了，但是在其他縣市已經被其他人所登記使用，那可能有改名的困擾了。

3. **稅務差別**：「商行」有機會申請免開統一發票（但部份經營項目或場所面積大者，稅捐單位不一定同意），若屬於核定課稅（免開統一發票者），每三個月需要繳交「核定的」營業稅（核定額之 1%）；每月營業額不能超過 20 萬。如果不是小規模就跟公司一樣需用發票一般每 2 個月申報一次（少數每月 1 次）。「公司組織」無法申請免開統一發票。

表 13-4 「商行」還是「公司」的優缺點比較

型態	優點	缺點
商行 （獨資或合夥）	1. 有機會免開統一發票 2. 設立簡單	1. 無限清償責任 2. 效力只有縣市 3. 盈餘強迫分配 4. 無虧損扣抵適用
有限公司	1. 有限責任 2. 全國有效 3. 設立簡單 4. 可變更為股份有限公司	1. 會計費用 2. 股東變更程序較為繁鎖
股份有限公司	1. 有限責任 2. 全國有效 3. 股份轉讓較容易	1. 會計費用 2. 三董一監

八、要不要開立統一發票

國稅局規定，商家每月營業額達新臺幣 20 萬元以上時，除了營業性質特殊的營業人外，國稅局都會核定其使用統一發票。至於營業性質特殊的營業人，可免用統一發票，如下：

1. 供應大眾化消費之豆漿店、冰果店、甜食館、麵食館、自助餐、排骨飯、便當及餐盒，但主管稽徵機關得視其營業性質及經營規模，具有使用統一發票能力者，核定其使用統一發票。

2. 電動玩具遊樂場所。

3. 稻米、麵粉、小麥、大麥、米粉、麵類（包括麵乾、麵條等）、豆類、落花生、高粱、甘薯、甘薯簽、甘薯澱粉、大麥片、糕粉等零售業。

4. 攤販。

5. 其他屬季節性之行業，其交易零星者。

6. 導入行動支付經核准適用租稅優惠的小規模營業人。

創業團隊建立與人力資源創新：
選才、用才、育才、留才

導 讀

達美樂鼓勵「內部創業」當老闆

台灣達美樂 2024 年開出 1,000 名職缺，並提供多元培訓，鼓勵員工積極升職或創業成為加盟主。台灣餐飲需求持續攀升，披薩已成為民眾平日用餐的熱門選項。達美樂 2024 年目標是再開 30 間門市。

台灣達美樂的職涯發展從基層外送員做起，期間員工有機會接受多元培訓並至海外發展。目前台灣達美樂有 191 門市，其中約有 85%是加盟店，這些加盟店的業主都是從內部基層員工做起，經歷管理職與店經理的培訓後，申請成為加盟主，擁有自己的門市及事業。

員工是公司最大的資產，尤其科技新創。然而萬事起頭難，要創立一家成功的新創公司，不可忽略創業團隊的建立，以及人才運用，涉及聘僱員工、外包員工、人力調派、薪資開銷等議題。人才是公司成長的動力，公司興衰，成敗在人。

對於新創事業來說，剛創業，公司制度很難一下子建立完整，企業營運方針也隨時可能改變，也不易訂出「標準作業程序（SOP）」更遑論是員工的教育訓練教材，因此除非萬不得已不建議新創事業在成立的初期就大量招兵買馬，這樣創業資金可能很快就燒光了。

14-1 選才

新創公司的團隊人力資源管理，包括選才、用才、育才、留才，其中又以選才是招募任務中為優先且重要的工作項目。所謂請神容易送神難，知人知面不知心，尤其現在少子化的大缺工時代，公司想要找到對的人相對不容易，再加上現在人才的職涯觀念與以往大相逕庭，不可同日而語，因此新創公司在招募的觀念也要與時俱進，提升招募專業能力，並且須遵守勞動法令，才能使選才任務更為順遂。

一、選才技巧

員工及公司的連結起源於「招募」。新創公司的關鍵招募技巧：

1. **人才比對的履歷審閱**：新創公司開出職缺後，有履歷湧進時，如何短時間看出適合所需之人選，招募時間成本很重要，應設定職缺關鍵審閱項目，例如學歷、專業、證照、經驗…等，快速篩選比對出所需的人選。履歷審閱可依據新創公司的需求與人才職缺的設定條件，尤其是自傳部分，可看出求職者的用心程度以及文章撰寫能力。

2. **選擇適合的招募管道**：新創公司在選才時應換位思考，想像求職者會在哪些求職管道找工作？這些人會在政府的臺灣就業通網站、最熱門的 104、1111 這 2 大人力銀行外，還有哪些可以運用以及曝光？現今許多新創公司也會利用的新興人才招募管道：例如 CakeResume、Yourator、Linkedin 等平台，也有公司會透過企業官網或社群平台例如企業的 Facebook 粉專、人力資源社團等刊登職缺；而內部員工推薦也是好的招募人才來源。

3. **人才招募前應做好工作分析：**工作分析是對一職缺之工作內容及有關各因素做有系統、有組織之描寫或記載，包括招募職缺之工作說明書、職務、職責、工作規範、職能要求、以及所需之技能…等，以利後續在刊登職缺、新進人員面試、新進人員報到、新進人員任用等運用。

4. **面試時間要設定：**面試主管需具備良好溝通能力與技巧，以掌控時間與做好時間管理，通常新創公司會採用高階主管親自面試，但應注意面試時間不宜太短或太長，太短無法充分了解求職者，太長則是面談效率不彰影響品質。

此外，新創公司資金比較有限，應堅持「寧缺勿濫」原則，若沒有合適的人選，不要勉強聘用。

二、新創人才的特質

新創人才或多或少都具備下列主要特質：

1. **具有多元的興趣與視野：**擁有對未知挑戰的熱忱，可透過多方的工作與學習經驗俯瞰各種創新的可能。

2. **具有看透課題本質的解析力：**能蒐集動態資訊，並借助大數據分析技巧看透課題本質，進一步發掘新創利基。

3. **具備包容性的溝通與協調能力：**能將創意轉換成商品或服務，透過有效傳達與說服技巧，獲取相關部門的支持，以及團隊成員的信賴。

三、新創公司人才應具備的能力

面對高度變化的未來，新創公司人才需要具備六大面向的能力：

1. 面對挑戰，迎難而上的革新力。

2. 高適應性，成長心態的應變敏捷力。

3. 擅長剖析問題，並具備批判性思考的問題解決力。

4. 熟悉大數據脈絡，能用數據驅動決策的大數據決策力。

5. 能以更宏觀角度思考問題的宏觀整合力。

6. 善用數位工具與網路科技，帶動高效協作的數位協同力。

四、好的招募過程

「出得起香蕉，才能請得到猴子」。你在選人才的同時，人才也在選你。市場上不會只有你們公司在徵人，你的競爭對手也是。此外，現代年輕一代除了選擇進入一家企業任職外，也愈來愈多人選擇成為自由工作者，專注做自己擅長的事，而不願面對組織內繁雜的問題。

新創公司好的招募過程，有三大好處：

1. 可提升新創公司競爭力。

2. 節省新創公司人事成本。

3. 維護新創公司形象。

五、常見的招募管道

1. **內部推薦**：親友推薦、員工推薦。

2. **外部廣告**：利用網路或媒體等平台，刊登或發布招聘廣告或招聘訊息。

3. **媒合機會**：政府、學校、協會、專業機構所提供的媒合機會。

4. **中介服務**：人力銀行或人力仲介。

六、不要違反政府的招募規定或限制

不管那一國政府對於公司的員工招募都會有一些規定或限制，這也是新創業者常誤觸的雷區！以下是幾個新創業者最常誤觸的招募規定：

1. 不能有歧視的條件（就業服務法第五條）。經常看到的招募訊息雷區，例如限男性或限女性、男/女性尤佳、未婚尤佳、限幾歲以下、五官端正等等。公司員工招募當然要有篩選的資格條件，例如學歷、經歷、技能、證照等，但千萬不能有就業服務法第五條規定的歧視條件，如果你在台灣創業的話。

2. 月薪未達四萬元的工作職缺，在招募時必須公開揭示告知求職者薪資範圍。月薪未達四萬元的工作，在招募訊息必須明確寫出薪資的上下限範圍，例如新台幣 24,000~30,000 元，不能只寫「面議」或只寫「新台幣 24,000 元以上」

或「最高新台幣 30,000 元」。實際金額可能官方會有更動，創業者應多加注意。另外，建議有空多查詢看看勞動部的「雇主招募員工公開揭示或告知職缺薪資範圍指導原則」與「勞動基準法」。

3. 面試時不是你想問什麼就可以問什麼，有些東西規定不能問。例如不能問及與工作無關的個人隱私，像是不能問女性是否已懷孕等等。

你可能會問，招募和面試的目的是要為公司找到最合適的人選，政府法令規定限制這麼多，這個不能寫，那個不能問，那公司要如何找到最合適的人選？這很多事是能做但不能說，多看看指標型公司怎樣做不違法，學著做。

14-2 用才

一、控制幅度

控制幅度（Span of Control）是指一位主管所能有效監督之直接下屬人數乃有一定限度。特定主管之有效控制限度大小，至少要考慮下列三方面因素：

表 14-1 控制幅度的考慮因素

1.個人因素	・主管個人偏好 ・主管能力 ・下屬能力
2.工作因素	・主管工作性質 ・下屬工作性質 ・下屬工作之相似程度及標準化程度 ・下屬彼此工作之關聯性大小
3.環境因素	・技術因素 ・地理因素

二、指揮路線

指揮路線（Chain of Command）是正式組織中「上司」和「下屬」的關係路線，表達了上司命令下屬（行使職權）及下屬對上司報告（行使職責）的關係。指揮路線包含三種關係：

1. **職權關係（上對下）**：經由這種正式關係，上司下達命令給予下屬，具有一種權威力量。

2. **負責關係（下對上）**：經由這種指揮路線，下屬向其上司就本身之工作績效負責。

3. **溝通關係（上下交互）**：經由所存在的指揮路線關係，上司與下屬之間可以經常接觸，交換意見，討論問題及其解決方法等等。

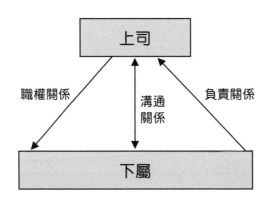

圖 14-1　指揮路線（Chain of Command）三種關係

三、指揮統一

「指揮統一」是指一位下屬只能就某種行動或活動，接受一位上司之指揮。有人認為，直接職位和幕僚職位的不同，是取決於職權關係，屬於指揮路線之一環，能對下屬發號施令者，即屬「直線」職位；反之，不能對下屬發號施令者，即屬「幕僚」職位。

四、幕僚類型

1. **個人幕僚（Personal Staff）**：是指專屬特定主管的幕僚人員，如特別助理。

2. **專業幕僚（Specialized Staff）**：是對於某些專門問題，具有專長，但所服務的對象為整個組織，而非某一高層主管。

五、工作分配

1. 適才適所，把對的人放在對的位子上。

2. 創業團隊組成應有異質性，以免思考僵化，難以創新突破。

3. 明確說明工作目標的優先順序：不同單位的本位主義與利益觀點容易引起磨擦，因此主管應明確說明工作目標的重點及其原因，以免擴大磨擦。

4. 務實安排並密切追蹤工作進度：主管應確保每個單位都能在對的時間知道該做什麼事情、由誰去執行、該做多久、何時該完成等。

六、工作分解結構

工作分解結構（Work Breakdown Structure，簡稱 WBS）是在專案管理中常用的工作分解工具，用於將複雜的專案分解成更小、更容易管理的部分。工作分解結構（WBS）是一窺專案全貌的重要工具。WBS 基本上是一種樹狀結構，展示專案的主要交付物，以及為了完成這些交付物所需的各種任務和活動。

七、跳出框框善用兼職人才

新創公司需要有足夠的人才，才能完成關鍵任務，至於是否為全職員工，在現今破碎零工時代並不是那麼重要，堪用能用就好，不一定要全職在你們公司。

有些人才可能受限於家庭因素或個人生涯規劃問題，無法成為全職員工，但他的專業知識與經驗卻是新創公司當前需要的，那建議以兼職或外包的形式來與他合作，以完成新創公司所需工作任務。

很多人可能會擔心非全職員工可能會有忠誠度或公司機密外洩的問題，但別想那麼多，因為正職員工也會有同樣的問題。重點在於設計完善的兼職人力制度，慎選對象，並簽訂合理的契約來保障彼此的權利義務。

八、溝通漏斗

溝通管理中有個「溝通漏斗」（Communication funnel）理論，當我們想表達的是100%時；與團隊成員溝通的時候卻只能表達 80%意思；而基於個人的文化水平、知識背景、環境干擾等各種原因，對方聽到的可能最多只有 60%；而能聽懂的部分可能只有 40%；到實際執行時就可能只剩下 20%成效了。創業者要有效解決「溝通漏斗」問題，才能提升創業團隊的執行力。

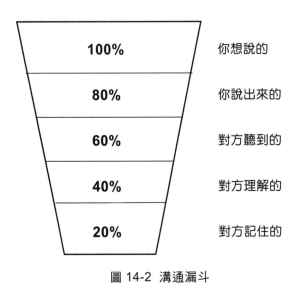

圖 14-2 溝通漏斗

14-3 育才

《哈佛商業評論》調查發現，光是美國企業一年投入教育培訓預算，高達 2000 多億美元，其中卻只有 10%產生正面效果，可見公司的投入與最終回報之間，出現了相當大的落差。

公司管理人才發展有三個條件：

1. 對於公司內各種職位的工作性質，以及其所需要之技能，必須先加以客觀分析。

2. 分析各人員的本身條件，以便決定能否加以培養，使其具有上述之技能力。

3. 考慮員工的個人生涯目標及需求，是否願意朝向公司預期的方向而努力發展。

一、育才思維的改變

　　過去新創公司的人力資源部門裡通常會設置「教育訓練」部門。從工業時代開始，人力資源部門就存在「教育訓練」的功能，希望透過教育訓練，協助員工完成工作技能。但隨著時代發展，愈來愈多新創公司將「教育訓練」一詞改為學習發展（Learning and Development, L&D）。這種思維方式的改變，實際上是由「公司導向」轉變為「員工導向」。

　　在過去，「教育訓練」思維的主詞是「公司」，是以公司為導向，提供教育和培訓，然而，「學習發展」是以員工為導向，關注員工的學習和成長，亦即注重員工個人在組織中的未來發展。因此，該部門名稱不同也相對顯示其核心價值的不同。

二、《哈佛商業評論》的育才建議

　　《哈佛商業評論》建議一套新的育才方式：主張「在工作流程中學習」，取代過往坐在講堂或電腦前、一次上完好幾個小時的體驗。這套作法可以拆解為 5 個關鍵，實施起來確實會更加複雜，但更有機會看見學習的投資報酬率：

1. **情境式學習**：要解決「與工作現場脫勾」的盲點，最好的方式就是在現行的工作流程客製化不同學習點。

2. **輕輕推一把**：來自訓練者與主管的提醒（像是過去經驗的總結），或為受訓員工制定目標，有助於員工鞏固腦中知識，並實際應用。切記，這些提醒應該「輕輕的」，盡量在兩三句話以內即可清楚闡述，否則會形成過大的壓力。

3. **設計反思時間**：不斷學習並不是最有效率的學習方式，讓員工定期反思分享會如何應用所學、是否有實際案例或遇到哪些困難，可避免只是記憶、卻不知道從著手。

4. **創造「好入口」內容**：將培訓內容碎片化、排入日常的工作任務內，可降低執行的門檻，讓學習之後真的有機會可以嘗試應用。建議可將一個核心知識點變成 15~30 分鐘的微型課程，一次只傳授一個概念，以有助於員工學習與反思。

5. **衡量與追蹤**：制定一套衡量標準，了解員工學習前後的表現改變，像是透過「你本週運用所學習的知識了嗎？」、「如果有／沒有，你是如何使用的／你預計會如何使用？」等問題，定期紀錄情況，更能掌握員工的心態和實際行動。

14-4 留才

新創公司的留才策略應先妥善做好人力資源規劃。新創公司人力資源規劃可以分成短（1-2 年）、中（3-5 年）、長期（5-20 年）為目標，將各部門人才配置、職務分析等逐步建構完成，這有利於新創公司留才與新進選才，確保組織內人力供應的充足與適配，並完成新創公司欲達成的目標。

一、留才技巧

新創公司的留才技巧：

1. 薪資福利到工作彈性雙管齊下：新創公司要想留住關鍵人才，得從薪資福利到工作彈性雙管齊下，薪資福利的調整容易理解，而工作彈性是指遠距工作、彈性工時、依據人才期盼調整職務角色等。

2. 激勵即時，要看得懂員工當下的辛苦、付出，如果你拖到最後才做，員工會無感。

3. 激勵團隊的同時，絕不能忘記個人，因為團隊的績效，都是從個人累積上來的。如果公司只有設立團隊的激勵措施，就很難吸引個人努力付出。

4. 不同世代對激勵的需求有所不同。上一個世代可能比較在意獎金，現在的年輕人，要的是開心的工作環境，想要表現被看到，知道成果來自於自己。

5. 激勵的關鍵，在於公開。透過樹立一個榜樣，讓大家可以效法。

6. 投資員工的技能學習，不是為了增加績效，而是為了留才。

二、留才作法的一些建議

對創業家的留才建議如下：

1. 短期留才靠「工資與福利」，中期留才靠「獎金」，長期留才靠「股份」，永遠留才靠「思想」（文化與理想洗腦）。

2. 深入了解員工，想其所想，進行期望管理。

3. 言出必行，一諾千金，公司承諾的一定兌現。

4. 核心團隊成員，最好給予一定的股份，讓其明白其是在做自己的事業，而不是在打工，因為打工的人天性，趨利避害！若單就利益角度來看，除非員工自己當老闆，否則沒有一家企業是最好的選擇，你的公司也是。

5. 若有核心團隊成員離開，一定要深入分析其離開原因進行改進。

6. 避免劣幣逐良幣：杜絕小圈圈文化，愛說人不是，儘早讓這種人離開，不用留。

三、經典學習案例：金色三麥

金色三麥旗下 4 個品牌、共 23 家店的員工中，約五分之一是大學畢業後第一份工作就在這裡。面對餐飲業新世代最棘手的課題 ─ 降低人員流動率，金色三麥交出了亮眼的成績單，其員工離職率不到 5％。

一般服務業的兼職員工比例大多超過兩成，但金色三麥的兼職員工只有 7～8％。能夠留得住人，除了避開餐飲業常見的高工時「兩頭班」制度，金色三麥獨創內場激勵辦法，並針對員工專業養成端出多元化獎勵，更不吝破格拔擢幹部，集團內有人 25 歲就成為百萬年薪店長。金色三麥在新人教育訓練時即公開獎金制度，建立清楚的遊戲規則。公開肯定、私下要求。此外，在設計激勵制度時，獎勵一律內場多於外場，絕不會外場多於內場。

金色三麥高階主管透過刻意製造的一對一面談，傾聽員工心聲，給予鼓勵和善意的提醒。金色三麥嚴防組織雜音，每一次在聽到有員工的不滿時，高階主管主動反省與積極說明。激勵不該成為討好員工的工具，要有公平性，若有不公的聲音，高階主管要馬上釋疑、說明。

14-5 人力資源的正確觀念

一、辦理勞工保險

公司幫員工投保勞工保險，是創業者的義務，也是員工的權利。雖然每個月會增加固定費用支出，但可增進雇主及員工雙方的保障，為避免往後產生不必要的糾紛及罰則，建議還是要依規定幫員工投保勞工保險。

二、「以奮鬥者為本」創造平台，適才適所

不能讓企業內奮鬥的員工吃虧，要給在企業內奮鬥員工更好的生涯發展平台，更公平合理的回報，讓這些員工在企業內成長、成就、成功，這才是「以奮鬥者為本」的企業。

如果讓企業內真正奮鬥的員工走了，企業不應該介意，反而應該思考怎麼給真正奮鬥員工更好的待遇，更大的生涯舞台，讓他們在這裡踏踏實實的幹。如果企業不能為真正奮鬥員工創造更好的舞台，更大的價值，這些人走了是企業的損失，是企業應該反思的、應該反省的，應該升級企業的機制，讓這些人在這裡能夠獲得足夠好的物質回報、心理回報。員工的成長才是企業真正的未來。而不是把員工當「工具」。

很多老闆講，我公司沒有人才。你公司有沒有離職出去當老板的人，有沒有出去幹還過得挺好的人，如果有，你連老板都培養得出來，怎麼會沒有人才。你不是培養不出人才，而是你沒有給人才機會。

三、主管出缺，空降好？還是內升好？

當公司有主管出缺，但目前員工的經驗能力仍過於資淺，無法獨挑大梁，但主管缺就一直懸在那兒。很多公司的回答是：「我希望等下面的人長大，所以我想把這單位主管的缺保留給下面的人，等他一、兩年後成長至可擔當時，就可以升任該單位主管職。」

這樣的思維乍聽之下好像很有道理，但對整體公司成長卻可能是不好的。首先，這樣會阻礙員工成長：缺乏有經驗的主管指導與帶領，不但會讓員工成長、學習減緩，做事比較不容易有效率與成就感，還可能耽誤原本可以掌握的商機。其次，只要部門保持競爭力，舞台就會一直延展，有能力的員工升遷就不會受阻。正常情況是，當該單位同仁成長到足以往上被拔擢時，那麼，現在外聘的單位主管也應該向上挑戰更大的舞台，根本不用擔心到時沒有空缺可以拔擢有能力的員工。

四、捨得淘汰，但手法需細膩

對於不適用的員工公司必須要捨得淘汰。但重要的是，淘汰時的手法一定要很細膩。首先，整個過程中「提醒」很重要，當公司發現員工不對時，就應立即提醒他，讓他有改進的時間和空間，除非一而再、再而三，實在無法調整時，就必須捨得淘汰。

其次，決定後必須親自和當事人懇談，將情況說明清楚，以取得對方的理解和體諒。多數時候，這反而是對雙方都有利的建議，也可讓對方早日找到適合的環境發展。此外，可能的話，甚至也可以幫他介紹適合的工作，或者盡可能從他的角度思考，提供協助。最差的方式是直接丟給人資部門，請人資部門將其辭退，讓當事人在接到人資通知時，還錯愕地不知哪裡做錯。這樣粗率的管理作風，未來也將會成為新創公司發展道路上的絆腳石。

五、關於內部創業與創業格局

這個世界上百分之九十的員工都是沒有太大夢想的普通人，只是想換更好的車、住更好的房、娶更漂亮的老婆、嫁更愛妳的老公、過上更好的生活。所以不用想的太複雜，企業要給員工提供舞台，與其讓員工在外面創業當老板，不如讓他在你公司當老板（員工內部創業）。是因為你不給員工創業機會，才逼著員工出去創業，所以員工如果能夠在你提供的平台實現創業，他就沒有必要到外面創業。

留住員工最好的方法是，大老板要懂的創造「比第三方更大的價值」，就是「格局」。很多人會想，員工他都當老板了我賺什麼錢？當你「格局」放大，要複製 1,000家店，你不讓員工內部創業當老板，你怎麼複製開 1000 家店，你怎麼賺更大的錢。這時候你賺品牌的錢、賺流量的錢、賺供應鏈的錢，只是把門店的錢給員工去賺。快速成就孵化出更多的小老板，這是你變大老板的最快途徑，也是讓你可能進入資本市場的最快途徑。

公司必須掌握組織內 20％表現最優秀的工作人員心態，平時即應在工作崗位上或以充分的授權、或運用工作輪調的方式。或促進培養第二專長的生涯計畫，來發揮這些優秀員工的潛能。如果表現優異的員工要跳槽，為了惜才，甚至可以考慮組織的彈性調整，提供其組織內部創業的機會，千萬不要執著於組織的現狀，而讓優秀人才外流。

六、員工跳槽平常心

現代企業必須體認到一個事實：那就是時下年輕一代的上班族，已少有終身奉獻於某一企業機構的忠心；尤其是 30 歲以下的年輕一代，由於個人生涯規劃仍未擁有具體的描繪藍圖，見異思遷的情意甚濃，再加上受到傳播媒體影響，許多年輕一代的上班族，都具有天下沒有不散的賓主關係的想法。

員工跳槽或他就並非全然是一樁壞事。任何新創公司都需要新陳代謝，否則公司將如同一池死水容易走上衰亡的命運。一般而言，員工自然（如退休、病故等）與人為的流動率，保持在 10％左右是很正常健康的，假如低於此一比率，組織的活力與創意可能會受到負面的影響；而假如高於此一比率，則組織可能陷於一直在訓練新人的泥沼，窮於應戰而無暇思索人力成長的策略。但如果是得力幹部或平時表現優異的員工相繼離職，那麼公司才必須心生警惕。

七、加入各地區的同業公會

根據內政部「商業團體法」規範，商業團體係透過集合同業力量，爭取及保障同業的利益，如不規定同業強制入會，不加入同業公會者仍可同享公會爭取之利益，形同搭便車，對已加入同業公會者是一種不公平，恐造成權利義務不對等，爰在公共利益及公共秩序之考量下，「業必歸會」政策確有其必要性。但為兼顧社會實際需求，內政部在現行輔導商業團體之法制上，已採取柔性強制手段，逐步放寬「業必歸會」政策中之「強制入會」規定，也就是不強制入會。但為了權益，還是建議你，在完成「工商登記」後，加入各地區的同業公會。

創意創新創業--智慧創業時代

作　　者：劉文良
企劃編輯：江佳慧
文字編輯：王雅雯
設計裝幀：張寶莉
發 行 人：廖文良

發 行 所：碁峰資訊股份有限公司
地　　址：台北市南港區三重路 66 號 7 樓之 6
電　　話：(02)2788-2408
傳　　真：(02)8192-4433
網　　站：www.gotop.com.tw
書　　號：AEE040900
版　　次：2024 年 11 月初版
建議售價：NT$500

國家圖書館出版品預行編目資料

創意創新創業：智慧創業時代 / 劉文良著. -- 初版. -- 臺北市：碁
　　峰資訊, 2024.11
　　面；　公分
　　ISBN 978-626-324-932-5(平裝)
　　1.CST：創業　2.CST：創意　3.CST：企業經營
494.1　　　　　　　　　　　　　　　　　113014911